Messunsicherheitsbestimmung für Geometriemessungen mit Werkzeugmaschinen

Determination of Measurement Uncertainties for On-Machine-Measurements with Machine Tools

Von der Fakultät für Maschinenwesen
der Rheinisch-Westfälischen Technischen Hochschule Aachen
zur Erlangung des akademischen Grades eines
Doktors der Ingenieurwissenschaften
genehmigte Dissertation

vorgelegt von

Martin Joachim Peterek

Berichter:

Univ.-Prof. Dr.-Ing. Robert Heinrich Schmitt
Univ.-Prof. Dr.-Ing. Jörg Krüger

Tag der mündlichen Prüfung: 9. Juni 2017

ERGEBNISSE AUS DER PRODUKTIONSTECHNIK

Martin Peterek

Messunsicherheitsbestimmung für Geometriemessungen mit Werkzeugmaschinen

Herausgeber:
Prof. Dr.-Ing. Dr.-Ing. E. h. Dr. h. c. Dr. h. c. F. Klocke
Prof. Dr.-Ing. Dipl.-Wirt. Ing. G. Schuh
Prof. Dr.-Ing. C. Brecher
Prof. Dr.-Ing. R. H. Schmitt

Band 32/2017

WZL | RWTH AACHEN UNIVERSITY

Fraunhofer IPT

Bibliografische Information der Deutschen Nationalbibliothek
Die Deutsche Nationalbibliothek verzeichnet diese Publikation in der Deutschen Nationalbibliografie; detaillierte bibliografische Daten sind im Internet über http://dnb.ddb.de abrufbar.

Martin Peterek:

Messunsicherheitsbestimmung für Geometriemessungen mit Werkzeugmaschinen

1. Auflage, 2017

Gedruckt auf holz- und säurefreiem Papier, 100% chlorfrei gebleicht.

Apprimus Verlag, Aachen, 2017
Wissenschaftsverlag des Instituts für Industriekommunikation und Fachmedien an der RWTH Aachen
Steinbachstr. 25, 52074 Aachen
Internet: www.apprimus-verlag.de, E-Mail: info@apprimus-verlag.de

Druck: KN Digital Printforce GmbH, Stuttgart

ISBN 978-3-86359-552-4

D 82 (Diss. RWTH Aachen University, 2017)

Vorwort

„Wenn ich ein Ziel nicht direkt erreichen kann, muss ich das Umfeld so verändern, dass das Ziel erreichbar wird."

Hans-Dietrich Genscher

Die vorliegende Dissertation entstand im Rahmen meiner Tätigkeit als wissenschaftlicher Mitarbeiter am Lehrstuhl für Fertigungsmesstechnik und Qualitätsmanagement des Werkzeugmaschinenlabors WZL der RWTH Aachen.

An erster Stelle gilt mein Dank Herrn Prof. Dr.-Ing. Robert Heinrich Schmitt für die Möglichkeit zur Promotion und das stets entgegengebrachte Vertrauen. Insbesondere für die vielen Freiräume in der Gestaltung der Forschungsschwerpunkte dieser Arbeit aber auch während meiner Tätigkeit an seinem Lehrstuhl möchte ich mich bedanken. Herrn Prof. Jörg Krüger danke ich für die Übernahme des Korreferats.

Das behandelte Thema war Gegenstand verschiedener Forschungsprojekte und Industriekooperationen. Viele Inhalte entstanden im Rahmen des von der Deutschen Forschungsgemeinschaft (DFG) geförderten Exzellenzclusters „Integrative Produktionstechnik für Hochlohnländer". Allen involvierten Wissenschaftlern und Experten gilt mein Dank für die Unterstützung bei der Erstellung dieser Arbeit.

Meinen Kollegen am Lehrstuhl möchte ich für eine sehr besondere und spannende Zeit danken. Die alltägliche Arbeit wurde zu jeder Zeit durch die äußerst angenehme Arbeitsatmosphäre geprägt. Es sind eine Reihe sehr besonderer Freundschaften entstanden, die wir hoffentlich auch über die eine oder andere Entfernung aufrechterhalten können.

Im Zusammenhang mit dieser Arbeit möchte ich Philipp Jatzkowski und Sebastian Pollmanns für die thematische Wegbereitung danken. Meinen Kollegen Markus Ohlenforst, Philipp Dahlem und Benjamin Montavon möchte ich für die Unterstützung meiner Arbeiten, die kritische Diskussion und die vielen Hilfestellungen sehr herzlich danken. Meinem langjährigen Bürokollegen Stefan Quinders gilt mein besonderer Dank für die tolle gemeinsame Zeit und die stetige Motivation, die den Entstehungsprozess dieser Arbeit begleitet haben.

Meinen studentischen Hilfskräften Philipp Dahlem, Simon Wieninger, Arno Berghoff, Jens Rauw und Benjamin Montavon danke ich für die unzähligen Stunden der Hilfe an den Prüfständen, in intensiven Diskussionen und bei der Entwicklung der Softwarelösungen.

Meinen Eltern gilt ein ganz besonderer und herzlicher Dank für das Vertrauen, das mich schon mein ganzes Leben lang begleitet. Ohne Euch, Eure stetige Hilfe und Euren Rückhalt wäre ich nicht hier, wo ich heute bin. Meinem Bruder Stefan möchte ich für seine Unterstützung und seine Wegbegleitung in all den Jahren danken. Es ist ein großer Gewinn, alle Momente der Kindheit und Jugend so schön teilen zu können.

Ein ganz besonderer Dank gilt meiner Freundin Maike Pollmanns. Ohne ihre Unterstützung wäre diese Arbeit wohl nicht möglich gewesen. Für das entgegengebrachte Vertrauen und Verständnis, die unzähligen Stunden des Verzichts und das Zerstreuen jeglicher Zweifel bin ich ihr von ganzem Herzen dankbar.

Maike, meinen Eltern und meinem Bruder mit seinem Sohn Lukas widme ich diese Arbeit.

Aachen, im Juni 2017

Martin Peterek

I. Inhaltsverzeichnis

II. Abbildungs- und Tabellenverzeichnis

Abbildungen Anhang

Tabellen

Tabellen Anhang

III. Formelzeichen

Formelzeichen	Einheit	Beschreibung
u_{T_i}	°C	Temperaturunsicherheit von Werkstück oder Maßstab (*i* = W, bzw. *i* = M)
ΔF_G	mm	Fehlergrenze der KMG-Geometrieabweichung (Geradheit)
ΔF_R	mm	Fehlergrenze der KMG-Geometrieabweichung (Rundheit)
ΔL_R	mm	Fehlergrenze der KMG-Geometrieabweichung (Rechtwinkligkeit)
$\mathbf{A}^{\dagger}$		Pseudoinverse oder Moore-Penrose-Inverse von $\boldsymbol{A}$
D	mm	Merkmal Durchmesser
D_N	mm	Nennmaß des Durchmessers
D_W	mm	Durchmesser des Ausgleichselements
D_{XY}	mm	Strategieparameter der Diagonalenschrittmessung: Diagonale, die von X und Y aufgespannt wird
D_{XYZ}	mm	Strategieparameter der Diagonalenschrittmessung: Diagonale, die von X, Y, Z aufgespannt wird
D_Z	mm	Durchmesser Kalibrierzapfen
$E_{L,MPE}$	mm	Grenzwert der Längenmessabweichung oder maximale Anzeigeabweichung des KMG
$E_x(x), E_y(x), E_z(x)$	mm	Diagonalenschrittmessung: $x-, y-$ und $z-$ Komponente des relativen volumetrischen Fehlers von einem X-Schritt zum nächsten (entsprechend für Y und Z)
F_{A_H}	N	Notwendige Antastkraft zur Auslenkung des Tastsystems
F_{A_L}	N	Notwendige Antastkraft zur Auslenkung des Tastsystems (negative Richtung)
H_0		Nullhypothese Shapiro-Wilk Test
I_R		Intensität des simulierten Strahls bei Reflexion
I_T		Intensität des simulierten Strahls bei Transmission
$\frac{L}{K}$	mm	Längenabhängiger Anteil der Längenmessabweichung
$R_{\pm}$		Reflexionsgrad der Oberfläche

Formelzeichen	Einheit	Beschreibung
$R_{\parallel}$		Reflexion (parallele Anteile) an der Oberfläche
$R_{\perp}$		Reflexion (rechtwinklige Anteile) an der Oberfläche
R_X	mm	Strategieparameter der Diagonalenschrittmessung: X-Schrittlänge projiziert auf R
R_Y	mm	Strategieparameter der Diagonalenschrittmessung: Y-Schrittlänge projiziert auf R
R_Z	mm	Strategieparameter der Diagonalenschrittmessung: Z-Schrittlänge projiziert auf R
S_R		Reflektierter Strahl am Schnittpunkt
S_T		Transmittierter Strahl am Schnittpunkt
$T_{\pm}$		Transmissionsgrad der Oberfläche
U_{LT}	mm	Unsicherheit der Längenmessung des LaserTracer®
X', Y', Z'	mm	Diagonalenschrittmessung: Projektionslängen der Schritte auf die Spiegeloberfläche (Reflektor)
X_R, Y_R, Z_R	mm	Strategieparameter der Diagonalenschrittmessung: $x-$, $y-$ und $z-$Komponente des $\boldsymbol{R}_{ppp}$-Vektors
a_i		Grenzwert der Wahrscheinlichkeitsdichteverteilung
b_{fi}		Faktor für Formelementparameter
b_{vi}		Faktor für Verteilungsform
d_K	mm	Durchmesser Kalibrierkugel
d_R	mm	Durchmesser Kalibrierring
d_{T_HH}	mm	Durchmeser der Rubinkugel des Tast-systems Heidenhain
l_1	mm	Diagonalenschrittmessung: Distanz zwischen Reflektor und Umlenkpunkt im Strahlteiler
l_2	mm	Diagonalenschrittmessung: Distanz zwischen Umlenkpunkt im Strahlteiler und Auftrittspunkt auf dem Kamerasensor
l_L	mm	Diagonalenschrittmessung: Messlänge der Längenmessung
l_{S_HH}	mm	Schaftlänge des Tastystems Heidenhain
r_{RT_HH}	mm	Wirksamer Tasterradius Tastsystem Heidenhain
$r_{RT\_HH\_I}$	mm	Wirksamer Tasterradius Tastsystem Heidenhain kalibriert an einem Ring (Innenradius)

Formelzeichen	Einheit	Beschreibung
s_i	mm	Standardabweichung der Messpunkte vom Ausgleichselement
s_{min}	mm	Richtwert als untere Grenze für KMG
t_L	°C	Lufttemperatur
t_R	°C	Referenztemperatur 20°C
t_{WZM}	°C	Temperatur der Werkzeugmaschinenstruktur
t_i	°C	Temperatur von WST oder Maßstab ($i = W$, bzw. $i = M$)
t_i	°C	Temperatur von WST oder Maßstab (*i* = W, bzw. *i* = M)
$u_{\Delta L_T}$	mm	Temperaturbedingte Unsicherheit
$u_{\Delta L_T}(u_{T_i})$	mm	Temperaturunsicherheitsbedingter Anteil in temperaturbedingter Unsicherheit
$u_{\Delta L_T}(u_{\alpha i})$		α.-unsicherheitsbedingter Anteil in temperaturbedingter Unsicherheit
$u_c(y)$		Kombinierte Standardmessunsicherheit
u_{cal}	mm	Messunsicherheit der Kalibriermessung; Angabe im Kalibrierschein
u_p	mm	Standardabweichung der Messwerte
u_p	mm	Standardabweichung der Messwerte aus dem Messprozess
u_w	mm	Werkstoffstreuung z.B. die Unsicherheit des Ausdehnungskoeffizienten
$u_{\alpha i}$	mm/°C	Ausdehnungskoeffizientenunsicherheit von WST oder Maßstab
$x_{0Kamera}, y_{oKamera}$	mm	Position des Kameranullpunktes
x_{cal}	mm	Kalibrierwert
$\bar{y}$	mm	Arithmetisches Mittel der Messwerte
$\boldsymbol{E}_i$		Eckpunkte der Oberflächen als Bestandteil des Raytracings
$\boldsymbol{P}_S$		Ausgangspunkt des simulierten Strahls
$\boldsymbol{P}_S'$		Schnittpunkt des simulierten Strahls mit einer Oberfläche
$\boldsymbol{R}_{nnp}$		Strategieparameter der Diagonalenschritt-messung: normierter Richtungsvektor der nnp-Diagonale
$\boldsymbol{R}_{npp}$		Strategieparameter der Diagonalenschritt-messung: normierter Richtungsvektor der npp-Diagonale

Formelzeichen	Einheit	Beschreibung
$\boldsymbol{R}_{pnp}$		Strategieparameter der Diagonalenschrittmessung: normierter Richtungsvektor der pnp-Diagonale
$\boldsymbol{R}_{ppp}$		Strategieparameter der Diagonalenschrittmessung: normierter Richtungsvektor der ppp-Diagonale
$\boldsymbol{x}_{Ma}, \boldsymbol{y}_{Ma}, \boldsymbol{z}_{Ma}$		Diagonalenschrittmessung: Basisvektoren des Maschinenkoordinatensystems
$\boldsymbol{x}_{Sp}, \boldsymbol{y}_{Sp}, \boldsymbol{z}_{Sp}$		Diagonalenschrittmessung: Basisvektoren des Spiegelkoordinatensystems (Reflektor)
α_i	mm/°C	Ausdehnungskoeffizient von WST oder Maßstab ($\mathrm{i} = \mathrm{W}$, bzw. $\mathrm{i} = \mathrm{M}$)
$\frac{\partial f}{\partial x_i}$		Sensitivitätskoeffizient
ΔD_C	mm	Abweichung des kalibrierten Durchmessers des Einmessnormals
ΔD_T	mm	Abweichung des Tasterdurchmessers beim Einmessen
ΔL_T	mm	Korrektur der temperaturbedingten Längenmess-abweichung
ΔL	mm	Fehlergrenze der KMG-Geometrie-abweichung (Länge, Abstand, Durchmesser, Position zwischen Punkten)
ΔL	mm	Änderung des optischen Weges des Strahls in der Raytracing-Simulation
h, q	mm	Größen im allgemeinen Dreieck
λ	mm	Wellenlänge des Lichts
$\mathbf{C}(\boldsymbol{x})$		Kovarianzmatrix
A	mm	Konstanter Anteil der Längenmess-abweichung
C		Kamera als Bestandteil des Raytracings
$C80$	mm	Merkmal Rundheit (80 mm Bohrung)
$C80$	mm	Merkmal Rundheit (40 mm Zylinder)
$D40$	mm	Merkmal Durchmesser 40 mm (Zylinder)
$D80$	mm	Merkmal Durchmesser 80 mm (Bohrung)
Dw	mm	Unsicherheitsbeitrag der Ausgleich-rechnung
EA, EB	rad	Diagonalenschrittmessung: Verkippung des Reflektors um $\boldsymbol{x}_{Sp}$ bzw. $\boldsymbol{y}_{Sp}$
EAX	rad	Rollfehler der x-Achse (Rotation um die x-Achse), alternativ: XRX

Formelzeichen	Einheit	Beschreibung
EAY	rad	Nickfehler der y-Achse (Rotation um die x-Achse), alternativ: YRX
EAZ	rad	Nickfehler der z-Achse (Rotation um die x-Achse), alternativ: ZRX
EBX	rad	Nickfehler der x-Achse (Rotation um die y-Achse), alternativ: XRY
EBY	rad	Rollfehler der y-Achse (Rotation um die y-Achse), alternativ: YRY
EBZ	rad	Gierfehler der z-Achse (Rotation um die y-Achse), alternativ: ZRY
ECX	rad	Gierfehler der x-Achse (Rotation um die z-Achse), alternativ: XRZ
ECY	rad	Gierfehler der y-Achse (Rotation um die z-Achse), alternativ: YRZ
ECZ	rad	Rollfehler der z-Achse (Rotation um die z-Achse), alternativ: ZRZ
EX, EY, EZ	mm	$x-, y-, z-$ Komponente des volumetrischen Fehlers
EXX	typ. mm	Positionsfehler der x-Achse in X-Achsenrichtung, alternativ: XTX
EXY	typ. mm	Geradheitsfehler der y-Achse in X-Achsenrichtung, alternativ: YTX
EXZ	typ. mm	Geradheitsfehler der z-Achse in X-Achsenrichtung, alternativ: ZTX
EYX	typ. mm	Geradheitsfehler der x-Achse in Y-Achsenrichtung, alternativ: XTY
EYY	typ. mm	Positionsfehler der y-Achse in Y-Achsenrichtung, alternativ: YTY
EYZ	typ. mm	Geradheitsfehler der z-Achse in Y-Achsenrichtung, alternativ: ZTY
EZX	typ. mm	Geradheitsfehler der x-Achse in Z-Achsenrichtung, alternativ: XTZ
EZY	typ. mm	Geradheitsfehler der y-Achse in Z-Achsenrichtung, alternativ: YTZ
EZZ	typ. mm	Positionsfehler der z-Achse in Z-Achsenrichtung, alternativ: ZTZ
F	mm/s	Verfahrgeschwindigkeit der WZM-Achsen
H		Hintergrund als homogener Raum mit Brechungsindex n

Formelzeichen	Einheit	Beschreibung
I		Intensität des simulierten Strahls
L	mm	Messlänge
L	mm	Optischer Weg des Strahls in der Raytracing-Simulation
N		Strategieparameter der Diagonalenschrittmessung: Anzahl der Stufen
O		Oberflächen als Polygone als Bestandteil des Raytracings
R	mm	Diagonalenschrittmessung: Länge in Diagonalenrichtung
$R\pm$		Reflexionskoeffizient der Oberfläche als Bestandteil des Raytracings
S		Lichtstrahl als Bestandteil des Raytracings
$T\pm$		Transmissionskoeffizient der Oberfläche
U		Erweiterte Messunsicherheit
V		Volumenkörper als Bestandteil des Raytracings
X	mm	Strategieparameter der Diagonalenschrittmessung: Schrittlänge in x-Achsenrichtung
XWY	rad	Rechtwinkligkeitsfehler zwischen x- und y-Achse, positiv wenn >90°, alternativ: C0X bzw. C0Y
XWZ	rad	Rechtwinkligkeitsfehler zwischen x- und z-Achse, positiv wenn >90°, alternativ: B0Z bzw. B0X
Y	mm	Strategieparameter der Diagonalenschrittmessung: Schrittlänge in y-Achsenrichtung
YWZ	rad	Rechtwinkligkeitsfehler zwischen y- und z-Achse, positiv wenn >90°, alternativ: A0Z bzw. A0Y
Z	mm	Strategieparameter der Diagonalenschrittmessung: Schrittlänge in z-Achsenrichtung
b	mm	Systematische Abweichung; hier die Differenz zwischen dem Mittelwert der Messwerte und dem Kalibrierwert
c	mm	Diagonalenschrittmessung: Messlängenabweichung aufgrund des Reflektorstellfehlers
dDC	mm	Unsicherheitsbeitrag des Kalibrierkörpers
dDT	mm	Unsicherheitsbeitrag Tastsystem

Formelzeichen	Einheit	Beschreibung
dLG	mm	Unsicherheitsbeitrag Maschinengeometrie
dLT	mm	Unsicherheitsbeitrag Temperaturdifferenz
$f\boldsymbol{R}$		Fehler in den projizierten Schrittlängen
i		Hilfsvariable
k		Erweiterungsfaktor
l	mm	Abstand zwischen Anfangs- und Schnittpunkt
n		Brechungsindex bei der Raytracing-Simulation
$u(x_i)$		Standardunsicherheiten der Einflussgrößen
$\boldsymbol{A} \cdot \boldsymbol{x} = \boldsymbol{b}$		allgemeines lineares Gleichungssystem
$\boldsymbol{C}(\boldsymbol{x})$		Kovarianzmatrix einer mehrdimensionalen Zufallsvariablen
$\boldsymbol{D}$		Drehmatrix
$\boldsymbol{E}(\boldsymbol{x})$		Erwartungswert einer mehrdimensionalen Zufallsvariablen
$\boldsymbol{E}(x), \boldsymbol{E}(y), \boldsymbol{E}(z)$		Diagonalenschrittmessung: relative volumetrische Fehler von einem Schritt zum nächsten (X, Y bzw. Z)
$\boldsymbol{E}(\boldsymbol{x})$		Erwartungswert
$\boldsymbol{F}(x, y, z)$		Vektor: Volumetrischer Fehler auf der Position (x, y, z)
$\boldsymbol{P}$		Position im Maschinenvolumen
$\boldsymbol{P}'$		Position im Maschinenvolumen mitsamt volumetrischem Fehler
$\boldsymbol{r}$		Vektor, der eine Rotation beschreibt: Richtung → Rotationsachse, Betrag → Winkel in rad, Richtungssinn nach „rechter-Hand"-Regel
$\boldsymbol{t}$		Normierte Richtung der Strahl-ausbreitung
$\boldsymbol{u}$		Normalenvektor der Brechungsebene in Richtung des Zielmediums
δ	°	Winkel als Abweichung von der idealen Ausrichtung des Lasers in der Diagonalen
σ		Standardabweichung
φ	°	Winkel als Abweichung von der idealen Ausrichtung des Lasers in der Diagonalen

1 Motivation, Methodisches Vorgehen und Aufbau der Arbeit

Eine moderne Produktion ist durch kleine Stückzahlen, hohe Flexibilität, große Variantenvielfalt, enge Toleranzen und große Wertschöpfungstiefe gekennzeichnet. (Brecher 2012; Monostori et al. 2016; López de Lacalle und Lamikiz 2009) Die Herstellung kleiner Losgrößen qualitativ hochwertiger Bauteile zu geringen Stückkosten ist damit eine zentrale Fragestellung produktionstechnischer Forschung. Eine flexible Fertigung und eine umfassende und fertigungsnahe Qualitätsprüfung sind notwendige Etappenziele.

Da die Qualität eines Bauteils in einem klassischen Ansatz als die Übereinstimmung der geforderten mit den realen Merkmalsausprägungen definiert werden kann, ist eine Prüfung dieser Ausprägungen vor der Auslieferung des Bauteils für eine Absicherung der Qualität notwendig. (Schmitt et al. 2015, S. 21; Deutsches Institut für Normung 2015) Art, Umfang und Ort der Prüfung richten sich dabei nach den zu prüfenden Merkmalen, der geforderten Toleranz und zur Verfügung stehenden Messtechnik. Bauteile komplexer Geometrie erfordern bei engen Toleranzen oft hochpräzise und flexible Messsysteme, wie beispielsweise ein Koordinatenmessgerät (KMG) in einer überwachten und klimatisierten Umgebung. Dies bedeutet eine hohe Investition in die zu beschaffende Systeme, eine spezialisierte Ausbildung des Personals und stellt in vielen Fällen einen Engpass im Produktionsprozess dar. (Hocken und Pereira 2012) Die Prüfung am fertigen Bauteil erschwert die Modellierung der Wirkzusammenhänge zwischen den Merkmals-ausprägungen am Bauteil und den zugrundeliegenden Parametern der Fertigungsprozesse. (Verma et al. 2014) Je näher die Prüfung der Ausprägungen an den Fertigungsschritt heranrückt desto leichter fallen die Prozessanalyse und die Modellierung. (Schmitt et al. 2016)

Die WZM bildet die Basis einer flexiblen Fertigung. (BmBF 2015, S. 39; Jatzkowski 2011, S. 17) Die diskutierten Zusammenhänge motivieren Geometrieprüfungen der gefertigten Bauteile direkt auf der WZM. Dazu können Tastsysteme in die Werkzeugaufnahme der Maschine eingewechselt werden, mit denen das Bauteil taktil angetastet werden kann. Die fehlende Trennung zwischen Fertigungsmaschine und Messsystem verletzt einen Grundsatz für die Erfassung belastbarer Messwerte. Die fehlende Kenntnis der Einflussgrößen und die resultierenden Effekte auf eine solche Messung verhindert die Angabe einer Messunsicherheit. Ohne Messunsicherheit ist das Messergebnis nicht bewertbar und ein späterer Prüfentscheid nicht abgesichert. Dieser Zusammenhang hat die Umsetzung und die Akzeptanz einer maschinenintegrierten Geometrieprüfung bisher beeinträchtigt, so dass in der Regel noch Referenzmessungen auf einem KMG erforderlich sind.

Die konstruktive Auslegung eines KMG und einer WZM als serielle Kinematik motiviert jedoch die nähere Analyse bekannter Verfahren zur Bestimmung der Messunsicherheit aus der Koordinatenmesstechnik hinsichtlich einer Übertragung auf Messprozesse mit WZM. Dazu müssen die Einflussfaktoren, die eine Messung auf

WZM von einer Messung mit KMG unterscheiden, identifiziert und quantifizierbar gemacht werden. Der Einfluss der Kinematik der Maschine auf das Messergebnis wird als dominant vermutet. Die instabilen Umgebungsbedingungen einer Fertigungsumgebung stellen einen weiteren Störfaktor auf den Messprozess dar. Eine messtechnische Erfassung der geometrischen Abweichungen ist durch innovative Messverfahren umfassender möglich als noch vor einigen Jahren. So kann eine Datenbasis zum Maschinenverhalten geschaffen werden, die als Validierung für ein Modell eines solchen Messprozesses dienen kann. Eine mathematische Modellierung der Maschinenkinematik soll als Ergebnis dieser Arbeit den vermuteten Einfluss der geometrischen Abweichungen der Kinematik auf das Messergebnis quantifizierbar machen. Zusätzlich wird ein Verfahren zur messtechnischen Überwachung und Erfassung der WZM entwickelt. Die Kombination der Bausteine soll die Messunsicherheitsbestimmung für einen Messprozess auf einer WZM ermöglichen.

1.1 Methodisches Vorgehen

Die ingenieurswissenschaftliche Forschungsarbeit soll Lösungen für Probleme der industriellen Praxis bereitstellen und ist daher stark anwendungsbezogen. Auch als *Angewandte Forschung* (engl.: *Applied Research*) bezeichnet, identifiziert sie Anwendungsfelder für die Ergebnisse der Grundlagenforschung und liefert auf dieser Basis neue Methoden und Verfahren für das betrachtete Problem. Dabei ist keine Allgemeingültigkeit der Ergebnisse gegeben, da die Arbeit in Bezug auf eine begrenzte Anzahl von Produkten, Prozessen, Methoden oder Systemen eingeschränkt wird. (Frascati manual 2002, S. 78)

Die vorliegende Arbeit kann der angewandten Forschung nach ULRICH zugeordnet werden. Ihr liegt ein praxisrelevantes Problem in einer industriellen Produktion zugrunde. (Ulrich 2001, S. 27) Die wissenschaftliche Erkenntnis findet innerhalb dynamischer und komplexer Systeme statt. Diese Systeme entziehen sich einer vollständigen Prognostizierbarkeit, wodurch eine Formulierung von Gestaltungsempfehlungen für alle denkbaren Systemzustände verhindert wird. Die zu untersuchenden Objektsysteme müssen daher abgegrenzt und die Komplexität der betrachteten Systeme anerkannt und beschrieben werden. (Ulrich 2001, S. 25; Weber 2000, S. 137 ff.) Die Gestaltungsempfehlungen für einzelne Zustände können mithilfe von Gestaltungsmodellen beschrieben werden. Die wesentliche Eigenschaft eines Modells ist nach BAMBERG und COENENBERG die vereinfachte Abbildung realer Tatbestände, bei der trotz Vereinfachung Strukturgleichheit bzw. -ähnlichkeit zwischen dem Realsystem und dem Modell vorliegt. (Bamberg et al. 2008, S. 14 f.) Es kann zwischen Beschreibungs-, Erklärungs-/Prognose- und Entscheidungsmodellen unterschieden werden. Das deskriptive Beschreibungsmodell protokolliert dabei die aus Sicht des Modellentwicklers relevanten Einflussgrößen. Erklärungsmodelle sind explikativ und sollen die Ursachen der zu beschreibenden Prozessabläufe erklären und die Konsequenzen der Handlungsalternativen vorhersagen (prognostizieren). Beide Modelle sind die Grundlage für die Umsetzung von Entscheidungsmodellen.

(Ruggaber et al.; Töpfer 2012, S. 85 ff.) Gegenstand dieser Arbeit ist die Entwicklung eines Entscheidungsmodells im Gestaltungszusammenhang. Durch eine Validierung mit unterschiedlichen aber konstanten Randbedingungen wird untersucht, ob sich das Systemverhalten vorhersagen lässt und im Sinne von ULRICH hilfreiche Schlussfolgerungen zur Beratung der Praxis getroffen werden können. (Ulrich 2001, S. 26) Ausgangspunkt ist die Verknüpfung von praxisnahen Problemstellungen mit zukünftigen Forschungsfeldern.

Nach KUBICEK ist die Formulierung von Hypothesen oder wissenschaftlicher Aussagen in diesem Zusammenhang problematisch. Zielführender ist ein explorativer Forschungsprozess, der sich an forschungsleitenden Fragen orientiert. Ein exploratives Forschungsdesign ist auf die detaillierte Beschreibung und die Erklärung beobachteter Sachverhalte konzentriert. Dieses Vorgehen ist dann sinnvoll, wenn Wirkungszusammenhänge noch nicht gänzlich bekannt sind und aufgedeckt werden sollen. Ein konfirmatorisches Forschungsdesign stellt die Überprüfung hypothetischer Ursache-Wirkungszusammenhänge in den Vordergrund. (Töpfer 2012, S. 123 ff.) Für die vorliegende Arbeit ist eine Kombination von Elementen beider Ansätze zielführend. Die forschungsleitenden Fragen sollen unabhängig vom gewählten Forschungsdesign helfen, das thematische Umfeld der wissenschaftlichen Arbeit zu durchdringen und den Erkenntnis- und Argumentationsprozess zu gestalten. (Töpfer 2012, S. 128 f.)

1.2 Formulierung der Forschungsfragen

Es kann eine übergeordnete Forschungsfrage formuliert werden:

Kann durch die Kombination innovativer Verfahren zur messtechnischen Erfassung der geometrischen Abweichungen von Werkzeugmaschinen und Methoden zur Rückführung von Koordinatenmessgeräten eine modellgestützte dynamische Messunsicherheitsbestimmung für Geometrieprüfungen auf einer Werkzeugmaschine gelingen?

Detaillierende Fragen zum forschungsrelevanten Sachverhalt helfen, den Erkenntnisprozess zu strukturieren:

1. *Gibt es Methoden zur Bestimmung der Messunsicherheit für Koordinatenmessungen mit KMG, die sich auf Geometriemessungen auf WZM anpassen lassen?*
2. *Lässt sich der Messprozess auf der WZM dahingehend simulieren, dass auf Basis prozessbezogener Parameter eine dynamische modellbasierte Messunsicherheitsberechnung erfolgen kann?*
3. *Ist die Kinematik der WZM der dominante Einflussfaktor auf die erreichbare Messunsicherheit und lässt sich dieser Einfluss auch im Falle wechselnder thermischer Last in der dynamischen Messunsicherheitsbilanz abbilden?*

4. *Lässt sich mit der Kenntnis der für die Messunsicherheitsbestimmung zentralen Einflüsse der WZM ein Messverfahren entwickeln, dass prozessintegriert eine Überwachung der WZM als Messgerät hinsichtlich der Prüfprozesseignung ermöglicht?*

Die Fragen ließen sich auch als Hypothesen formulieren. Zielführend ist dies für die Thematik der dritten forschungsleitenden Frage. Der Einfluss der geometrischen Abweichungen serieller Kinematik wird sowohl bei KMG als auch bei WZM in der Literatur als zentral für die Fertigungs- bzw. Messgenauigkeit eingeschätzt. Daher kann eine Hypothese formuliert werden:

Der Einfluss der geometrischen Abweichungen der Maschinenkinematik auf die erreichbare Messunsicherheit ist für einen Messprozess auf der Werkzeugmaschine dominant.

Durch die Falsifizierung der Gegenhypothese wird die Hypothese in Abschnitt 5.1 belegt. Der explorative Charakter der Forschungsarbeiten erlaubt aus diesen Erkenntnissen wiederum die Formulierung weiterer Hypothesen, die im Abschnitt 5.2 den Einfluss der Temperatur auf die WZM und damit die Messunsicherheit belegen sollen.

Die Messunsicherheit des Gesamtsystems wird durch eine von der Referenztemperatur abweichende Umgebungstemperatur durch den Einfluss auf die geometrischen Abweichungen der Maschinenkinematik systematisch vergrößert.

Sofern diese Annahme bestätigt wird, ist der Tempertaureinfluss in der Messunsicherheitsbilanz zu berücksichtigen.

Eine Bestimmung der Messunsicherheit mithilfe der entwickelten dynamischen Messunsicherheitsbilanz ist mit Kenntnis der geometrischen Abweichungen der Werkzeugmaschine für einen von der Referenztemperatur abweichenden Temperaturpunkt möglich.

Die Beantwortung der Hypothesen erfolgt ebenfalls durch die Falsifizierung der Gegenhypothese, indem der Einfluss der Temperatur auf die Messunsicherheit und die Möglichkeit der dynamischen Bestimmung an einem geeigneten Demonstrator nachgewiesen werden.

1.3 Aufbau der Arbeit

Der Aufbau der Arbeit folgt der beschriebenen angewandten Forschung nach ULRICH (Abbildung 1-1).

In Kapitel 1 werden in der Einleitung die Problemstellung und die Zielvorstellung definiert, bevor das Forschungsdesign und der Aufbau der Arbeit beschrieben werden.

Kapitel 2 motiviert die Möglichkeiten von Messprozessen, die mit der WZM durchgeführt werden, über die Herausarbeitung der technischen Eignung einer solchen Umsetzung und die produktionstechnischen Vorteile. Es werden das

Einsatzgebiet, der mechanische Aufbau, die Möglichkeiten der mathematischen Modellierung und die Verbesserungspotentiale durch steuerungsseitige Kompensation für WZM mit seriellen Kinematiken beschrieben.

Kapitel 3 stellt den Zusammenhang zum Forschungsfeld der Koordinatenmesstechnik als eine Spezialisierung der Fertigungsmesstechnik her. Dies geschieht vor dem Hintergrund der Ähnlichkeiten im kinematischen Aufbau zwischen WZM und KMG. Es werden Methoden vorgestellt, die als Grundlage für die weiteren Betrachtungen und das entwickelte Modell zur dynamischen Messunsicherheitsbilanz dienen. Es wird die Notwendigkeit des umfassenden Verständnisses beider Forschungsfelder herausgearbeitet.

Kapitel 4 führt die beiden Schwerpunkte zusammen, indem die konstitutiven Bestandteile eines Messsystems „Werkzeugmaschine“ beschrieben und bewertet werden. Von einer ausführlichen Betrachtung der gesamten Ursache-Wirkungs-beziehungen (Ishikawa-Diagramm) werden die für eine Modellierung des Messprozesses zur Bestimmung der Messunsicherheit relevanten Parameter eingegrenzt und diskutiert. Schwerpunkt ist, wie die Hypothese verdeutlicht, der Einfluss der Maschinenkinematik. Im entwickelten Modell wird die erreichbare Längenmessabweichung als Parameter zur Beschreibung des Einflusses definiert.

Im Kapitel 5 werden an zwei WZM, die als Demonstratoren dienen, exemplarisch Messprozesse umgesetzt. Ziel ist die Validierung des entwickelten Modells. Das experimentelle Vorgehen mittels eines materiellen Normals liefert hier wichtige Erkenntnisse im Sinne einer explorativen Forschung, die zur Validierung der dynamischen modellbasierten Messunsicherheitsbestimmung beitragen. Die gewonnenen Erkenntnisse führen zu dem konfirmatorischen Forschungsansatz, den beobachteten Einfluss der Maschinenkinematik um den thermo-mechanischen Anteil zu erweitern. Die Ergebnisse validieren die Modellierung und das Konzept zum Messen mit der Werkzeugmaschine auch unter thermischer Last. Die Forschungsarbeiten zeigen jedoch auch ein Defizit zwischen der Bedeutung der geometrischen Abweichungen für das Konzept und den sehr zeit- und kostenintensiven Verfahren zur messtechnischen Erfassung dieser Abweichungen.

In Kapitel 6 werden auf Basis dieser Erkenntnisse aus der Modellbildung und den Validierungsmessungen die Anforderungen für ein strukturintegriertes prozessnahes Messsystem zur Messung der geometrischen Abweichungen der WZM definiert. Ein solches System war während dieser Arbeiten nicht verfügbar und wird als eine weitere Innovation dieser Arbeit bereitgestellt. Die Eignung hinsichtlich der Erfassung aller relevanten Komponentenabweichungen wird durch eine ausführliche Simulation (virtuelles Messgerät) und Tests an einer Linearachse sowie dem Demonstrator abgesichert.

Kapitel 7 benennt die wichtigsten Erkenntnisse dieser Arbeit als Beitrag zur Beratung der Praxis in Form eines neuartigen Konzeptes zur Bestimmung der Messunsicherheit für Messprozesse auf WZM und reflektiert die Erkenntnisse und den

Forschungsprozess kritisch. Das entwickelte Messsystem zur prozessintegrierten Messung der geometrischen Abweichungen bildet dabei den Abschluss des Konzeptes und bietet gleichzeitig eine Adaption auf andere Fragestellungen im Bereich der messtechnischen Erfassung von WZM. Der Ausblick gibt weiterführende Impulse für einen Forschungsprozess im Bereich der prozessintegrierten Fertigungsmesstechnik.

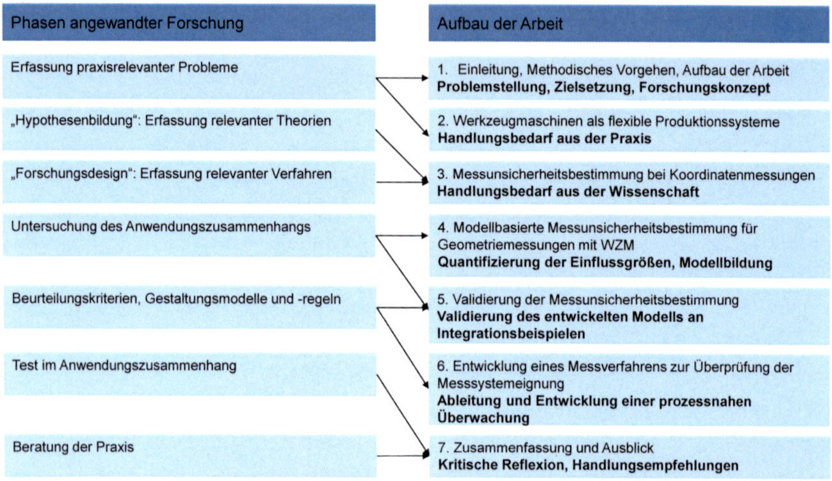

Abbildung 1-1 Aufbau der Arbeit nach dem gewählten explorativen Forschungsdesign nach ULRICH

1.4 Heuristischer Bezugsrahmen

Der heuristische Bezugsrahmen nach KUBICEK ist ein grafisches Erklärungsmodell zur Verdeutlichung der theoretischen Problemstellung einer wissenschaftlichen Arbeit. Der Bezugsrahmen soll den Betrachtungsraum der Arbeit abgrenzen und ist damit auch Ausgangspunkt zur Formulierung der forschungsleitenden Fragen oder Hypothesen. Einzelne Elemente der Problemstellung werden als Kästchen, Interaktionen zwischen den Elementen als Pfeile dargestellt.

Der Bezugsrahmen für die vorliegende Arbeit verdeutlicht, dass der Messprozess auf der WZM und die Bestimmung der Messunsicherheit für diesen Prozess im Mittelpunkt stehen (Abbildung 1-2). Das Messsystem wird in Aufbau und in der Modellierung betrachtet. Die Modellierung ist dabei der Lösungsansatz zur dynamischen modellbasierten Messunsicherheitsbestimmung und eine Innovation dieser Arbeit.

Der Einfluss der Umgebungsbedingung Temperatur auf einen Messprozess auf der WZM wird erstmalig untersucht. Der Aufbau des Messsystems „Werkzeugmaschine“ wird um die Entwicklung eines strukturintegrierten Messsystems zur Bestimmung der Komponentenabweichung der WZM und damit des metrologischen Rahmens erweitert. Damit ist eine prozessnahe Überwachung des Messsystems

„Werkzeugmaschine" möglich. Damit wird zu einem Paradigmenwechsel in der Diskussion um die Eignung einer WZM als Messgerät beigetragen.

Bei der Bauteilbetrachtung werden der gravitations- und der temperaturinduzierte Fehleranteil nur auf dem Stand der Technik berücksichtigt. Messstrategieentwicklung und der Umgang mit den Prüfentscheiden auf Basis der Messungen werden ebenfalls ausgeklammert. Die vorliegende Arbeit behandelt Fragestellungen im Rahmen der Produktionstheorie. Eine wirtschaftswissenschaftliche Bewertung von Messprozessen auf einer WZM erfolgt nicht. Die technologische und informationstechnische Umsetzung stehen im Vordergrund.

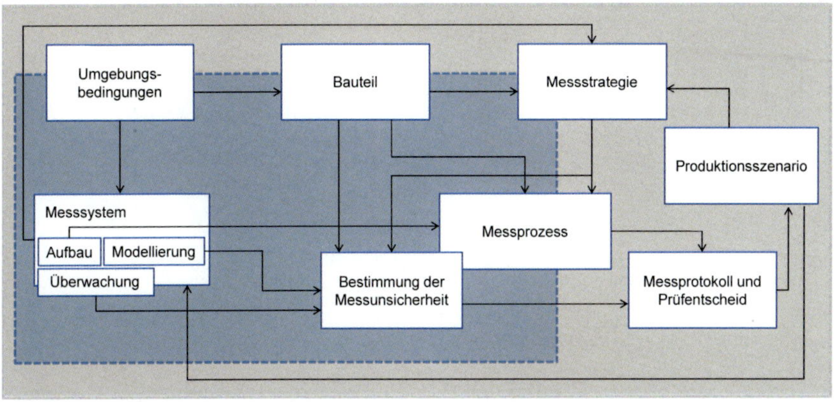

Abbildung 1-2 Heuristischer Bezugsrahmen und Abgrenzung des Forschungsgegenstandes (dunkelblau)

1.5 Auswahl des Untersuchungsobjekts

Die Ergebnisse dieser Arbeit sollen auf jede Werkzeugmaschinenkinematik übertragbar sein. Daher wurden für die Untersuchungen am Werkzeugmaschinenlabor Demonstrator-Maschinen ausgewählt, die im industriellen Einsatz weit verbreitet sind, so dass sich die Ergebnisse auf eine Vielzahl von Anwendungsfällen übertragen lassen.

Es wurden eine WZM vom Typ Hermle C800U und eine vom Typ Hermle B300U jeweils mit einer 5-Achs-Kinematik ausgewählt (Abbildung 1-3).

Die Kinematik ist in der Praxis weit verbreitet und ermöglicht flexible Bearbeitungsszenarien auch für komplexe Bauteilgeometrien. Die Maschinen sind im Falle der C800U mit einer serienmäßigen Steuerung vom Typ Siemens 840 D und im Falle der B300U mit einer Steuerung des Typs Heidenhain TNC 530 ausgerüstet. Damit sind die Steuerungen der Hersteller mit dem größten Marktanteil in den Untersuchungen vertreten. (Möller 2016) Das Werkzeugmagazin erlaubt bei beiden Maschinen die automatische Einwechslung von Werkzeugen und den für die

Untersuchungen verwendeten Tastsystemen. Es wurden Tastsysteme verschiedener Anbieter eingesetzt.

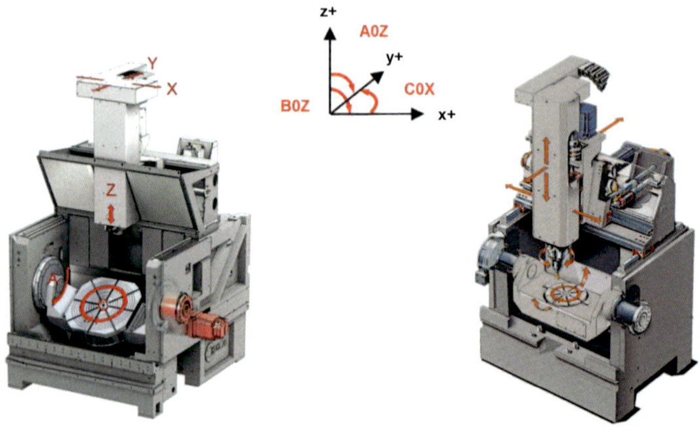

a) b)

Abbildung 1-3 Werkzeugmaschinen Hermle C800U und Hermle B300U mit Angabe des Maschinenkoordinatensystems (Quelle: Berthold Hermle AG)

2 Werkzeugmaschinen als Kern einer flexiblen Produktion

Die Werkzeugmaschine (WZM) ist ein zentraler Bestandteil einer flexiblen industriellen Fertigung. Maschinen mit drei bis fünf Achsen finden sich in den verschiedenen Bereichen industrieller Produktion. Der Absatz von WZM umfasste 2015 weltweit ungefähr 80 Milliarden US-Dollar. Größter Produzent war China gefolgt von Deutschland und Japan (Abbildung 2-1). China hatte gleichzeitig die größte Nachfrage nach WZM. Deutschland ist mit ungefähr 9 Milliarden US-Dollar der größte Exporteur. (Gardner Business Media 2016)

Einen deutlichen Einbruch während der Finanz- und Wirtschaftskrise in den Jahren 2009 und 2010 ausgenommen, ist die Nachfrage nach WZM stetig steigend und der Wert der Produktion wurde von Anfang der 2000er Jahre bis 2015 nahezu verdoppelt. Auch für den Produktionsstandort Deutschland spielt die Werkzeugmaschinenindustrie eine wichtige Rolle- als Lieferant und als Produzent. (Verein Deutscher Werkzeugmaschinenfabriken e.V. 2015)

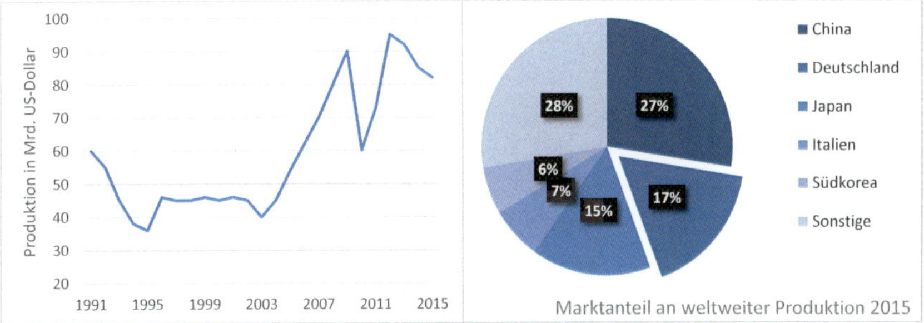

Abbildung 2-1 Weltweite Produktion von WZM und Marktanteile der Länder mit den größten Lieferumfängen für das Jahr 2015 (Gardner Business Media 2016; Verein Deutscher Werkzeugmaschinenfabriken e.V. 2015)

2.1 Werkzeugmaschinen und der Aufbau der seriellen Kinematik

Eine Definition für WZM folgt den Ausführungen von Otto Kienzle:

Eine Werkzeugmaschine ist eine Arbeitsmaschine, die ein Werkzeug am Werkstück unter gegenseitiger bestimmter Führung zur Wirkung bringt. Sie übernimmt die Werkzeug- und Werkstückhandhabung und das Aufnehmen, Verarbeiten und Rückführen von Informationen über den Fertigungsvorgang. (Tönshoff 2008, S. 2)

Diese Ausführung ermöglicht eine Abgrenzung zu anderen Maschinenkonzepten und definiert gleichzeitig die beiden zentralen Bestandteile, die in dieser Arbeit näher betrachtet werden. Die bestimmte Führung von Werkzeug und Werkstück wird durch die Kinematik der WZM vorgegeben, während die Verarbeitung der Informationen über die Steuerung erfolgt. (Neugebauer 2012, S.4; Milberg 1992, S. 329–370) Der kinematische Aufbau ist der Grundstein für die Betrachtungen dieser Arbeit. Die

Steuerung der WZM und die Möglichkeiten einer steuerungsbasierten Kompensation der Komponentenabweichungen der Maschinenkinematik komplettieren das entwickelte Vorgehen.

2.1.1 Klassifizierung von Werkzeugmaschinen und Anforderungen an die Konstruktion

Bei der Klassifizierung von WZM kann nach der Art des Fertigungsverfahrens und nach dem Grad der Automatisierung unterschieden werden. Eine Zuordnung kann auch über die Ausführungsformen von trennenden WZM in der Metallbearbeitung erfolgen. Es wird zwischen Fertigungssystem, Fertigungsverfahren und dem Typ der WZM differenziert (vgl. Anhang Abbildung A 1). (Weck und Brecher 2005, S. 15–17; Neugebauer 2012, S. 6; Hirsch 2012, S. 4) In der vorliegenden Arbeit werden WZM zur Fräsbearbeitung betrachtet.

Es können zentrale Anforderungen an die Konstruktion der WZM formuliert werden:

- Flexibilität bei Orientierung und Position des Werkzeugs und des Werkstücks
- Orientierung und Positionierung mit hoher Geschwindigkeit
- Orientierung und Positionierung mit hoher Präzision
- Automatisierter und schneller Wechsel von Werkzeug und Werkstück
- Hohe Abtragsrate für den Fertigungsprozess
- Sicherheit für die Umwelt und den Bediener

Die Anzahl und der Aufbau der Achsen oder Komponenten einer WZM sind entscheidend für Erfüllung der ersten drei Anforderungen und richten sich in der Regel nach den gewünschten Freiheitsgraden oder den unabhängig kontrollierbaren Bewegungen der Achskomponenten. Die häufigsten Kinematiken bauen auf einem kartesischen Koordinatensystem auf. Eine Erweiterung um bis zu zwei rotatorische Achsen erhöht die Flexibilität der Fertigungsmaschine und bildet mit dem klassischen Aufbau bestehend aus drei linearen Achsen die verbreitesten Maschinenkonzepte im Bereich der Fräsbearbeitung. (Smith 2016, S. 90)

Seit der Entwicklung der ersten numerisch gesteuerten Werkzeugmaschine am Massachusetts Institute of Technology (MIT) in den USA im Jahre 1953 hat die Entwicklung der Steuerungstechnik und Informationsverarbeitung neue und teilweise vollständig automatisierte Maschinenkonzepte ermöglicht. Ein steigender Automatisierungsgrad steigert die Flexibilität, Produktivität und damit die Wirtschaftlichkeit der Produktionssysteme. (Weck und Brecher 2005)

HIRSCH und WECK diskutieren eine Einteilung nach dem Automatisierungsgrad, die in der Folge als Einteilung der Fertigungssysteme herangezogen werden soll (vgl. Abbildung A 2). (Hirsch 2012, S. 4 ff.; Weck und Brecher 2005, S. 16–17) Die in dieser Arbeit betrachteten Fertigungssysteme sind als Fertigungszentrum mit automatisiertem Werkzeugwechsler für die Fräsbearbeitung einzuordnen.

Durch die Integration verschiedener Fertigungsverfahren in eine Maschine (Multi-Technologie-Plattform) oder zusätzliche Bearbeitungsachsen und die damit verbundene Steuerungsarchitektur sind die Fertigungssysteme zunehmend komplex. (Neugebauer et al. 2007; Brecher 2012, S. 435 ff.) Die Integration verschiedener Fertigungstechnologien ermöglicht eine effiziente Fertigung durch die Reduktion von Stillstands- und Nebenzeiten, aber nicht jede Kombination von Technologien ist zielführend. Darüber hinaus muss eine solche Technologiekombination dem Vergleich mit verschiedenen getakteten Einzelmaschinenlösungen standhalten. Es kann in diesem Zusammenhang zwischen Einzelmaschinen und Mehrmaschinensystemen unterschieden werden. (Tönissen 2014; Moriwaki 2008; Nakamoto et al. 2004) (Moriwaki 2008)

2.1.2 Eigenschaften serieller Kinematiken und die geometrischen Abweichungen

Kinematik stammt von dem altgriechischen *kinema* „Bewegung" und ist die Lehre der Bewegung von Punkten und Körpern im Raum. Die Bewegung wird dabei durch die Position, die Geschwindigkeit und die Beschleunigung beschrieben. Die Ursachen der Bewegung werden nicht betrachtet. (Grote et al. 2014) Die Position im Raum wird in einem beliebigen dreidimensionalen Koordinatensystem (zylindrisch, kartesisch, polar) definiert. Übertragen auf Maschinen müssen in Abhängigkeit der gewünschten Bewegung Achsen und Gelenke so kombiniert werden, dass eine gewünschte Position im Raum angefahren werden kann. Diese „kinematische Kette" bildet die Struktur der Maschine. Die Funktionselemente werden um die Struktur angeordnet. Es wird zwischen parallelen und seriellen Kinematiken unterschieden.

Bei einer Parallelkinematik sind die Bewegungsachsen parallel geschaltet. Damit entfällt die Bewegung eines Antriebs durch einen anderen Antrieb, wie es beim seriellen Aufbau der Fall ist. Durch die Reduktion der zu bewegenden Masse und der gleichmäßigen Verteilung der Kräfte auf die Antriebselemente kann eine höhere Dynamik erreicht werden. (Tlusty et al. 1999; Weck und Staimer 2002) Parallele Kinematiken für WZM sind wegen der der hohen Dynamik und der Flexibilität intensiv erforscht worden, allerdings ist eine umfassende industrielle Anwendung nicht erfolgt. (Koren et al.; Rehsteiner et al. 1999; Son et al. 2009)

Die Mehrzahl der WZM und KMG ist mit einer seriellen Kinematik aufgebaut. Charakteristisch für eine serielle Kinematik ist die unabhängige Bewegung aller Achsen mit einer festgelegten Reihenfolge der Antriebsmöglichkeiten. (Smith 2016, S. 84–90; Bohez 2002) Dies ermöglicht eine gleiche mathematische Beschreibung und ist Grundlage für die Betrachtungen dieser Arbeit. Die kinematische Kette wird bei einer seriellen Kinematik lediglich während des Fertigungs- bzw. Messprozesses über den Kontakt zwischen Werkzeug bzw. Tastsystem und dem Werkstück geschlossen. Die Anordnung und die Bewegungsrichtungen der Achsen sind vorgegeben. (Deutsches Institut für Normung 1975; Lin und Shen 2003)

Die relevanten Fehler oder genauer Abweichungen einer WZM sind daher die relativen Abweichungen zwischen der Soll- und der Ist-Positionen des Werkzeugs relativ zum Werkstück. Analog ist bei einem KMG die Abweichung zwischen der Ist-Position und der Soll-Position der Tastkugel relativ zum Werkstück relevant. Die zentralen Einflussfaktoren auf die Positionierabweichung des Endeffektors (Tastsystem, Werkzeug etc.) relativ zum Werkstück können bei seriellen Kinematiken (sowohl WZM als auch KMG) in

- Kinematische oder geometrische Abweichungen der Maschine
- Thermo-mechanische Deformationen
- Lastabhängige Deformationen
- Dynamische Kräfte
- Steuerung und Steuerungssoftware

kategorisiert werden. Diese Faktoren sind für WZM und KMG in der Literatur beschrieben (Abbildung 2-2). (Soons und Soons 1993; Nijs et al. 1988; Schellekens 1993; Weekers und Schellekens 1997; Weck und Brecher 2006; Jatzkowski 2011, S. 22; Schwenke et al. 2008)

Den Forschungsfragen folgend soll eine detailliertere Betrachtung für WZM in Bezug auf geometrische Abweichungen, den Einfluss thermischer Belastungsparameter und die Kompensationsmöglichkeiten der Steuerung erfolgen.

Eine genaue Abgrenzung der zu betrachteten Einflüsse ist für die folgenden Ausführungen notwendig. Unter geometrischen Abweichungen oder Komponentenabweichungen im lastfreien Fall werden Form- und Lageabweichungen der einzelnen Maschinenbauteile (Herstellungsungenauigkeiten bzw. Verschleiß) sowie deren relativer Lage zueinander (Montageungenauigkeiten) verstanden. Eine Abgrenzung soll in der vorliegenden Arbeit darin erfolgen, dass kinematische Abweichungen als Abweichungen funktional abhängiger Bewegungen wie beispielsweise bei Verzahnungsmaschinen verstanden werden (Abbildung 2-2). (Weck und Brecher 2006, S. 78–83) Aufgrund der seriellen Kinematik mit orthogonaler Achsanordnung der Untersuchungsobjekte wird in der Folge von Komponentenabweichungen oder geometrischen Abweichungen gesprochen.

Die Abweichungen sind reproduzierbar, können jedoch durch Temperatureinfluss, Alterung und Kollisionen verändert werden. Es wird nach Art der Achse und Art der Abweichung unterschieden. Nach DIN ISO 230-1 und DIN ISO 230-7 werden entsprechend den sechs Freiheitsgraden eines starren Körpers im Raum jeweils sechs (drei translatorische oder lineare und drei rotatorische oder winklige) Abweichungsarten von der idealen Bewegung einer Achse unterschieden. Eine lineare Bewegung im Raum hat am Beispiel einer Achse eine Positionierabweichung, zwei Geradlinigkeitsabweichungen und drei Winkligkeitsabweichungen (Rollen, Nicken, Gieren). (Deutsches Institut für Normung 1999)

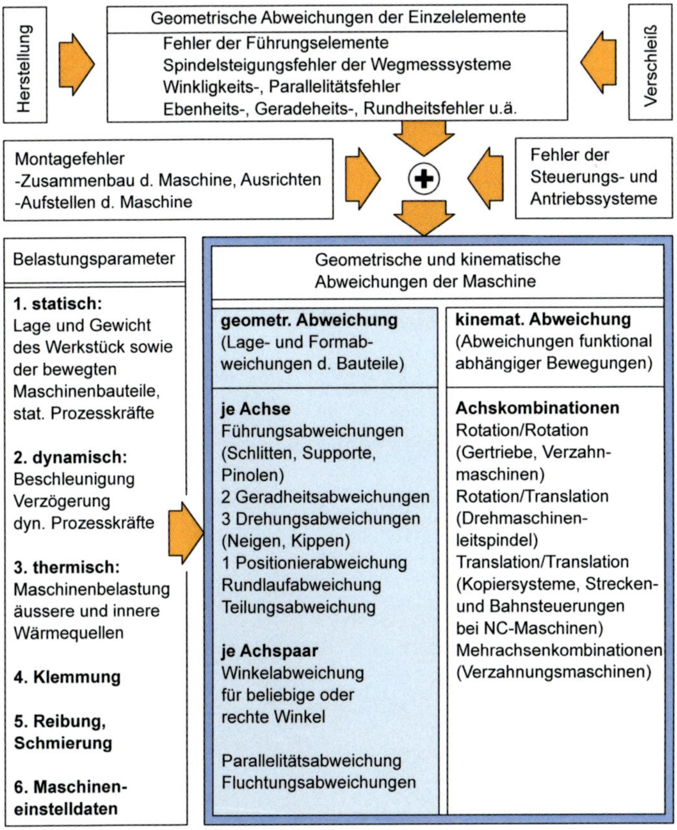

Abbildung 2-2 Einflussgrößen auf geometrische und kinematische Abweichungen einer WZM nach WECK (Weck und Brecher 2006, S. 78)

Das Koordinatensystem (KOS) der Maschine soll durch die Bewegung der Achsen definiert werden. Die Positionen der Achsen beschreiben dabei den Ursprung des KOS. Für eine serielle Kinematik kann die erste Richtung des KOS durch die Bewegung der ersten Achse beschrieben werden, die zweite Richtung durch die Bewegung der zweiten Achse und so weiter. Die Lageabweichungen der Achsen sind Abweichungen der Achse von der nominellen Position im KOS der Maschine. Eine lineare Achse kann drei Lageabweichungen, eine Rotationsachse fünf Lageabweichungen im KOS der Maschine aufweisen (Abbildung 2-3 und Abbildung 2-4).

Insgesamt lässt sich also die volumetrische Abweichung einer typischen 3-Achsmaschine mit Hilfe von 21 Parametern (ohne Spindelfehler) beschreiben. Betrachtet man eine typische 5-Achsmaschine, so wird ihr Positionsabweichung durch insgesamt 41 Parameter (ohne Spindelfehler) bestimmt.

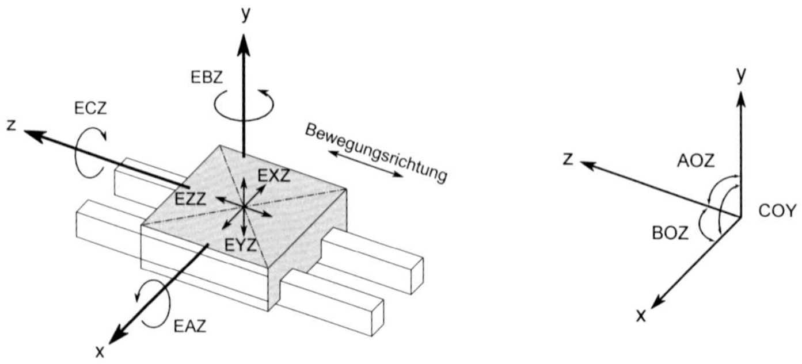

EXZ: Lineare Abweichung
EYZ: Lineare Abweichung
EZZ: Positionsabweichung

EAZ: Stampfen
EBZ: Gieren
ECZ: Rollen

COY: Rechtwinkligkeit y zu x
BOZ: Rechtwinkligkeit z zu x
AOZ: Rechtwinkligkeit z zu y

Abbildung 2-3 Komponentenabweichungen einer Linearachse nach DIN ISO 230-1 (Deutsches Institut für Normung 1999)

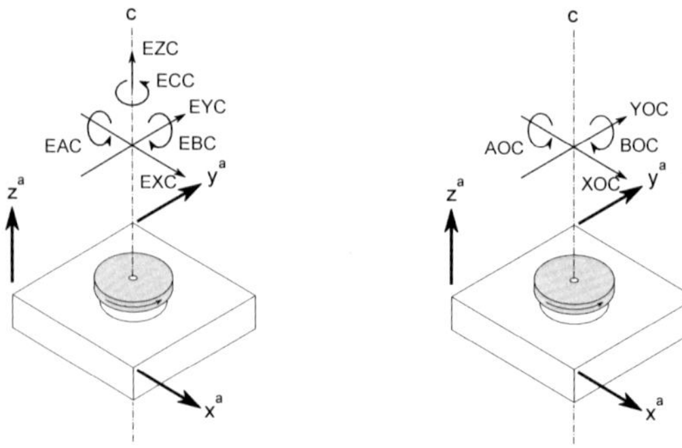

EXC: Radialbewegung in x-Richtung
EYC: Radialbewegung in y-Richtung
EZC: Axialbewegung
EAC: Taumeln um die x-Achse
EBC: Taumeln um die y-Achse
ECC: Positionsfehler

XOC: x-Position der c-Achse
YOC: y-Position der c-Achse
AOC: Rechtwinkligkeit der c-Achse zur y-Achse
BOC: Rechtwinkligkeit der c-Achse zur x-Achse

a: Referenzachse

Abbildung 2-4 Komponentenabweichungen einer Rotationsachse nach DIN ISO 230-1 (Deutsches Institut für Normung 1999)

Das kinematische Modell der Maschine basiert auf der Annahme eines Starrkörpers. Das Modell beschreibt die WZM als starre Komponenten, die in der Reihenfolge der kinematischen Kette angeordnet und miteinander verbunden sind. Das kinematische Modell der Maschine erlaubt die Berechnung der Position und Orientierung des Werkzeugs relativ zum Werkstück als eine Superposition der Komponentenabweichungen der an der Bewegung beteiligten Achsen (Soons et al. 1992; Ibaraki et al. 2010; Ibaraki und Knapp 2013; Hocken et al. 1977; Donmez et al. 1986; Hocken et al. 1977). Eine detaillierte Beschreibung findet sich in Kapitel 2.2.

2.1.3 Messtechnische Erfassung der geometrischen Abweichungen bei Werkzeugmaschinen

In der internationalen Norm DIN ISO 230-1 werden eine Vielzahl von Verfahren zur Bestimmung der geometrischen Abweichungen von Werkzeugmaschinenachsen beschrieben. Die Methoden erfassen jedoch lediglich die geometrischen Abweichungen (Komponentenabweichungen) der Achsen sowie die Lageabweichungen der Achsen zueinander, nicht jedoch die Abweichungen aufgrund des Bearbeitungsprozesses oder die nichtmaschinenbedingten Abweichungen. Die Verfahren können in direkte und indirekte Verfahren unterteilt werden. Diese werden wiederrum nach der verwendeten metrologischen Referenz unterschieden. (TR 16907 Deutsches Institut für Normung; Ibaraki und Knapp 2013; TR 16907 Deutsches Institut für Normung; Weck und Brecher 2006, S. 5; Sartori und Zhang 1995; Schwenke et al. 2008) Die Erfassung der Abweichungen wird angelehnt an das Vorgehen bei KMG und die englische Nomenklatur häufig auch als Maschinenkalibrierung bezeichnet. (Sartori und Zhang 1995; Hocken et al. 1977; Schwenke et al. 2008)

Bei den **direkten Messverfahren** werden die geometrischen Abweichungen einzeln gemessen. Die metrologische Referenz bilden materielle Geometrienormale, laserbasierte Maßverkörperungen oder das Schwerefeld der Erde bei gravitationsbasierten Methoden. Als materielle Normale können Stufenendmaß, Parallelendmaß, Winkel, Lineal und Präzisionskugeln verwendet werden. Die Verfahren sind für große Maschinen mit Achslängen von mehr als einem Meter mit ausreichend geringer Messunsicherheit technisch kaum noch realisierbar. (Schwenke et al. 2008) Eine laserbasierte Maßverkörperung ist das Laserinterferometer. Das Laserinterferometer erlaubt eine hochpräzise Messung einer Längenänderung und eignet sich damit zur direkten Messung der einzelnen Komponentenabweichung der Achsen. Durch die Kombination mit entsprechenden Reflektoren und Prismen zur Führung oder Aufweitung des Strahlenganges können mit Laserinterferometern alle Komponentenabweichungen der Linearachsen (mit Ausnahme der Rollbewegungen) und ein Großteil der geometrischen Abweichungen der Rotationsachsen mit geringer Messunsicherheit erfasst werden. Voraussetzung sind jedoch stabile Umgebungsbedingungen, da sich beispielsweise Temperaturänderungen und insbesondere Temperaturgradienten der Luft auf den Brechungsindex und damit die Unsicherheit der Längenmessung eines Interferometers auswirken (Fermat'sches Prinzip). Eine detaillierte Ausführung zu den einzelnen Verfahren der direkten Messung mit Laserinterferometern findet sich unter anderem in (Sartori und Zhang 1995; Jatzkowski 2011, S. 25–42; Schwenke et al. 2008). Gravitationsbasierte Normale ermöglichen die Messung der rotatorischen Abweichungen der Achsen in Relation zum Erdschwerefeld. (Mahdavi und Holzapfel 2009)

Eine Kombination der verschiedenen Verfahren kann den Zeitaufwand für eine Aufnahme der Parameter verkürzen. Eine Kombination laserbasierter und gravimetrischer Methoden erlaubt beispielsweise die Aufnahme der Positions-,

Geradheits- und rotatorischen Abweichungen in einer Messung. (Jatzkowski 2011, S. 39)

Die **indirekten Verfahren** messen eine Abweichung des Tool Center Points, die aus der Summe aller wiederholbaren und nicht wiederholbaren geometrischen Abweichungen der Maschinenachsen resultiert. Die einzelnen Parameter werden dann auf Basis eines Maschinenmodells nach dem Starrkörpermodell mit einem Best-Fit Algorithmus bestimmt. (Ibaraki und Knapp 2013)

Die Messung des TCP kann mithilfe von materiellen Geometrienormalen erfolgen. Neben den zweidimensionalen materiellen Normalen wie Kugelplatten und Kugelstäben können auch die an der ETH Zürich entwickelten 3D-Kugelplatten verwendet werden. Die zweidimensionalen Kugelplatten können durch eine hochpräzise Verschiebeeinrichtung in unterschiedlichen Höhen positioniert werden und ermöglichen so eine Bestimmung der Abweichungen des TCP im gesamten Arbeitsraum der WZM. (Liebrich 2010; Bringmann et al. 2005). Kreuzgitter-Messgeräte nutzen ein Kreuzgitter als Referenz für eine optische Messung der Bewegungsabweichungen (Teimel 1992; Gao und Kimura 2007; Knapp und Weikert 1999; Du et al. 2010). Die Verwendung der Geometrienormale hat in vielen Fällen den Ursprung in der Koordinatenmesstechnik (vgl. Abschnitt 3.1)

Ein anerkanntes und sehr verbreitetes indirektes Verfahren ist der Kreisformtest nach der sogenannten „Double-Ball-Bar“ Methode. (Bryan 1982) Der TCP wird dabei auf einer Kreiskontur verfahren und der Abgleich zwischen Soll und Ist-Positionen des Werkzeugnullpunktes liefert Informationen zu den Abweichungen der Maschine. Das Verfahren ist in *ISO 230-4:2005 Prüfregeln für Werkzeugmaschinen - Teil 4: Kreisformprüfungen für numerisch gesteuerte Werkzeugmaschinen* ausführlich definiert. (International Organization for Standardization 2005)

Eine indirekte Messung der geometrischen Fehlerparameter kann auch mit laserbasierten Maßverkörperungen erfolgen.

Der Diagonaltest ist in ISO 230-6 beschrieben. Die Abweichungen des TCP werden entlang der Raumdiagonalen mithilfe eines Interferometers gemessen. Dabei ist ein Spiegel als Reflektor im TCP befestigt. Der Diagonaltest ist nicht dazu geeignet eine vollständige Kalibrierung der WZM durchzuführen. Basierend auf dem zugrundeliegenden Prinzip sind jedoch Ansätze entstanden, die eine Erfassung einiger geometrischen Abweichungen ermöglichen (Kruth et al. 2001; Kruth et al. 2003; Morris). Die Eignung des Verfahrens für eine schnelle „Leistungsbeurteilung“ der Maschine ebenso wie die Nachteile des Verfahrens werden in der Literatur diskutiert (Chapman 2003; Wang 2000; Ibaraki und Knapp 2013; Ibaraki und Hata 2010). In dieser Arbeit wird eine mathematische und technische Erweiterung des Verfahrens vorgestellt, die eine schnelle Kalibrierung der Maschine ermöglicht. Eine ausführliche Diskussion zu den klassischen Verfahren und den Erweiterungen erfolgt daher in Abschnitt 4.4 und in Kapitel 6.

In den letzten Jahren hat sich die Technologie des trackingfähigen Interferometers stark weiterentwickelt. Dies sind interferometrische Längenmesssysteme, deren Laserstrahl über einen Strahlführungsmechanismus automatisch auf einen Reflektor ausgerichtet wird (Lau et al. 1986). Aus den Längeninformationen, die aus vier Positionen im Raum gemessen werden, kann nach dem Prinzip der sequentiellen Multilateration die Abweichung am TCP bestimmt werden.(Kniel 2007; Schwenke et al. 2009; Hughes et al. 2000; Umetsu et al. 2005; Yano et al. 2006; Ibaraki et al. 2012)

Die Güte der Bestimmung der einzelnen Abweichungen unterliegt bei direkten und indirekten Verfahren neben der Dichte der verwendeten Stützstellen auch den Umgebungsbedingungen. Durch Temperaturveränderungen in der Umgebung und in der Maschinenstruktur werden die Ergebnisse beeinflusst. Eine Reduktion der Messzeit bei gleichzeitiger Optimierung der Verteilung der Stützstellen sollte das Ziel jeder Messstrategie sein. Eine Lösung bietet eine gleichzeitige Messung mit mindestens vier Trackinginterferometern. (Schwenke et al. 2009)

2.1.4 Thermo-mechanische Einflüsse als Störgröße der idealisierten seriellen Bewegung

Steigende Vorschubgeschwindigkeiten, höhere Spindeldrehzahlen und Beschleunigungen erfordern eine Vergrößerung der installierten Gesamtleistung. Dadurch können deutliche interne und externe Wärmequellen und -senken auftreten und zu Temperaturgradienten innerhalb der Maschinenstruktur führen. (Bryan; Schwenke et al. 2008; Mayr et al. 2012) Hinzukommen die angesprochenen instationären Temperaturen in der Umgebung. Die resultierenden thermo-elastischen Strukturverformungen der Maschine führen zu einer Verlagerung des TCP relativ zum Werkstück oder der Sollposition (Abbildung 2-5).

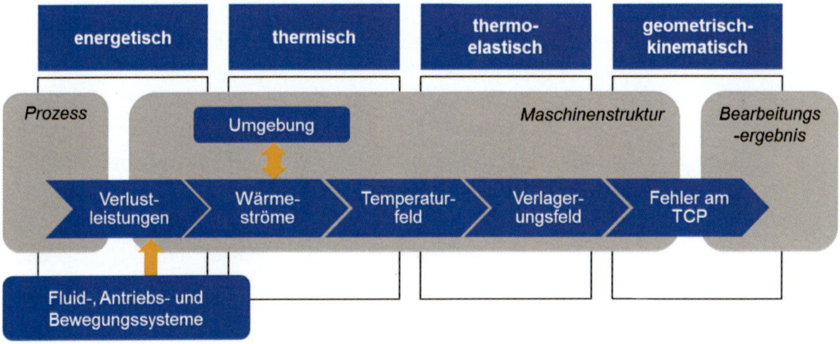

Abbildung 2-5 Thermo-energetische Wirkungskette eines Fertigungsprozesses auf einer WZM (Weck und Brecher 2006)

Gemäß internationaler Normung beträgt die Referenztemperatur für die thermische Ausdehnung 20°C. Ein Körper hat somit bei 20 °C seine nominalen Abmessungen. Eine Abweichung von dieser Referenztemperatur verursacht eine Veränderung der Körperabmessungen durch thermische Dehnung.

Die thermische Längenänderung $L(T)$ eines Körpers folgt dabei dem vereinfachten Zusammenhang zwischen der Ausgangslänge L_0 und dem materialabhängigen Ausdehnungskoeffizienten α:

$$L(T) = L_0 * (1+\propto * \Delta T) \quad (1)$$

BRYAN (Bryan 1990) beschreibt verschiedene Faktoren, die das thermische Verhalten einer Werkzeugmaschine beeinflussen. Die thermisch bedingten Abweichungen einer WZM setzt sich demnach aus thermischen Verformungen der Maschinenstruktur, der maschineninternen Messsysteme und des Werkstücks zusammen.

Bei den Verformungen der Maschinenstruktur muss zwischen einer gleichmäßigen und einer ungleichmäßigen Temperaturänderung der Struktur unterschieden werden. Grundsätzlich spielt bei der Temperaturänderung der Maschinenstruktur immer auch das anfängliche Temperaturfeld eine Rolle. Die Struktur hat eine Art „Temperaturgedächtnis". Eine Abweichung der Umgebungstemperatur von 20 °C verursacht bei ausreichender Akklimatisierungsdauer eine gleichmäßige Temperaturveränderung der Maschinenstruktur. Die resultierenden Verformungen können dann in den einzelnen Elementen und im Idealfall in der gesamten Struktur als linear angenommen werden, können aber bereits eine Maßabweichung am gefertigten Werkstück zur Folge haben.

BRYAN schätzt den Anteil der durch thermische Verlagerungen hervorgerufenen Werkstückfehler auf bis zu 60%. Damit ist die Thermik eine der Hauptursachen für Fertigungsungenauigkeiten. (Mayr et al. 2012; Bryan 1990; Schwenke et al. 2008) Antriebe, Fertigungsprozesse, Kühlschmierstoffe und Reibungen in den Achslagerungen und Kugelgewindetrieben führen darüber hinaus zu ungleichmäßigen Erwärmungen und zu Temperaturgradienten in der Maschinenstruktur. Temperaturgradienten in Körpern führen neben den linearen Dehnungen auch zu Biegungen. Der Wärmefluss innerhalb der Struktur erfolgt dabei durch Wärmeleitung, Konvektion und Wärmestrahlung. Die Vielzahl der verbauten Werkstoffe, die komplexe Geometrie einzelner Maschinenkomponenten, die verschiedenen Mechanismen der Wärmeübertragung und die häufig wechselnden Temperatureinflüsse machen eine thermische Modellierung der Werkzeugmaschine sehr herausfordernd. Zur Verringerung der temperaturinduzierten Verlagerungen des Werkzeugs oder des Messsystems relativ zum Bauteil lassen sich nach DONMEZ drei Möglichkeiten unterscheiden (Donmez et al. 2007):

- Verringerung der Sensitivität der Maschine gegenüber Temperaturschwankungen durch eine thermosymmetrische Konstruktion der Maschine oder die Verwendung temperaturinvarianter Werkstoffe
- Reduzierung der Temperaturvariationen in der Maschinenstruktur durch eine stabile Umgebungstemperatur, die Einhaltung definierter Aufwärmzyklen oder die Kühlung zentraler Strukturkomponenten

- Kompensation der temperaturinduzierten Verlagerungen und der resultierenden Positionierabweichungen durch Messung der Komponentenabweichungen oder der Ableitung gültiger Modelle zur Vorhersage der Abweichungen auf Basis bekannter Temperatur- oder Verformungsdaten.

Die erste Möglichkeit wird als passiver die anderen beiden werden jeweils als aktiver Ansatz bezeichnet.

Der erste Ansatz ist aufgrund der aufwendigen Auslegung der Konstruktion und den hohen Kosten temperaturinvarianter Materialien gerade im Großmaschinenbau wenig verbreitet. Auch die Klimatisierung der Fertigungsumgebung ist bei der Maschinengröße eine aufwendige und kostenintensive Maßnahme, die jedoch nach Ansicht des Autors das größte Potential zur Verbesserung der Maschinengenauigkeit und der Umsetzung einer rückgeführten 3D-Geometriemessung auf einer Werkzeugmaschine bietet. Die Kompensation der geometrischen Abweichungen ist durch die Entwicklung innovativer und hochgenauer Messtechnik sowie die softwaretechnische Kompensationsmöglichkeit der Maschinensteuerung deutlich schneller möglich und damit praktikabler geworden. Damit ist eine messtechnische Erfassung für verschiedene Temperaturpunkte mit weniger Aufwand möglich.

2.1.5 Steuerungsseitige Kompensation und Vernetzung von Werkzeugmaschinen

Begleitend zu einer konstruktiven Minimierung der Komponentenabweichungen ist eine steuerungsseitige Kompensation möglich. Voraussetzungen sind die Kenntnis der Abweichungen auf Basis erhobener Messwerte (vgl. Abschnitt 2.1.3) und ein mathematisches Modell der Maschinenkinematik (vgl. Abschnitt 2.1.2 und Abschnitt 2.2).

Die Abweichungen können mit geeigneten kommerziellen Softwarelösungen bei der Ausführung der Bearbeitungsprogramme kompensiert werden. Die notwendigen Informationen werden den Programmen durch die Kalibrierdaten der Maschine übergeben. Für den Zustand der Datenerhebung erlaubt eine solche Online-Kompensation die Reduktion der Komponentenabweichungen der Maschine während der Bearbeitung. Der Demonstrator *C800U* ist mit der entsprechenden Softwarelösung ausgestattet (vgl. Abschnitt 5.1). Bei dem Demonstrator *B300U* konnte auf ein solches unterstützendes System nicht zurückgegriffen werden (vgl. Abschnitt 5.2).

Bei Kenntnis der Kalibrierparameter und des Maschinenmodells ist ebenfalls eine Kompensation der Bearbeitungsprogramme während der Programmierungsphase und vor der Ausführung auf der Maschinensteuerung möglich. Eine Umrechnung der Punkte im Bearbeitungsprogramm (G-Code) liefert mit Kenntnis der Kalibrierparameter ein kompensiertes Bearbeitungsprogramm, indem die Stützstellen des Programms um die bekannten lokalen Abweichungen bereinigt werden. In dem vorliegenden Fall der Geometriemessungen mit dem Demonstrator *B300U* wird auf eine solche

Postprozessorlösung zurückgegriffen, um die Ergebnisdateien offline zu „bereinigen“ (vgl. Abschnitt 5.2).

Die Bereitstellung und Nutzung der Informationen zum Maschinenzustand kann Verbesserungen des Fertigungsprozesses ermöglichen. In den 1980er wurden unter dem Begriff des Computer Integrated Manufacturing (CIM) das Ziel formuliert, ein Integrationskonzept für die Informationsverarbeitung in Unternehmen zu entwickeln. (Brecher et al. 2014) Die CIM-Version galt aufgrund ausbleibenden Erfolgs vieler Konzepte als gescheitert, allerdings wurden Bestandteile weiterentwickelt und finden sich beispielsweise in den Arbeiten zur Digitalen Fabrik wieder. (Wiendahl et al. 2007; Wiendahl et al. 2003; Brecher 2008) Die Digitale Fabrik umfasst dabei die verschiedenen Bereiche von der Layout- oder Montageplanung bis hin zur virtuellen Inbetriebnahme. (Digitale Fabrik - Grundlagen 2008) Die „Industrie 4.0“ Initiative greift diese Inhalte auf und stellt die Vernetzung von Maschinen, Prozessen und Produkten in den Vordergrund. Ziel ist eine Durchgängigkeit von Informationen gespeichert in Modellen (“Single Source of Truth“), deren Detailierungsgrad über den Lebenszyklus eines Produktes stetig zunimmt. Die transportierte Information kann durch virtuelle Prozesse und Maschinen zur Ausgestaltung und Optimierung der Fertigungsabläufe und -prozesse genutzt werden. (Schmitt et al. 2014a) Die Modelle benötigen Informationen in Form von Prozess- und Produktdaten, die möglichst prozessnah messtechnisch erfasst werden müssen. (Schmitt et al. 2012; Monostori 2014; Kagermann et al. 2013; Schmitt et al. 2014a) Die in dieser Arbeit untersuchte Integration von Messprozessen in die Werkzeugmaschine und damit in den Fertigungsprozess hat eine solche prozessnahe Datenerhebung, Analyse und Weitergabe zum Ziel.

2.1.6 Taktile Messsysteme auf Werkzeugmaschinen

Ein Großteil der modernen WZM ist auf Kundenwunsch bereits mit einem automatisch einwechselbaren Tastsystem und entsprechender Auswertesoftware für Standardmessaufgaben ausgerüstet. Diese Entwicklung vereinfacht eine Umsetzung der in dieser Arbeit erforschten Lösungsansätze. Abhängig von Steuerungstyp und Messsystem sind auch bereits Messzyklen hinterlegt, die eine Prüfung ausgewählter Merkmale der gefertigten Bauteile ermöglichen. Die gemessenen Punktewolken werden in Software ausgewertet und ein Messwert ausgegeben. Der Messwert wird jedoch ohne die Angabe einer Messunsicherheit geliefert und kann daher nicht zum Vergleich mit Toleranzvorgaben herangezogen werden.

Die Kommunikation zwischen dem Tastsystem und der Maschine erfolgt in den meisten Fällen über eine Bluetooth Schnittstelle. Ein Signal wird zum Zeitpunkt der Antastung an die Maschinensteuerung übertragen und die Positionswerte der Maschine in der Steuerung abgespeichert. [Maschinenhersteller, Tastsystemhersteller] Die Messsysteme werden in der Praxis zum Einmessen des Werkstücks vor oder während der Bearbeitung genutzt. Eine Rückführung der Messung ist jedoch ohne weitere Betrachtungen nicht möglich.

In der Norm DIN ISO 230-10 "Test code for machine tools – Determination of the measuring performance of probing systems of numerically controlled machine tools" werden verschiedene Verfahren zur Überprüfung und Charakterisierung der Tastsysteme auf WZM beschrieben. Die Norm bezieht sich dabei auf taktile Tastsysteme und Messungen über Einzelpunktantastung. (DIN ISO 230-10) Für die vorgeschlagenen Tests muss das Tastsystem parallel zur Z-Achse der Maschine ausgerichtet und die Tastkugelspitze sich in der Spindelachsenlinie befinden. Als Grundlage zur Abschätzung der Leistungsfähigkeit des Tastsystems muss die Werkzeugmaschinengeometrie überprüft werden. Das Tastsystem muss darüber hinaus nach den Vorgaben des Maschinen- und Steuerungsherstellers eingemessen werden. Die Zyklen zur automatisierten Messung sind dabei in der Steuerung hinterlegt.

2.2 Mathematische Beschreibung serieller Kinematiken

McKeown definiert den Begriff der "volumetric accuracy" („volumetrische Genauigkeit") als Maß für die Fähigkeit einer Werkzeugmaschine eine 3-dimensionale Geometrie zu fertigen. Vergleichbar ist dieser Begriff mit der im deutschen Sprachgebrauch definierten Fertigungsgenauigkeit einer WZM. Die aktuellste Revision der Norm DIN ISO 230-1 (englische Originalfassung) definiert erstmals die volumetrische Genauigkeit v_{xyz} einer 3-Achs-Werkzeugmaschine als den größten Wert der relativen Abweichungen zwischen den Soll- und Ist-Positionen in den Achsrichtungen in dem betrachteten Arbeitsraum.[1] (Internationale Organisation für Normung 2011) Das Ziel ist die Kompensation der Einflüsse, die zu den volumetrischen Abweichungen am TCP führen. (Ibaraki und Hata 2010) Die Erfassung der Abweichungen kann dabei durch Messung der relativen Abweichung oder der Berechnung auf Basis bekannter achs- und positionsbezogener Komponentenabweichungen erfolgen. Die volumetrischen Abweichungen setzen sich dabei aus den bekannten geometrischen Abweichungen der Achsen (Komponentenabweichungen) und der Achskonfiguration der Maschine zusammen.

2.2.1 Beschreibung mit homogenen Transformationsmatrizen (HTM)

Die Berechnung der Lageabweichung zwischen Werkstück und Werkzeug (TCP) der Werkzeugmaschine auf Basis aller geometrischen Abweichungen erfolgt mithilfe von Starrkörpermodellen in der Annahme starrer Achsen, die über Gelenke verbunden sind. Elastisches Verhalten wie die Durchbiegungen der Achsen werden als rotatorische Abweichungen in den Gelenken in Überlagerung mit translatorischen Anteilen (Geradheitsabweichungen) interpretiert. Homogene Transformationsmatrizen (HTM) oder das Denavit-Hardenberg-Modell (D-H-Modell) können für eine

[1] Vgl. DIN ISO 230-1:2011 Aus der englischen Fassung Abschnitt 3.8.12 volumetric accuracy for three linear axes: V_{XYZ} : "maximum range of relative deviations between actual and ideal position in X-, Y- and Z-axis directions and maximum range of orientation deviations for A-, B- and C-axis directions for X-, Y- and Z-axis motions in the volume concerned, where the deviations are relative deviations between the tool side and the workpiece side of the machine tool for specified primary and secondary axes of alignment".

Transformation der Starrkörperkoordinaten in ein nicht bewegtes Referenzkoordinatensystem herangezogen werden. Die Achskonfiguration oder „kinematische Kette" ist entscheidend für die Beschreibung der Matrizen. Die kinematische Kette beschreibt die Achskonfiguration unterteilt in translatorische Achsen T und rotatorische Achsen R von Werkstückseite und von Werkzeugseite verbunden über das Maschinenbett F (Abbildung 2-6 und Abbildung 2-7). (Chen et al. 2013)

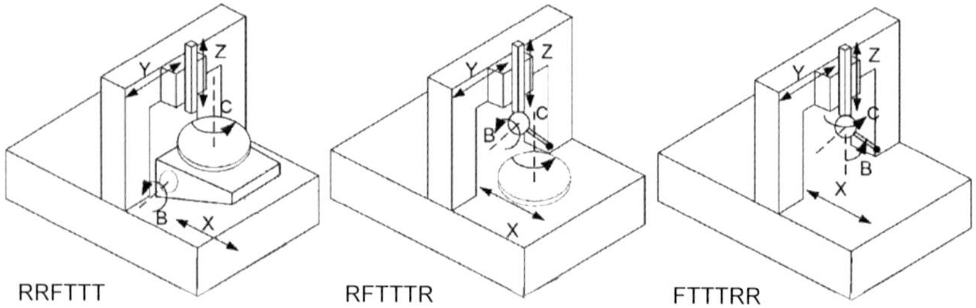

Abbildung 2-6 Kinematische Kette einer 5-Achs-Werkzeugmaschine (Lin und Shen 2003; Chen et al. 2013)

Für die Transformationsmatrix vom mitbewegten Koordinatensystem des Starrkörpers k in das des benachbarten Starrkörpers j niedrigerer Ordnung gilt (Chen et al. 2013):

$$ {}_k^j\mathbf{T} = {}_k^j\mathbf{T}_p * {}_k^j\mathbf{T}_{pe} * {}_k^j\mathbf{T}_s * {}_k^j\mathbf{T}_{se} \tag{2}$$

${}_k^j\mathbf{T}$ = Transformationsmatrix k nach j

${}_k^j\mathbf{T}_p$ = Positionsmatrix

${}_k^j\mathbf{T}_{pe}$ = Positionsfehlermatrix

${}_k^j\mathbf{T}_s$ = Bewegungsmatrix

${}_k^j\mathbf{T}_{se}$ = Bewegungsfehlermatrix

In Gleichung (2) bringen Positions- und Bewegungsmatrix Achsversatz und ausrichtung als „Position" bzw. den Anfahrpunkt als „Bewegung" ein. Positionsfehler- und Bewegungsfehlermatrix setzen sich aus den Rechtwinkligkeitsabweichungen bzw. den Komponentenabweichungen zusammen.

Ausgehend von einem „rechtshändigen" Koordinatensystem und unter der Annahme, dass die translatorischen Achsen Ursprung und Ausrichtung des Maschinenkoordinatensystems definieren, können die Positionsmatrizen als Einheitsmatrizen beschrieben werden (Gleichung (3)-(6)) (Abbildung 2-6 und Abbildung 2-7). (Chen et al. 2013)

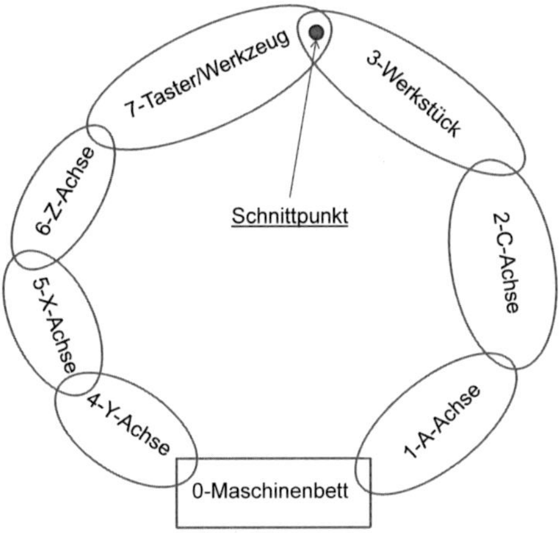

Abbildung 2-7 Kinematische Kette des 5-Achs-Bearbeitungszentrums vom Typ Hermle C800U

Die Bewegungsmatrizen der Achsen enthalten die Anfahrkoordinate. Der Schnittpunkt für ein Werkzeug oder einen Messtaster ist durch fehlerfreie Koordinaten im Werkzeugkoordinatensystem beschrieben (Gleichung (6)). Das Werkzeugkoordinatensystem hat den dreidimensionalen Anfahrpunkt als Ursprung und die gleiche Orientierung wie das Maschinenkoordinatensystem (nach Abbildung 2-7).

$$ {}^{0}_{4}\mathbf{T} = \mathbf{H}_x = \mathbf{I} * \begin{pmatrix} 1 & -COX & BOX & 0 \\ COX & 1 & 0 & 0 \\ -BOX & 0 & 1 & 0 \\ 0 & 0 & 0 & 1 \end{pmatrix} * \begin{pmatrix} 1 & 0 & 0 & X \\ 0 & 1 & 0 & 0 \\ 0 & 0 & 1 & 0 \\ 0 & 0 & 0 & 1 \end{pmatrix} * \begin{pmatrix} 1 & -ECX & EBX & EXX \\ ECX & 1 & -EAX & EYX \\ -EBX & EAX & 1 & EZX \\ 0 & 0 & 0 & 1 \end{pmatrix} \tag{3} $$

$$ {}^{4}_{5}\mathbf{T} = \mathbf{H}_y = \mathbf{I} * \begin{pmatrix} 1 & 0 & 0 & 0 \\ 0 & 1 & -YOA & 0 \\ 0 & YOA & 1 & 0 \\ 0 & 0 & 0 & 1 \end{pmatrix} * \begin{pmatrix} 1 & 0 & 0 & 0 \\ 0 & 1 & 0 & Y \\ 0 & 0 & 1 & 0 \\ 0 & 0 & 0 & 1 \end{pmatrix} * \begin{pmatrix} 1 & -ECY & EBY & EXY \\ ECY & 1 & -EAY & EYY \\ -EBY & EAY & 1 & EZY \\ 0 & 0 & 0 & 1 \end{pmatrix} \tag{4} $$

$$ {}^{5}_{6}\mathbf{T} = \mathbf{H}_z = \mathbf{I} * \mathbf{I} * \begin{pmatrix} 1 & 0 & 0 & 0 \\ 0 & 1 & 0 & 0 \\ 0 & 0 & 1 & Z \\ 0 & 0 & 0 & 1 \end{pmatrix} * \begin{pmatrix} 1 & -ECZ & EBZ & EXZ \\ ECZ & 1 & -EAZ & EYZ \\ -EBZ & EAZ & 1 & EZZ \\ 0 & 0 & 0 & 1 \end{pmatrix} \tag{5} $$

$$ {}_{7}^{6}\boldsymbol{T} = \boldsymbol{T}_{WZG} = \begin{pmatrix} X_{WZG} \\ Y_{WZG} \\ Z_{WZG} \\ 1 \end{pmatrix} \tag{6} $$

Die Positionsmatrizen der Rotationsachsen für eine RRFTTT-Anordnung berücksichtigen den Achsversatz untereinander und in Bezug auf das Maschinenkoordinatensystem durch die Angabe eines Offsets. B und A beschreiben die Drehung des Werkstücks im Maschinenkoordinatensystem durch die Bewegung der Drehachsen. Der Schnittpunkt wird vom rotierten Werkstück aus beschrieben. (Gleichung (7))

$$ {}_{1}^{0}\mathbf{T} = \mathbf{H}_{b} = \mathbf{H}_{boff} * \begin{pmatrix} 1 & -COB & 0 & X \\ COB & 1 & -BOA & 0 \\ 0 & BOA & 1 & 0 \\ 0 & 0 & 0 & 1 \end{pmatrix} * \begin{pmatrix} \cos(B) & 0 & \sin(B) & 0 \\ 0 & 1 & 0 & 0 \\ -\sin(B) & 0 & \cos(B) & 0 \\ 0 & 0 & 0 & 1 \end{pmatrix} \cdots \tag{7} $$

$$ * \begin{pmatrix} 1 & -ECB & EBB & EXB \\ ECB & 1 & -EAB & EYB \\ -EBB & EAB & 1 & EZB \\ 0 & 0 & 0 & 1 \end{pmatrix} $$

$$ \mathbf{H}_{boff} = \begin{pmatrix} 1 & 0 & 0 & Xboffset \\ 0 & 1 & 0 & 0 \\ 0 & 0 & 1 & Zboffset \\ 0 & 0 & 0 & 1 \end{pmatrix} \tag{8} $$

$$ {}_{2}^{1}\mathbf{T} = \mathbf{H}_{c} = \mathbf{H}_{coff} * \begin{pmatrix} 1 & 0 & BOC & X \\ 0 & 1 & -AOC & 0 \\ -BOC & AOC & 1 & 0 \\ 0 & 0 & 0 & 1 \end{pmatrix} * \begin{pmatrix} \cos(C) & -\sin(C) & 0 & 0 \\ \cos(C) & \sin(C) & 0 & 0 \\ 0 & 0 & 1 & 0 \\ 0 & 0 & 0 & 1 \end{pmatrix} \cdots \tag{9} $$

$$ * \begin{pmatrix} 1 & -ECC & EBC & EXC \\ ECC & 1 & -EAC & EYC \\ -EBC & EAC & 1 & EZC \\ 0 & 0 & 0 & 1 \end{pmatrix} $$

$$ \mathbf{H}_{coff} = \begin{pmatrix} 1 & 0 & 0 & Xcoffset \\ 0 & 1 & 0 & Ycoffset \\ 0 & 0 & 1 & 0 \\ 0 & 0 & 0 & 1 \end{pmatrix} \tag{10} $$

$$ {}^{2}_{3}\boldsymbol{T} = \boldsymbol{T}_{WST} = \begin{pmatrix} X_{WST} \\ Y_{WST} \\ Z_{WST} \\ 1 \end{pmatrix} \tag{11} $$

Matrizenmultiplikation und die Vernachlässigung Terme zweiter Ordnung ergibt die reduzierte Aufstellung. (Lin und Shen 2003; Lin und Shen)

$$ \mathbf{H}_x = \begin{pmatrix} 1 & -(ECX + COX) & EBX + BOX & X + EXX \\ ECX + COX & 1 & -EAX & EYX \\ -(EBX + BOX) & EAX & 1 & EZX \\ 0 & 0 & 0 & 1 \end{pmatrix} \tag{12} $$

$$ \mathbf{H}_y = \begin{pmatrix} 1 & -ECY & EBY & EXY \\ ECY & 1 & -(EAY + AOY) & Y + EYY \\ -EBY & EAY + AOY & 1 & EZY \\ 0 & 0 & 0 & 1 \end{pmatrix} \tag{13} $$

$$ \mathbf{H}_z = \begin{pmatrix} 1 & -ECZ & EBZ & EXZ \\ ECZ & 1 & -EAZ & EYZ \\ -EBZ & EAZ & 1 & Z + EZZ \\ 0 & 0 & 0 & 1 \end{pmatrix} \tag{14} $$

$$ \mathbf{H}_c = \begin{pmatrix} \cos(C) - \sin(C) * ECC & -\sin(C) - \cos(C) * ECC & BOC + EBC & EXC \\ \cos(C) * ECC + \sin(C) & \cos(C) - \sin(C) * ECC & -AOC - EAC & EYC \\ -\cos(C) * (EBC + BOC) + \sin(C) * (EAC + \mathrm{AOC}) & \sin(C) * (EBC + BOC) + \cos(C) * (EAC + \mathrm{AOC}) & 1 & EZC \\ 0 & 0 & 0 & 1 \end{pmatrix} \tag{15} $$

$$ \mathbf{H}_b = \begin{pmatrix} \cos(B) - \sin(B) * EBB & -COB - ECB & \sin B + \cos(B) * EBB & EXB \\ \cos(B) * (ECB + COB) + \sin(B) * (EAB + \mathrm{AOB}) & 1 & \sin(B) * (EBC + COB) - \cos(B) * (EAB + \mathrm{AOB}) & EYB \\ -\cos(B) * EBB - \sin(B) & AOB + EAB & \cos(B) - EBB * \sin(B) & EZB \\ 0 & 0 & 0 & 1 \end{pmatrix} \tag{16} $$

Mit den gegebenen Matrizen lässt sich der Zusammenhang zwischen den kinematischen Ketten nach Abbildung 2-6 ausdrücken:

$$ \mathbf{H}_{coffset} * \mathbf{H}_c * \mathbf{H}_{boffset} * \mathbf{H}_b * \boldsymbol{T}_{WST} = \mathbf{H}_x * \mathbf{H}_y * \mathbf{H}_z * \boldsymbol{T}_{WZG} \tag{17} $$

Daraus kann durch die Orthogonalität der Matrizen für die Koordinaten des Schnittpunktes im Werkstückkoordinatensystem die Zielgröße abgeleitet werden.

$$\boldsymbol{T}_{WST} = \mathbf{H}_c^{-1} * \mathbf{H}_{coffset}^{-1} * \mathbf{H}_b^{-1} * \mathbf{H}_{boffset}^{-1} * \mathbf{H}_x * \mathbf{H}_y * \mathbf{H}_z * \mathbf{T}_{WZG} \tag{18}$$

Allgemein gilt unabhängig von der Maschinenkinematik:

$$\boldsymbol{T}_{WST} = \mathbf{H}_{system} * \boldsymbol{T}_{WZG} \tag{19}$$

Die Systemmatrix für eine RFTTTR-Kinematik nach ergibt sich zu:

$$\mathbf{H}_{system} = \mathbf{H}_c * \mathbf{H}_{coffset} * \mathbf{H}_x * \mathbf{H}_y * \mathbf{H}_z * \mathbf{H}_b \tag{20}$$

Im Falle einer TTTFRR-Kinematik nach Abbildung 2-6 berechnet sie sich folgendermaßen:

$$\mathbf{H}_{system} = \mathbf{H}_x * \mathbf{H}_y * \mathbf{H}_z * \mathbf{H}_{coffset} * \mathbf{H}_c * \mathbf{H}_{boffset} * \mathbf{H}_b * \mathbf{H}_{boffset} \tag{21}$$

Die volumetrische Abweichung wird durch die Differenz zwischen den Ist-Koordinaten des Schnittpunktes und den Soll-Koordinaten beschrieben.

Beim dem beschriebenen HTM-Modell ist die Aufschlüsselung der Abweichungen nach den Beiträgen der einzelnen Achsen aufwendig und nicht immer eindeutig.

2.2.2 Beschreibung mit dem Matrix Summation Approach (MSA-Modell)

Im MSA-Modell ("Matrix Summation Approach") wird die rechte Seite der kinematischen Gleichung des 5-Achs-Systems (vgl. Gleichungen (18) bis (21)) als Summe von sechs Komponenten mit eingängigen physikalischen Bedeutungen beschrieben. (Lin und Shen 2003) Im Vergleich zum HTM-Modell stellt es einen flexibleren, übersichtlicheren Ansatz dar, der eine spätere Fehlersuche erleichtern kann und zudem einen wesentlich geringeren Rechenaufwand erfordert.

Ausgangspunkt ist eine Vereinfachung des HTM-Modells durch die Neuformulierung der Transformationsmatrizen. Die Vernachlässigung von Termen zweiter Ordnung und eines geringfügigen Bewegungsfehlers ermöglicht die Gleichungen (12) bis (16) zu ersetzen:

$$\mathbf{H}_x = \mathbf{H}_{xideal} * (\mathbf{I} + \mathbf{H}_{xerror}) \tag{22}$$

$$\mathbf{H}_y = \mathbf{H}_{yideal} * (\mathbf{I} + \mathbf{H}_{yerror}) \tag{23}$$

$$\mathbf{H}_z = \mathbf{H}_{zideal} * (\mathbf{I} + \mathbf{H}_{zerror}) \tag{24}$$

$$\mathbf{H}_b = (\mathbf{I} + \mathbf{H}_{berror}) * \mathbf{H}_{bideal} \tag{25}$$

$$\mathbf{H}_c = (\mathbf{I} + \mathbf{H}_{cerror}) * \mathbf{H}_{cideal} \tag{26}$$

In den aufgeführten Gleichungen enthalten die Ideal- und Fehlermatrizen nur die Bewegungskoordinaten bzw. die Komponenten- und Rechtwinkligkeitsabweichungen der betrachteten Achse. Die 4x4-Matrizen enthalten die jeweiligen Elemente analog zu der entsprechenden Transformationsmatrix in den Gleichungen (12) bis (16). Zum Verständnis werden hier die Ideal- und Fehlermatrizen für X- und B-Achse aufgestellt:

$$\mathbf{H}_{xideal} = \begin{pmatrix} 1 & 0 & 0 & X \\ 0 & 1 & 0 & 0 \\ 0 & 0 & 1 & 0 \\ 0 & 0 & 0 & 1 \end{pmatrix} \tag{27}$$

$$\mathbf{H}_{xerror} = \begin{pmatrix} 0 & -(ECX + COX) & EBX + BOX & EXX \\ ECX + COX & 0 & -EAX & EYX \\ -(EBX + BOX) & EAX & 0 & EZX \\ 0 & 0 & 0 & 0 \end{pmatrix} \tag{28}$$

$$\mathbf{H}_{bideal} = \begin{pmatrix} \cos(B) & 0 & \sin B & 0 \\ 0 & 1 & 0 & 0 \\ -\sin(B) & 0 & \cos(B) & 0 \\ 0 & 0 & 0 & 1 \end{pmatrix} \tag{29}$$

$$\mathbf{H}_{berror} = \begin{pmatrix} 0 & -COB - ECB & EBB & EXB \\ ECB + COB & 0 & -(EAB + \mathrm{AOB}) & EYB \\ -EBB & AOB + EAB & 0 & EZB \\ 0 & 0 & 0 & 0 \end{pmatrix} \tag{30}$$

Substituiert man die Transformationsmatrizen in den kinematischen Gleichungen der 5-Achs-Systeme in den Gleichungen (17), (20) und (21) mit den Gleichungen (22) bis (26) lässt sich wieder die Position des Schnittpunkts in Werkstückkoordinaten angeben. Für eine betrachtete RRTTT-Kinematik gilt somit:

$$\begin{aligned} \boldsymbol{T}_{WST} = {} & \mathbf{H}_c{}^{-1} * \mathbf{H}_{coffset}{}^{-1} * \mathbf{H}_b{}^{-1} * \mathbf{H}_{boffset}{}^{-1} * \mathbf{H}_{xideal} * \mathbf{H}_{yideal} * \mathbf{H}_{zideal} \\ & * \boldsymbol{T}_{WZG} \\ & -\mathbf{H}_{cideal}{}^{-1} * \mathbf{H}_{cerror} * \mathbf{H}_{coffset}{}^{-1} * \mathbf{H}_{bideal}{}^{-1} * \mathbf{H}_{boffset} * \mathbf{H}_{xideal} * \mathbf{H}_{yideal} * \mathbf{H}_{zideal} \\ & * \boldsymbol{T}_{WZG} \\ & -\mathbf{H}_{cideal}{}^{-1} * \mathbf{H}_{bideal}{}^{-1} * \mathbf{H}_{berror} * \mathbf{H}_{boffset}{}^{-1} * \mathbf{H}_{xideal} * \mathbf{H}_{yideal} * \mathbf{H}_{zideal} * \boldsymbol{T}_{WZG} \\ & +\mathbf{H}_{cideal}{}^{-1} * \mathbf{H}_{bideal}{}^{-1} * \mathbf{H}_{xerror} * \mathbf{H}_{yideal} * \mathbf{H}_{zideal} * \boldsymbol{T}_{WZG} \\ & +\mathbf{H}_{cideal}{}^{-1} * \mathbf{H}_{bideal}{}^{-1} * \mathbf{H}_{yerror} * \mathbf{H}_{zideal} * \boldsymbol{T}_{WZG} \\ & +\mathbf{H}_{cideal}{}^{-1} * \mathbf{H}_{bideal}{}^{-1} * \mathbf{H}_{zerror} * \boldsymbol{T}_{WZG} \end{aligned} \tag{31}$$

Analog gilt für die anderen Kinematiken:

$$\boldsymbol{T}_{WST} = \boldsymbol{P}_{ideal} + \sum_{i} \boldsymbol{P}_{ierror} \tag{32}$$

Während der erste Summand die Soll-Position des Schnittpunkts im Werkstückkoordinatensystem darstellt, steht jeder folgende für den Fehlerbeitrag einer einzelnen Achse. Dadurch wird jede Achse einzeln im Hinblick auf ihren Anteil an der volumetrischen Abweichung an einem bestimmten Punkt im Arbeitsraum beurteilt. Weiterhin können die idealen Schnittpunktkoordinaten in Abhängigkeit der Bewegungen von Linear- und Rotationsachsen angegeben werden. Trotz der längeren spezifischen kinematischen Gleichung (vgl. Gleichung (31) und Gleichung (18)) ist durch die zulässigen Vereinfachungen des "Matrix Summation Approach" gegenüber dem HTM-Modell weniger Rechenleistung notwendig. Das MSA-Modell ist einfacher auszuwerten und durch die Trennung der Fehlerbeiträge potentiell schneller zu validieren. (Lin und Shen 2003)

2.3 Qualitätsprüfung und Information in einer industrialisierten Produktion

Die Prüfung der Qualität ist der Versuch quantitative Informationen über den „Grad, in dem ein Satz inhärenter Merkmale Anforderungen erfüllt" zu erhalten. (Deutsches Institut für Normung 2015) Um die Weitergabe fehlerhafter Produkte innerhalb des Produktionsprozesses zu vermeiden, wird zwischen den Prozessschritten fertigungsnah geprüft (Qualitätsprüfung). In den Prozess integrierte Messtechnik ermöglicht die Verringern von Fehlern, da die erhobenen Messdaten immer auch Informationen über den Produktionsprozess enthalten (Qualitätssicherung).

Es wird grundsätzlich zwischen Messen und Prüfen unterschieden. Die Normung definiert Messen als den „quantitativen Vergleich einer Messgröße mit einer Einheit". (Deutsches Institut für Normung 1995) Der Begriff des Prüfens beschreibt die umfassendere Feststellung, inwieweit ein Produkt die Anforderungen an die Beschaffenheit erfüllt. Eine Prüfung kann sich auf die Prüfung eines Werkstoffes (Werkstoffprüfungen), einer Funktion (Funktionsprüfungen) oder der geometrischen Eigenschaften eines Produktes beziehen. (Deutsches Institut für Normung 2002, 2009) Dabei kann eine Prüfung auch nicht quantifizierbare Merkmale z.B. durch Sinneswahrnehmung umfassen.

Die erweiterte Sichtweise auf die Gewinnung und Auswertung von Informationen verdeutlicht die zunehmende Bedeutung einer ganzheitlichen und prozessnahen Erfassung von Prozess- und Produktdaten. Dazu muss die Messtechnik in die Umgebung des Prozesses oder sogar in den Prozess integriert werden. SCHMITT motiviert die Notwendigkeit eines zunehmenden Integrationsgrades der Messtechnik in den Prozess mit der umgekehrt korrelierten Reaktionszeit für eine Prozessregelung aufgrund von detektierten Abweichungen (Abbildung 2-8). (Schmitt und Damm 2008)

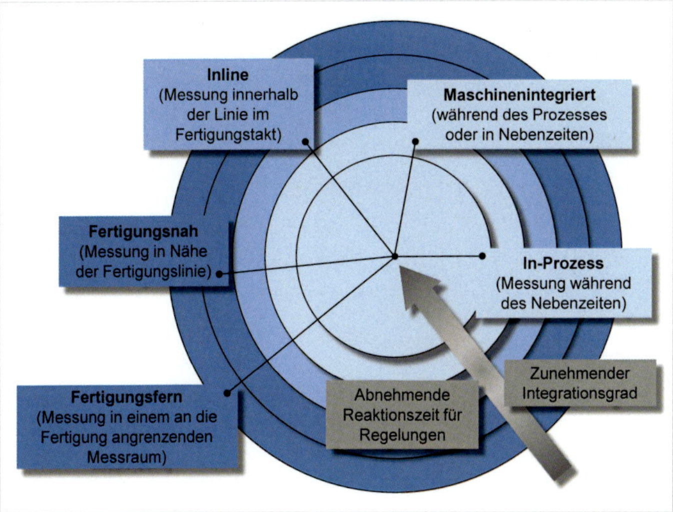

Abbildung 2-8 Fertigungsintegration der Messtechnik (Schmitt und Damm 2008)

Die aus den Messergebnissen gewonnene Information dient als Qualitätsregelgröße in einem geschlossenen Regelkreis und ermöglicht somit die Ableitung von Optimierungsmaßnahmen und die Selbstorganisation der Prozesse. (Schmitt et al. 2014b; Acko und Klobucar 2015; Schmitt und Peterek 2015) Die Modellierung eines Qualitätsregelkreises orientiert sich dabei an Regelkreisen aus der klassischen Regelungstechnik. Durch Eingriffe in den Prozess werden Differenzen zwischen Ist- und Sollwert verringert. Der Regler wird in diesem Fall durch eine Qualitätsmethode repräsentiert. (Pfeifer und Schmitt 2014; Schmitt et al. 2015) Die Regelung ist besonders effektiv, wenn die Latenz zwischen der Datenerhebung und der Rückführung der Information in den betrachteten Prozessschritt möglichst gering ist. Ein Ansatz ist die Integration der Messtechnik in den Fertigungsprozess. Die vorliegende Arbeit befasst sich mit der Entwicklung eines Messverfahrens, dass maschinenintegriert Messungen durchführen und so den Regelkreis um den einzelnen Fertigungsschritt schließen kann.

2.3.1 Serielle Kinematiken als metrologische Referenz

KMG sind ein verbreitetes Instrument zur präzisen Messung der Bauteilgeometrie in der industriellen Fertigung. (Smith 2016, S. 183–184; Ibaraki und Knapp 2013; Schwenke et al. 2008; Keferstein und Marxer 2015, S. 57–59) Mit einem KMG können räumliche Punkte auf der Oberfläche von Werkstücken taktil erfasst werden. Die Messpunkte werden rechnergestützt zu Ersatzelementen verrechnet, die die Oberfläche des realen Werkstücks in einer idealisierten Form abbilden. In der Folge kann dann ein Abgleich der geometrischen Gestalt mit den Vorgaben der Konstruktion erfolgen.

In Abhängigkeit des gerätetechnischen Aufbaus werden die Messpunkte in Kugel-, Zylinder-, oder kartesischen Koordinaten angegeben. In der vorliegenden Arbeit werden aufgrund der Gerätetechnik kartesische Koordinatensysteme betrachtet. Die kartesischen KMG sind die am häufigsten eingesetzten Gerätetypen. (Keferstein und Marxer 2015, S. 72) Die Hauptkomponenten eines KMG sind:

- Gerätebasis mit Fundament, Tisch und Achsen
- Werkstückaufnahme,
- Lagerungen,
- Antriebe,
- Mess- und Tastsysteme,
- Rechner und Rechnerperipherie

Die Achsen definieren das Referenzkoordinatensystem. Die Messung der Position des Tastsystems wird über voneinander unabhängige Längenmesssysteme realisiert. Das Antasten des Werkstücks erfolgt berührend mit dem zuvor an einem Normal kalibrierten Tastelement. Es wird zwischen schaltenden und messenden Tastsystemen unterschieden. Bei der Messwertaufnahme sind zwei Funktionsweisen der Steuerung möglich:

- Nachführung der Koordinatenachs-Antriebe bis das Tastsystem nicht mehr ausgelenkt ist
- Keine Nachführung, sondern Addition des Wertes der Auslenkung zu den Werten der Längenmesssysteme der Koordinatenachsen zum Zeitpunkt der Antastung

Ein Schaltimpuls, der durch die Auslenkung des Tastsystems und einen veränderten Widerstand im Stromkreis der Tasteraufhängung induziert wird, veranlasst die Messwertaufnahme.

Die Berechnung der Messergebnisse bei Koordinatenmessungen erfolgt auf Basis von Ausgleichsrechnungen. Dazu werden wie oben beschrieben aus einer großen Anzahl von Messpunkten besteingepasste Ersatzgeometrien berechnet. Die eingepassten Formelemente beschreiben die Geometrie des realen Werkstücks durch Standardgeometrieelemente, Regelformflächen und Freiformflächen und die Angabe der zugehörigen Parameter. Die Ausgleichrechnung und die damit verbundene Unsicherheit werden in der Literatur unter anderem schon in (Zurmühl 1984) und (Lotze 1979; Krystek 2009) ausführlich beschrieben.

Der Aufbau und der Einsatzzweck eines KMG setzen stabile Umgebungsbedingungen voraus, um wiederholbare Messergebnisse und geringe Messunsicherheiten zu erreichen. Daher werden KMG in der Regel in klimatisch stabilen und durch ein entkoppeltes Fundament schwingungsarmen Messräumen betrieben. Durch eine robustere und gekapselte Bauweise sind auch Lösungen zur Integration in die Fertigungslinie möglich. Damit rückt die Messung von Bauteilen näher an die

Fertigungsprozesse heran. Weiterhin sind jedoch Umspann- und Transportprozesse notwendig.

Der Aufbau einer WZM als serielle Kinematik ist verwandt zum Aufbau eines KMG mit drei orthogonal angeordneten prismatischen Achsen. Die Kinematik eines KMG bspw. in Portal- oder Brückenbauweise ist mathematisch identisch zu dem einer 3-Achs-WZM in Portal- oder Gantry-Bauweise. Damit ist unter der Annahme eines Starrkörper-Modells die resultierende volumetrische Abweichung auf gleiche Weise aus den Abweichungen der Komponenten bestimmbar. Im Bereich der Koordinatenmesstechnik ist die steuerungsseitige Kompensation der Komponentenabweichungen schon seit vielen Jahren etabliert. (Hocken et al. 1977; Ibaraki und Knapp 2013; Schwenke et al. 2004; Schwenke et al. 2005; Hughes et al. 2000; Zhang et al. 1985; Schwenke et al. 2008) Die kinematische Verwandtschaft hat die Forschung zu den Potentialen der volumetrischen Kompensation für WZM motiviert. (Schwenke et al. 2004; Peggs 2001; Blunt 2013; Sartori und Zhang 1995)

2.3.2 Werkzeugmaschinen als Sonderform von Koordinatenmessgeräten und vice versa

Die beschriebene Verwandtschaft in Verbindung mit dem wirtschaftlichen Nutzen einer prozessnahen oder -integrierten Messung hat schon früh zu Überlegungen geführt, die WZM auch als KMG einzusetzen. (Kohler 1985; Fürst 1988) Die Aufspannung des Werkstücks und die Strategie beim taktilen Antasten der Merkmale sind bei Messungen auf WZM mit der Koordinatenmesstechnik vergleichbar. Taktile Tastsysteme auf WZM werden zum Messen von Merkmalen der gefertigten Bauteile eingesetzt.

Bei einer Prüfung im Messraum muss das zu prüfende Bauteil von der Maschine zum Messgerät transportiert werden. Eine sinnvolle Messung ist nur nach vollständiger Temperierung des Bauteils auf die Umgebungstemperatur möglich. Das bedeutet gerade für größere Bauteile einen hohen Transportaufwand und lange Temperierungszeiten. Hinzu kommen hohe Investkosten für den Messraum und das KMG. Insbesondere bei komplexen Bauteilen oder Produkten mit einer hohen Wertschöpfungstiefe können Fertigungsprozesse dazu einen iterativen Charakter haben. Die Informationen aus einer fertigungs-fernen Messung sind dann nur bedingt für eine Prozessverbesserung einsetzbar. Eine Nacharbeit setzt eine reproduzierbare Aufspannung auf der Maschine voraus. Eine Integration des Messprozesses in die Maschine kann durch wiederholte Messungen zwischen den Fertigungsschritten Daten zur Prozessoptimierung liefern.

Allerdings verhindert die fehlende Trennung zwischen dem metrologischen Rahmen für die Messungen mit einem Tastsystem auf einer WZM und der Fertigungskinematik jedoch die Identifikation aller möglichen Ursachen der Fehler des Bauteils. Dabei sind insbesondere die Einflüsse, die sowohl den Fertigungs- als auch den Messprozess beeinflussen, als kritisch anzusehen (Tabelle 2-1). Die Maschine ist gegenüber diesen

Einflüssen „blind“. Es kann keine Messunsicherheit für die Messergebnisse angegeben werden, wodurch eine Vergleichbarkeit und Bewertbarkeit verhindert wird.

Die kritischen Einflüsse der Komponentenabweichungen und wechselnder thermischer Last sollen in der vorliegenden Arbeit detailliert betrachtet werden, um die Auswirkungen auf den Messprozess bewertbar zu machen. Ziel ist es durch eine mathematische Modellierung der Maschine und des Messprozesses den Einfluss minimieren zu können. Dies soll durch den Einsatz innovativer Messsysteme zur Kalibrierung von WZM möglich werden. Wenn es möglich ist, die Komponentenabweichungen der Maschine effizient zu bestimmen, kann mithilfe einer geeigneten Modellierung eine geeignete Messstrategie geplant werden. Bewertbar wird eine solche Strategie über die aufgabenspezifische Messunsicherheit. Forschungsvorhaben haben bereits Eignung einer WZM für prozessnahe oder prozessintegrierte Messungen untersucht. (Verma et al. 2014; Acko und Klobucar 2015) Ein allgemeingültiges Vorgehen zur Bestimmung der Messunsicherheit ist dabei nicht untersucht worden.

Tabelle 2-1 Einflussgrößen auf den Fertigungsprozess und den Messprozess auf einer WZM

Einflussgröße	Fertigungsprozess	Messprozess
Prozesskräfte	●	○
Abweichungen WZM (geometrisch)	●	●
Abweichungen WZM (kinematisch)	●	◑
Temperatur WZM (Umgebung)	●	●
Temperatur WZM (Prozess)	●	◑
Oberfläche Bauteil	◑	◕
Werkzeugverschleiß	●	○
Gravitation	●	●
Bearbeitungsprogramme	●	○
Messprogramme	○	●
Bedienereinfluss (Fertigung)	●	○
Bedienereinfluss (Messung)	○	●
Werkstücktemperatur	●	●

Kriterium: ● voll erfüllt ○ nicht erfüllt

In der vorliegenden Arbeit soll dies auf ein KMG in Brückenbauweise bezogen werden.[2] Damit liegt die gleiche kinematische Kette, wie bei den betrachteten WZM vor und es können die aus der Koordinatenmesstechnik bekannten Verfahren zur Angabe der Messunsicherheit hinsichtlich Eignung oder notwendiger Anpassungen diskutiert werden.

---

[2] Vgl. Deutsches Institut für Normung 1998 „KMG mit drei beweglichen Komponenten, die sich auf zueinander senkrechten Führungen bewegen. Das Messkopfsystem befindet sich an der ersten Komponente, die von der zweiten Komponente getragen wird und sich senkrecht zur zweiten bewegt. Die verbundene Baugruppe der ersten und zweiten Komponente bewegt sich waagerecht zur dritten. Die dritte Komponente bewegt sich waagerecht auf zwei Führungsschienen, die zu beiden Seiten auf dem Gestell befestigt sind. Das Werkstück wird auf dem Gestell positioniert".

3 Messunsicherheitsbestimmung bei Koordinatenmessungen

Die Angabe der Messunsicherheit bei Koordinatenmessungen ist eine Voraussetzung für vergleichbare Messergebnisse. Die Messergebnisse können nur unter Angabe einer Messunsicherheit für einen Abgleich mit vorgegebenen Spezifikationen herangezogen werden. Sowohl die Fertigungs- als auch die Messprozesse werden durch diese Angabe bewertbar. (Weckenmann 2012, S. 5)

Die Messunsicherheit wird vom Messprozess, dem Messobjekt und den Randbedingungen beeinflusst. Der Messprozess unterliegt dabei mindestens den Einflüssen der Geometrieabweichungen des Messgeräts, des Antastvorgangs, der Messwertaufnahme und -auswertung. Die gewählte Messstrategie und der Einfluss des Prüfers müssen ebenfalls berücksichtigt werden. (Ibaraki und Knapp 2013; Hernla 2014, S. 4)

Die beschriebene kinematische Verwandtschaft zwischen WZM und KMG motiviert eine nähere Betrachtung von Verfahren zur Erfassung und Bewertung der geometrischen Abweichungen hinsichtlich der Messunsicherheit eines KMG. Das Vorgehen ist in der internationalen Normung verankert und soll in den weiterführenden Kapiteln hinsichtlich einer Übertragbarkeit auf WZM diskutiert werden. Die Messunsicherheitsbestimmung für Koordinatenmessungen mit KMG ist spezifisch für die Messaufgabe. Für die Bestimmung dieser aufgabenspezifischen Unsicherheit sind Verfahren definiert und in Normen und Richtlinien festgelegt. Insbesondere die Berechnung der Messunsicherheit mit dem Instrument der Messunsicherheitsbilanz soll intensiver betrachtet werden.

3.1 Bedeutung der Rückführung und Annahmeprüfungen für Koordinatenmessgeräte

Die Rückführung eines Messmittels erfolgt durch den Vergleich mit einem Normal. Das Normal repräsentiert dabei den als wahr angenommenen Wert einer Messgröße und ist über eine ununterbrochene Kalibrierkette an das nationale Normal angeschlossen. Die Kalibrierkette besteht aus Vergleichsnormalen häufig dem Referenz-, Bezugs- und Gebrauchsnormal. Die nationalen Normale werden in Deutschland bei der PTB in Braunschweig aufbewahrt. Die Kalibrierkette kann durch Labore der Deutschen Akkreditierungsstelle GmbH (DAkkS) geschlossen werden. (Pfeifer und Schmitt 2010; DKD und PTB 1992)

Die gerätespezifische Überwachung einzelner häufig eingesetzter Prüfmittel ist in Normen und Richtlinien verankert. Die Überwachung von KMG ist in der Norm DIN ISO 10360-2 und der zugehörigen Anwenderrichtlichtlinie VDI/VDE 2617 des Verbandes Deutscher Ingenieure (VDI) beschrieben. (Deutsches Institut für Normung 2010; VDI/VDE 2011) Die Richtlinien bieten dem Anwender eine Hilfestellung in Form von Prüfanweisungen, die reproduzierbare Überwachungen der eingesetzten

Prüfmittel während Anwendung aber auch bei der Abnahme der Geräte vom Hersteller ermöglichen. Die beschriebenen Kennwerte ermöglichen darüber hinaus einen Vergleich der Geräte verschiedener Hersteller. (Pfeifer und Schmitt 2010) Es werden schwerpunktmäßig materielle Normale eingesetzt. Eine ausführliche Diskussion verschiedener Verfahren findet sich in (Cauchick-Miguel et al. 1996). Dabei können die eingesetzten Normale nach der Anzahl der abbildbaren Dimensionen gruppiert werden:

- *eindimensionale Normale:*

  Parallelendmaß, Stufenendmaß, Kugelstab, eindimensionale Kugel- oder Bohrungsleisten (Zhang und Zang 1991; Trapet et al. 2006)

- *zweidimensionale Normale:*

  Kugelplatte (Kunzmann et al. 1990), Lochplatte (Trapet und Wäldele 1991), mehrdimensionales Stufenendmaß (Mao et al. 2007)

- *mehrdimensionale Normale:*

  dreidimensionale Kugelplatte, Kugelpolyeder (Bringmann et al. 2005)

Als wesentliche Kenngröße ist in diesem Zusammenhang den Grenzwert der Längenmessabweichung oder die maximale Anzeigeabweichung $E_{L,MPE}$ (Maximum-Permissable-Error) als Maß für die maximalen Längenmessabweichungen eines KMG definiert. Der Index L gibt den Abstand der Tastkugelmitte von der Pinolenachse an. Die Bestimmung der Längenmessabweichungen erfolgt durch Messungen an einem materiellen Normal mit mindestens fünf unterschiedlichen kalibrierten Längen. Die Prüflängen sollen nach Norm jeweils dreimal in sieben verschiedenen Positionen im Messvolumen des KMG gemessen werden. (Deutsches Institut für Normung 2010) Die Raumdiagonalen in der Mitte des Messvolumens werden als Positionen für die Prüflängen festgelegt (Abbildung 3-1). Für die verbleibenden Positionen wurden die Parallelen zu den drei KMG Achsen als Standard eingeführt. Es dürfen auch abweichende Lagen und Orientierungen gewählt werden. Dabei muss die längste Prüflänge mindestens 66% des maximal möglichen Messbereichs des Messgerätes entlang der Messlinie betragen. Die Messungen sind durch Antastung zweier gegenüberliegender Punkte auf zwei gegenüberliegenden, parallelen Oberflächen, mit entgegengesetzten, normalen Antastrichtungen auszuführen. (VDI/VDE 2011; Deutsches Institut für Normung)

Für alle Messungen werden die Längenmessabweichungen E_L als Differenz aus der gemessenen und der kalibrierten Länge berechnet. Bei kompensierten KMG, darf der Längenwert einer Messung um die systematischen, z.B. temperaturbedingten Abweichungen korrigiert werden. Eine manuelle Korrektur der ausgegebenen Werte ist nicht gestattet.

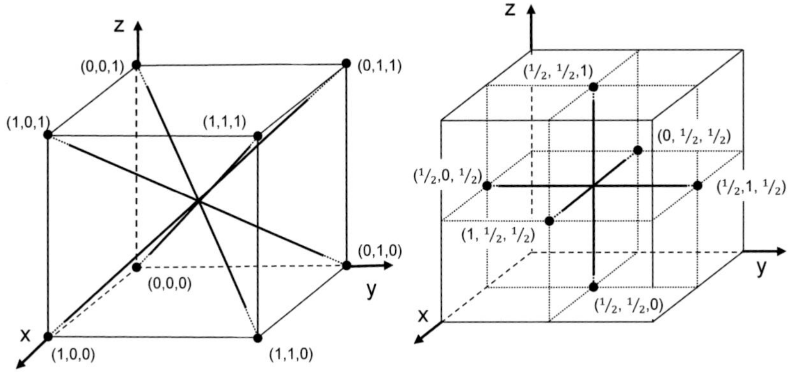

Abbildung 3-1 Raumdiagonalen und Achsparallelen nach DIN ISO 10360-2 (Deutsches Institut für Normung 2010)

Die gemessenen Abweichungen werden über die gemessene Länge in einem Diagramm aufgetragen (Abbildung 3-2). Dabei ist zu beachten, dass für die gemessenen Längenmessabweichungen die Messunsicherheit mit angegeben und eingetragen werden muss. Die Bestimmung des Grenzwertes der Längenmessabweichung erfolgt durch Auswertung der aufgetragenen Längen. Dabei können drei Formen der Auswertung gewählt werden (Abbildung 3-2 a) bis c)). Nach der Norm müssen alle aufgetragenen Abweichungen inklusive der zugehörigen Messunsicherheit innerhalb der resultierenden Geraden liegen. (Deutsches Institut für Normung 1998)

Für die vorliegende Arbeit soll die Form b) für Längenmessabweichungen E_0 (Taster ohne seitliche Auskragung) weiter verfolgt werden. Mit den Werten aus der grafischen Auswertung folgt:

$$E_{0,MPE} = \left(A + \frac{L}{K}\right) \; in \; \mu m \tag{33}$$

Dabei ergibt sich der konstante Anteil A als Schnittpunkt der ermittelten Geraden mit der Y-Achse. Der längenabhängige Teil $\frac{L}{K}$ wird durch die Steigung der Geraden beschrieben.

Die Diagrammformen a) und c) mit einem konstanten Anteil B können gewählt werden, wenn eine maximale Längenmessabweichung auch für größere Messlängen nicht mehr überschritten wird.

Die Eintragung ist für die Annahmeprüfung eines KMG relevant. Die Leistungsfähigkeit des Gerätes wird bestätigt, wenn der ermittelte Grenzwert der Längenmessabweichung nicht größer als der in der Spezifikation angegebene Wert ist. Die Längenmessabweichung kann von den Umgebungsbedingungen beeinflusst werden. Daher müssen die Umgebungsbedingungen, unter denen eine Längenmessabweichung Gültigkeit haben soll, angegeben werden. Bei einer

Annahmeprüfung eines neuen Gerätes wird die Spezifikation zusammen mit den Umgebungsbedingungen durch den Hersteller angegeben und bei Inbetriebnahme des Gerätes überprüft. Im Falle einer Bestätigungsprüfung z.B. als Bestandteil des Qualitätsmanagement-Systems eines Unternehmens erfolgt die Vorgabe und die Überwachung durch den Anwender[3].

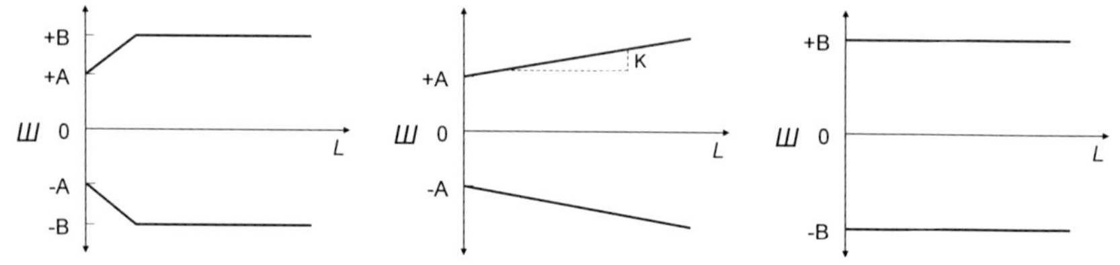

a) b) c)

Abbildung 3-2 Höchstzulässige Anzeigeabweichung für die Längenmessung MPE_E (Methoden a,b,c)

Die Angabe einer längenabhängigen Messunsicherheit kann eine unvollständige Wiedergabe der Einflussparameter zur Folge haben, wenn die Prüfaufgabe signifikant von der späteren Messaufgabe abweicht oder die Messaufgabe sehr komplex ist, wie beispielsweise im Getriebe- oder Verdichterbau. Für eine prüfaufgabenspezifische Überwachung der Prüfmittel existieren aktuell eine Vielzahl teilweise stark unternehmensspezifische Richtlinien und Handlungsempfehlungen. (Cheung et al. 2014; Vrba et al. 2015)

3.2 Bestimmung der aufgabenspezifischen Messunsicherheit bei Koordinatenmessungen

Eine Definition für den Begriff der Messunsicherheit lautet:

Kennwert, der einen Bereich um das Messergebnis kennzeichnet, von dem erwartet werden kann, dass er einen großen Anteil der Verteilung der Werte umfasst, die der Messgröße vernünftigerweise zugeordnet werden können. (International Organization for Standardization 2008)

Die allgemein anerkannte Richtlinie zur Bestimmung und Angabe der Messunsicherheiten ist heutzutage der "Guide to the Expression of Uncertainty in Measurement" (GUM). (BIPM Joint Committee for Guides in Metrology 2008) Auf dieser Grundlage kann die aufgabenspezifische Messunsicherheit für Koordinatenmessungen nach drei unterschiedlichen Verfahren angegeben werden. Ein Ansatz ist die Messung kalibrierter Normale und die Berechnung der Messunsicherheit anhand der gemessenen Abweichungen der Wiederholmessungen zum Kalibrierwert. Ein zweites Verfahren bestimmt die Messunsicherheit durch Simulation nach dem Monte-Carlo Prinzip. Das Aufstellen einer

[3] Vgl. Deutsches Institut für Normung 1998: „Bei der Annahmeprüfung wird der Übereinstimmungsbereich von den Herstellerspezifikationen abgeleitet. Bei der Bestätigungsprüfung können die Bestätigungsgrenzwerte aus den Anforderungen des Anwenders abgeleitet werden."

Messunsicherheitsbilanz über die Einflussfaktoren bei der Messung komplettiert die Verfahren. Alle drei Verfahren sind konform zu den Vorgaben des GUM und werden in der Folge detailliert beschrieben.

Alle Verfahren setzen das Aufstellen einer Modellgleichung voraus. Die Gleichung beschreibt als mathematisches Modell den funktionellen Zusammenhang zwischen der Messgröße y und den wesentlichen Einflussgrößen x_i einschließlich der Korrekturen durch den Zusammenhang. (Hernla 2014)

$$y = f(x_i) \tag{34}$$

Mit Hilfe der Modellgleichungen kann die kombinierte Standardmessunsicherheit u_c als Gütekriterium eines Messwertes nach Gaußscher Fehlerfortpflanzung durch

$$u_c(y) = \sqrt{\sum_{i=1}^{N} \left(\frac{\partial f}{\partial x_i}\right)^2 u(x_i)^2} \tag{35}$$

mit N Einflussgrößen berechnet werden.

Die partielle Ableitung $\frac{\partial f}{\partial x_i}$ wird als Sensitivitätskoeffizient bezeichnet und beschreibt wie empfindlich das Messergebnis auf eine Änderung der Eingangsgröße reagiert. (BIPM Joint Committee for Guides in Metrology 2008) In der Literatur findet sich häufig auch die Bezeichnung c_i.

Der GUM unterscheidet zwischen zwei Verfahren zur Ermittlung der Standardunsicherheiten der Einflussgrößen $u(x_i)$. Bei Methode A werden Wiederholmessungen durchgeführt. Bei Methode B werden die Standardunsicherheiten auf Basis bekannter Information ermittelt. (BIPM Joint Committee for Guides in Metrology 2008)

Die erweiterte Messunsicherheit U ergibt sich aus der Standardmessunsicherheit durch Multiplikation mit dem Erweiterungsfaktor k, der davon abhängt, welche Kenntnis über die Wahrscheinlichkeitsverteilung der Messgröße vorliegt:

$$U = k * u_c(y) \tag{36}$$

Die erweiterte Messunsicherheit beschreibt ein Intervall, das den wahren Wert der Messgröße mit der gewählten Wahrscheinlichkeit einschließt. In der Regel wird eine Normalverteilung für die Messgröße angenommen, so dass sich bei einer gewählten Wahrscheinlichkeit von 95% der Wert $k = 1{,}96$ ergibt. Vereinfacht wird in diesem Fall mit $k = 2$ gerechnet, was einem Vertrauensniveau von 95,45% entspricht. (Hernla 2014; Pfeifer und Schmitt 2010; BIPM Joint Committee for Guides in Metrology 2008)[4]

[4] Vgl. Hernla 2014: Ein Erweiterungsfaktor von k=2 gilt strenggenommen nur für normalverteile Messgrößen. In den meisten Anwendungsfällen kann dies jedoch angenommen werden.

3.2.1 Messunsicherheitsbestimmung mithilfe materieller Normale

Die aufgabenspezifische Messunsicherheit kann für Messungen auf KMG nach DIN ISO 15530-3 und VDI/VDE 2617-8 Anhang C experimentell bestimmt werden. Dazu wird ein kalibriertes Werkstück als Normal eingesetzt und wiederholt gemessen. Aus den Messwerten der Wiederholmessungen können die Streuung der Messwerte und die Abweichung zwischen den Mittelwerten der Messungen und dem Kalibrierwert bestimmt werden. Das verwendete Normal wird mit einer zu den späteren Messungen identischen Messstrategie, in der gleichen Aufspannung, den gleichen Tastern sowie vergleichbaren Umgebungsbedingungen kalibriert. Die Einflüsse durch Variationen der Umgebungsbedingungen sollen umfassend erfasst werden. Die Richtlinie VDI/VDE 2617-8 schlägt eine Dokumentation der Temperaturen vor. Es wird eine Ähnlichkeit zwischen den Merkmalen des eingesetzten Normals und der späteren Messaufgabe vorausgesetzt (Tabelle 3-1).

Das Bauteil wird 20mal gemessen. Die Handhabung der Werkstücke muss während der Messungen zur Bestimmung der Messunsicherheit und der späteren Messung gleich sein. Aus den Messwerten y_i werden der Mittelwert $\overline{y}$ der Messungen und die Standardabweichung der Messwerte bestimmt u_p:

$$u_p = \sqrt{\frac{1}{n-1}\sum_{i=1}^{n}(y_i - \overline{y})^2} \tag{37}$$

Die „systematische“ Abweichung b des arithmetischen Mittels $\overline{y}$ der aufgenommenen Messwerte von dem Kalibrierwert x_{cal} berechnet sich nach:

$$b = \overline{y} - x_{cal} \tag{38}$$

Der Anteil b kann zur Korrektur der gemessenen Werte herangezogen werden. Sollte keine Korrektur erfolgen, ist die systematische Abweichung der Messunsicherheit zuzuschlagen. In der vorliegenden Arbeit wird der Wert nicht korrigiert.

Die Kalibrierung des Werkstücks ist mit einer Unsicherheit behaftet, die dem Kalibrierschein entnommen werden kann. Die Rückführbarkeit der Kalibrierung, beispielsweise durch einen Kalibrierdienstleister, muss dokumentiert sein.

Die Unsicherheit wird nach Kenntnis aller Unsicherheitsbeiträge berechnet:

$$U = k * \sqrt{u_{cal}^2 + u_p^2 + u_w^2 + b^2} \tag{39}$$

u_{cal} = Messunsicherheit der Kalibriermessung; Angabe im Kalibrierschein

u_p = Standardabweichung der Messwerte aus dem Messprozess

u_w = Werkstoffstreuung z.B. die Unsicherheit des Ausdehnungskoeffizienten

b = „systematische“ Abweichung (s.o.)

Tabelle 3-1: Anforderungen zur Ähnlichkeit zwischen Bauteil und kalibriertem Normal für die Messunsicherheitsbestimmung mit kalibrierten Bauteilen nach DIN ISO 15530-3 (Deutsches Institut für Normung 2011)

Prüfmerkmal	**Anforderungen**	
	Maße	± 10% über 250 mm 25 mm unter 250 mm
	Winkel	± 5°
Formabweichungen und Oberflächenstruktur	Ähnlich wegen funktioneller Eigenschaften	
Material	Ähnlich wegen funktioneller Eigenschaften	
Messstrategie	Gleich	
Tasterkonfiguration	Gleich	

3.2.2 Messunsicherheitsbestimmung durch Simulation

Eine weitere Möglichkeit zur Bestimmung der Messunsicherheit bei Koordinatenmessungen ist die numerische Simulation nach dem Monte-Carlo-Prinzip. Das Verfahren wurde von der Physikalisch-Technischen Bundesanstalt (PTB) entwickelt und ist in den Richtlinien ISO/TS 15530-4 und VDI/VDE 2617-7 beschrieben. (VDI/VDE 2011; Deutsches Institut für Normung 2010, 2011)

Der Messprozess wird in Form des mathematischen Modells der Messung mit zufälligen Kombinationen aller möglichen Zustände der Eingangsgrößen wiederholt simuliert. Die möglichen Wertebereiche können abgeschätzt und durch Wahrscheinlichkeitsverteilungen beschrieben werden. Die Messunsicherheit kann GUM konform aus der Streuung der Ergebnisse bestimmt werden. (International Organization for Standardization 2008; Trapet 1999)

Die Modellierung der Einflüsse ist dabei von der Messaufgabe abhängig. Das Modell muss nicht durch einen geschlossenen mathematischen Ausdruck beschrieben sein, sondern kann auch numerische Algorithmen enthalten. (VDI/VDE 2011) Die Bestimmung der Geometrieabweichungen des KMG bei den herrschenden Umgebungsbedingungen kann beispielweise durch die wiederholte Messung von Kugelplatten auf dem verwendeten KMG erfolgen[5]. Diese Messungen müssen in regelmäßigen Abständen wiederholt werden, um die Aktualität der verwendeten Eingangsgrößen für die Simulation zu gewährleisten. Nachdem das zu messende

[5] Vgl. Schwenke, H., Franke, M. 2007, S.370: „Zwei Verfahren die diesen Anforderungen gerecht werden, sind die Messung von Kugelplatten in zwei gekreuzten Aufstellungen [...] und die Messung des [...] Kugelquaders."

Werkstück einmal nach der gewählten Messstrategie gemessen wurde, werden durch zufällige Kombination der ermittelten Einflussgrößen weitere Messungen simuliert. Die Punkteverteilung muss in der Messstrategie und auf dem Kalibrierschein angegeben werden, da die Formabweichungen der Werkstückoberfläche nicht separat erfasst werden. Die ermittelte Unsicherheit gilt dann nur für die Punkteverteilung in Einzelpunktantastung. Mit zunehmender Messpunkteanzahl nähert sich der Messwert dem richtigen Wert immer weiter an, so dass eine größere Messpunkteanzahl die Abweichung durch zu wenige Messpunkte verringern kann. (VDI/VDE 2011; Weckenmann et al. 1998; Cui et al. 2009)

Die notwendige hohe Messpunktanzahl bei unbekanntem Einfluss der Oberflächengeometrie auf die Messunsicherheit im Praxisbetrieb sehr aufwendig. Das Vorgehen gilt bei aktuellem Stand der Technik lediglich für Einzelpunktantastung und nicht für den Scanningbetrieb.

3.2.3 Messunsicherheitsbilanz für Koordinatenmessungen

Ein weiterer Ansatz zur Bestimmung der aufgabenspezifischen Messunsicherheit für Messungen auf KMG ist die Aufstellung einer analytischen Messunsicherheitsbilanz für das Gesamtsystem. Eine Modellgleichung und die Bestimmung der Unsicherheitsbeiträge der Einflussgrößen bilden die Grundlage.

Die wesentlichen Einflussgrößen für Messunsicherheit bei Koordinatenmessungen sind zusammengefasst:

- Anzahl und Anordnung der Messpunkte

  (z. B. zur Bestimmung eines Ausgleichskreises)
- Formabweichungen des Werkstücks
- Messabweichungen des Tastsystems sowie des Einmessnormals
- Geometrieabweichungen des KMG
- Temperatur

In der Koordinatenmesstechnik haben sich formalisierte Berechnungstabellen zur Ermittlung der Unsicherheitsbeiträge durchgesetzt, wenn einfache Formelemente wie Geraden, Ebenen, Kreise und Zylinder betrachtet werden. Das Verfahren hat durch die Richtlinie VDI 2617-11 Eingang in die Normung gefunden. Das in der Richtlinie beschriebene Vorgehen und auch die weiteren Ausführungen arbeiten nach Methode B des GUM. (Hernla 2014) Einzelne Beiträge wie zum Beispiel die Antaststreuung können aber auch durch Wiederholmessungen nach Methode A quantifiziert werden.

Die Unsicherheiten der Einflussgrößen gehen über die Standardunsicherheiten bzw. Grenzwertspannen in die Rechnung und so in die Gesamtunsicherheit ein. Eine detailliertere Diskussion dieser Einflussfaktoren am Beispiel der Messung eines Durchmessers soll den Einfluss auf die Messunsicherheit verdeutlichen. Für eine spätere Übertragung auf die WZM können die Annahmen aus den Tabellen für die

Einflüsse des Bauteils übernommen werden. Die anderen Einflüsse werden als für die WZM deutlich different vermutet und in der Folge intensiv untersucht.

Die Gleichungen (40) und (41) beschreiben beispielhaft das mathematische Modell für das Merkmal *Durchmesser* in Abhängigkeit der unterschiedlichen Einflussgrößen.

$$D = (D_W - \Delta D_T - \Delta D_C) + \Delta \mathrm{L}_{\mathrm{KMG}} + \Delta L_T \tag{40}$$

D_W = Durchmesser des Ausgleichselements

ΔD_T = Abweichung des Tasterdurchmessers beim Einmessen

ΔD_C = Abweichung des kalibrierten Durchmessers des Einmessnormals

ΔL_T = Korrektur der temperaturbedingten Längenmessabweichung

In Gleichung (40) gilt für die temperaturbedingte Längenmessabweichung:

$$\Delta L_T = D_N * [\alpha_M * (t_M - 20\,°C) - \alpha_W * (t_W - 20\,°C)] \tag{41}$$

D_N = Nennmaß des Durchmessers

α_i = Ausdehnungskoeffizient von WST oder Maßstab ($\mathrm{i} = \mathrm{W}$, bzw. $\mathrm{i} = \mathrm{M}$)

t_i = Temperatur von WST oder Maßstab ($\mathrm{i} = \mathrm{W}$, bzw. $\mathrm{i} = \mathrm{M}$)

Einflussfaktoren Anzahl und Anordnung der Messpunkte und Verteilungsform

In der Koordinatenmesstechnik hat sich die Berechnung von Ausgleichelementen etabliert. Dabei werden in die aufgenommenen Messpunkte idealgeometrische Ersatzelemente eingepasst. Die Ausgleichsrechnung und ihre Unsicherheit haben mit DIN 1319-4 Eingang in die Normung gefunden und sind auch für Koordinatenmessungen in der Literatur ausführlich beschrieben. (Lotze 1979; Hernla 2014, S. 16–32) Die Unsicherheitsbeiträge der Ausgleichselemente nach Methode B des GUM sind nach Lösung der Formelementegleichungen jeweils ein Produkt aus der berechneten Standardunsicherheit s_i und einem Verteilungsfaktor b_i (bei einem Sensitivitätskoeffizienten von $c_i = 1$.

$$u(x_i) = s_i * b_{fi} \tag{42}$$

$u(x_i)$ = Standardabweichung der Einflussgröße x_i (z. B. D_W Gl. (40))

s_i = Standardabweichung der Messpunkte vom Ausgleichselement

b_{fi} = Faktor für Formelementparameter

Der *Formelementeparameter* hängt allein von der Anzahl und Anordnung der Messpunkte auf der Oberfläche ab. (VDI/VDE 2011) Für ausgewählte Merkmale können solche Formelementparameter bei einer gleichmäßigen Messpunkteverteilung für Messungen auf KMG aus Tabellen nachgelesen werden (Tabelle A 1). Eine untere Grenze wird für KMG mit $s_{min} = \frac{A}{3}$ angegeben. Nach Methode B des GUM ist die Standardunsicherheit auch durch Vergleichsmessungen ermittelbar. Dieses Vorgehen ist jedoch sehr aufwendig und nur in Ausnahmefällen praktikabel. (Hernla 2014)

Zur Ermittlung der Standardunsicherheiten der anderen Einflussgrößen nach Methode B des GUM können Erfahrungswerte aus vorherigen Messungen oder Grenzwerte von bekannten Verteilungen herangezogen werden:

$$u(x_i) = a_i * b_{vi} \tag{43}$$

$u(x_i)$ = Standardabweichung der Einflussgröße x_i (z. B. ΔL_{KMG})

a_i = Grenzwert der Wahrscheinlichkeitsdichteverteilung

b_{vi} = Faktor für Verteilungsform

Bei einer unbekannten Wahrscheinlichkeitsdichteverteilung schlägt der GUM aus Sicherheitsgründen die Annahme einer Rechteckverteilung vor. Die Annahme einer Normalverteilung darf jedoch auf Basis vorliegender Messwerte begründet werden. Die Messunsicherheit wird in diesen Fall durch einen günstigeren Faktor positiv beeinflusst. Abbildung 3-3 zeigt neben den Grenzwerten möglicher Wahrscheinlichkeitsdichteverteilungen auch die entsprechenden Verteilungsformfaktoren. Die dargestellten Verteilungsfaktoren sind dabei das Ergebnis der im GUM ausführlich beschriebenen Charakteristiken der betrachteten Verteilungen. (BIPM Joint Committee for Guides in Metrology 2008)

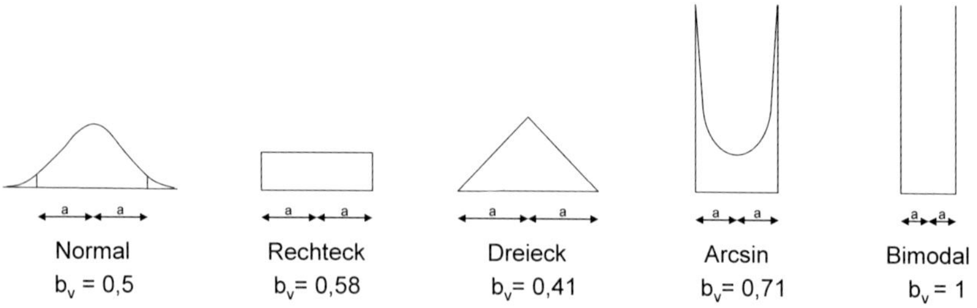

Abbildung 3-3 Wahrscheinlichkeitsdichteverteilungen mit Grenzwerten a und Verteilungsfaktoren b (VDI/VDE 2011)

Abweichungen des Tastsystems und Formabweichungen des Werkstücks

Die Antastabweichungen des Tastsystems und die örtlichen Formabweichungen der Werkstückoberfläche werden im Moment der Antastung überlagert. Die Messpunkteanzahl und die Verteilung auf der Oberfläche kann die Messunsicherheit beeinflussen, da Ausreißer aufgrund örtlicher Formabweichungen einen deutlichen Einfluss haben. Die Richtlinien raten daher im Falle einer Bestimmung mit Wiederholmessung zu einer Bestimmung der mittleren Standardabweichung durch Messung mehrere Werkstücke oder durch mehrfache Messung desselben Werkstücks an verschiedenen Stellen des Bauteils. Ein Richtwert sind wenigstens 50 Freiheitsgrade. (VDI/VDE 2011)

Das Tastsystem eines KMG soll vor dem Einsatz an einem geeigneten Normal „eingemessen" werden. In der Praxis hat sich das Kugelnormal etabliert. Die Messungen des kalibrierten Normals erlauben die Bestimmung des Tastermittelpunktes und des wirksamen Tastkugeldurchmessers mithilfe einer Ausgleichsrechnung. Die Abweichung des Tastkugeldurchmessers ΔD_T geht mit der Standardabweichung in die Bilanz ein. Diese kann auch experimentell bestimmt werden. Eine untere Grenze für die Standardabweichung dieser Tastkugelabweichung $u(D_T)$ erhält man auch hier mit der Standardabweichung der Messpunkte aus der Antaststreuung des KMG. Sie liegt nach Vorgabe der Richtlinie bei etwa einem Drittel des konstanten Anteils A aus dem spezifizierten Grenzwert der Längenmessabweichung $E_{L,MPE}$ (VDI/VDE 2011):

$$s_{min} = \frac{A}{3} \tag{44}$$

Auch das Normal zum Einmessen des Tasters ist mit einer Abweichung ΔD_C behaftet, die im Kalibrierschein des Normals angegeben ist. Die Standardabweichung wird nach Gleichung (43) berechnet.

Geometrieabweichungen des Messgerätes

Ein Maß für die Genauigkeit von KMG ist der beschriebene Grenzwert der Längenmessabweichung $E_{L,MPE}$ (Gleichung (33)). Der längenabhängige Teil wird auch durch die Geometrieabweichungen des KMG (Führungen, Lagerungen etc.) beeinflusst.

Der aus den geometrischen Abweichungen des Messgerätes resultierende Messunsicherheitsbeitrag kann über den längenabhängigen Anteil in Gleichung (33) bestimmt werden. Tabelle 3-2 zeigt Grenzwertspannen der Geometrieabweichungen für KMG verschiedener Bauformen für ausgewählte Prüfmerkmale.

Tabelle 3-2 Fehlergrenzen der KMG-Geometrieabweichungen nach (VDI/VDE 2011)

Prüfmerkmal	Fehlergrenze	Bemerkung
Länge, Abstand, Durchmesser, Position zwischen zwei Punkten	$\Delta L = \frac{L}{K}$	L Nennmaß des Prüfmerkmals, Durchmesser bzw. theoretisches Maß der Positionstoleranz
Rechtwinkligkeit	$\Delta L_R = \frac{2L}{K}$	L Nennmaß der Länge des kürzeren Winkelschenkels
Geradheit	$\Delta F_G = \frac{L}{K}$	L Nennmaß der Länge der Geraden
Rundheit	$\Delta F_R = \sqrt{\frac{13}{2}} * \frac{D}{K}$	D Nennmaß des Durchmessers

Temperatur

Die temperaturbedingte Längenmessabweichung kann unabhängig von der Geometrie des Werkstücks und dem Prüfmerkmal nach Gleichung (41) berechnet werden. Eine Korrektur der temperaturbedingten Längenmessabweichung erfolgt dann in Gleichung (40). Auch die Temperaturkorrektur ist jedoch mit einer Unsicherheit belegt, die in Gleichung (47) mathematisch für eine Längenmessung der Länge L beschrieben ist. Die einzelnen Beiträge können aus (45) und (46) abgeleitet werden.

$$u_{\Delta L_T}(u_{T\,i}) = \alpha_i * u_{T\,i} \tag{45}$$

$u_{\Delta L_T}(u_{T\,i})$ = Temperaturunsicherheitsbedingter Anteil in temperaturbedingter Unsicherheit

$u_{T\,i}$ = Temperaturunsicherheit von Werkstück oder Maßstab (*i* = W, bzw. *i* = M)

α_i = Ausdehnungskoeffizient von Werkstück oder Maßstab (*i* = W, bzw. *i* = M)

$$u_{\Delta L_T}(u_{\alpha i}) = (t_i - 20\ °C) * u_{\alpha i} \tag{46}$$

$u_{\Delta L_T}(u_{\alpha i})$ = α.-unsicherheitsbedingter Anteil in temperaturbedingter Unsicherheit

t_i = Temperatur von WST oder Maßstab (*i* = W, bzw. *i* = M)

$u_{\alpha i}$ = Ausdehnungskoeffizientenunsicherheit von WST oder Maßstab

$$u_{\Delta L_T} = L * \sqrt{u_{\Delta L_T}\left(u_{T_W}\right)^2 + u_{\Delta L_T}\left(u_{T_M}\right)^2 + u_{\Delta L_T}(u_{\alpha W})^2 + u_{\Delta L_T}(u_{\alpha M})^2} \quad (47)$$

$u_{\Delta L_T}$ = Temperaturbedingte Unsicherheit

L = Messlänge

Die Richtlinie VDI 2617-11 weist darauf hin, dass eine fehlende Korrektur der temperaturbedingten Längenmessabweichung als zusätzlicher Unsicherheitsanteil in Gleichung (39) eingehen muss. Dazu wird die Abweichung zur Standardunsicherheit der anderen Einflussgrößen quadratisch addiert. (VDI/VDE 2011)

Das Verfahren der Messunsicherheitsbestimmung mithilfe von Berechnungstabellen ist unabhängig vom Hersteller anwendbar. Voraussetzung ist eine regelmäßige Überwachung des KMG beispielsweise über die Bestimmung der maximalen Längenmessabweichung und die Sicherstellung stabiler Umgebungsbedingungen. Vergleichsweise einfache Prüfmerkmale können durch Berechnungshilfen gemäß VDI 2617-11 gut abgebildet werden. Komplexe Messaufgaben stellen bei der Bestimmung der Messunsicherheit über Bilanzen einen Mehraufwand dar und sind teilweise nicht möglich. (Schwenke, H., Franke, M. 2007)

3.3 Zwischenfazit: Fertigungsintegrierte Messprozesse auf Werkzeugmaschinen als Sonderfall einer Koordinatenmessung

In Kapitel 2 wurden Gemeinsamkeiten zwischen WZM und KMG aufgezeigt, die eine Messung auf einer WZM auch aus ökonomischer Sicht sinnvoll erscheinen lassen. Die erhobenen Messwerte sind jedoch ohne die Angabe einer aufgabenspezifischen Messunsicherheit nicht vergleichbar und können nicht für eine Bewertung der Bauteilqualität herangezogen werden. In Kapitel 3 wurden Verfahren zur Bestimmung der aufgabenspezifischen Messunsicherheit aus der Koordinaten-messtechnik diskutiert, die für eine Anwendung auf WZM auf Basis der kinematischen Gemeinsamkeiten übertragbar scheinen. Potential als Ersatz zu experimentellen Messungen an Referenzbauteilen scheint die Berechnung einer aufgabenspezifischen Messunsicherheit mithilfe einer Messunsicherheitsbilanz zu bieten, da es keiner materiellen Normale oder kommerzieller Software bedarf. Die Annahmen aus den beschriebenen Tabellen, die sich auf das Merkmal und das Bauteil beziehen können für eine Messung auf der WZM übertragen werden.

Es können Unterschiede zwischen WZM und KMG aufgeführt werden, deren Einflüsse auf die Übertragbarkeit des Verfahrens speziell untersucht werden müssen:

- größere bewegte Lasten der Kinematik
  (steifere Bauweise zur Aufnahme hoher Prozesskräfte)
- hohe Vorschubgeschwindigkeiten und Beschleunigungen
  (Produktivitätssteigerung durch verkürzte Bearbeitungszeiten)

- Trajektorieplanung statt Punktantastung (Steuerungsfunktion zur Bahnführung)
- instabile Umgebungsbedingungen (Temperaturgradienten und Schmutz)

Die zentralen Unterschiede zwischen einem KMG und einer WZM sind in den typischen Anwendungsgebieten zu finden. (Sartori und Zhang 1995) In dieser Arbeit werden Schwerpunkte auf den Einfluss der Kinematik und den Einfluss thermischer Last auf den Messprozess gelegt.

Der Einsatzzweck der WZM setzt eine steife Konstruktion voraus, um die hohen Gewichts- und Prozesskräfte aufnehmen zu können. Dadurch werden große Lasten mit hohen Vorschubgeschwindigkeiten bewegt. Bei KMG wird durch eine Reduktion der zu bewegenden Lasten und der Beschleunigungen versucht, den Einfluss der dynamischen Kräfte und Momente auf die Messung gering zu halten. (Soons und Soons 1993; Schellekens 1993; Nijs et al. 1988; Weekers und Schellekens 1997) Diese Reduktion ist möglich, da beim Antasten während der Messung nur sehr geringe Prozesskräfte auftreten. Eine Messung auf einer WZM ist daher mit reduzierter Vorschubgeschwindigkeit denkbar, um den Einfluss der dynamischen Effekte zu minimieren.

Die Steuerung der WZM soll die Fertigung einer Sollgeometrie ermöglichen. Daher werden in modernen Bearbeitungszentren in der Regel Bahnsteuerungen eingesetzt, die das simultane Verfahren aller Achsen zur Führung des Werkzeugs entlang der programmierten Bahn sicherstellen. Das Antasten eines Messobjekts mit einem KMG erfolgt hingegen im betrachteten Fall durch Punktantastung. Das Tastsystem wird ausgelenkt und im Zeitpunkt der Antastung die Position der Achsen ausgelesen. Den steuerungsseitigen Besonderheiten und den hohen Lasten bei hohem Vorschub kann durch manuelle Programmierung der Messprogramme und die Reduktion der Geschwindigkeit beim Antastvorgang begegnet werden.

In der Literatur werden die Einflüsse der geometrischen Abweichungen der Kinematik eines KMG auf das Messergebnis als sehr bedeutend diskutiert. (Soons und Soons 1993; Schellekens 1993; Nijs et al. 1988; Weekers und Schellekens 1997) Damit liegt die Vermutung nahe, dass die Komponentenabweichungen der WZM ebenfalls der dominante Einfluss auf die Messunsicherheit sind. Die in Abschnitt 2.1.2 beschriebenen geometrischen Abweichungen der WZM sind durch den Einsatzzweck begründet, der durch die genannte massive Bauweise einen zentralen Unterschied im Vergleich zu einem KMG darstellt. Die geometrischen Abweichungen beeinflussen den Fertigungsprozess maßgeblich und führen zu Abweichungen am Bauteil. Gleichzeitig sind die induzierten Abweichungen am Bauteil bei einem späteren Messprozess nicht ohne detaillierte Kenntnis der Komponentenabweichungen messbar. Hier setzen die Untersuchungen im Rahmen der vorliegenden Arbeit an (vgl. Abschnitte 5.1 und 5.2). Ziel ist es den Unsicherheitsbeitrag der Einflussgröße „Maschinenkinematik“ für einen aufgabenspezifischen Messprozess quantifizierbar zu machen.

Die Temperatur ist ein weiterer Einflussfaktor, der sowohl den Fertigungsprozess als auch den Messprozess beeinflusst. (Mayr et al. 2012) Die Fertigungsumgebung ist in den meisten Fällen nicht klimatisiert. Eine Klimatisierung bedeutet insbesondere bei Fertigungsumgebungen mit einer entsprechenden Deckenhöhe einen gesteigerten Energiebedarf und damit hohe Kosten. Ein KMG wird im Regelfall in einer thermisch stabilen Umgebung betrieben. Die thermische Last ist damit kontrolliert und eine Veränderung und dadurch induzierte Gradienten ausgeschlossen (vgl. Abschnitt 5.2).

Der Ansatz der tabellarischen Messunsicherheitsbilanz wird in der Folge für die WZM entwickelt und validiert (vgl. Kapitel 0 und 5). Ziel ist es, diese diskutierten Einflüsse quantifizierbar und die Auswirkungen auf den Messprozess durch die Angabe einer aufgabenspezifischen Messunsicherheit bewertbar zu machen. Die Bestimmung der Messunsicherheit soll dabei individuell für jedes Prüfmerkmal erfolgen können. Das Ziel ist eine dynamische Bestimmung der aufgabenspezifischen Messunsicherheit mithilfe einer Messunsicherheitsbilanz, die alle diskutierten Einflussgrößen berücksichtigt. Dabei kann die Bestimmung der Messunsicherheit mit materiellen Normalen als Referenzmessung angesehen werden.

4 Modellbasierte Messunsicherheitsbestimmung für Geometriemessungen mit Werkzeugmaschinen

Die Ähnlichkeit im Aufbau eines KMG und einer WZM motivieren einen Einsatz der Fertigungsmaschine als Messmaschine. In diesem Szenario ergeben sich neben den technischen Vorteilen auch wirtschaftliche Optimierungspotentiale. Die Basis eines solchen Messsystems ist die WZM. Die Redundanz verletzt das Paradigma der Trennung zwischen der Fertigungsmaschine und dem metrologischen Referenzrahmen für die Qualitätsprüfung. Eine Lösung bietet die Quantifizierung der möglichen (Stör-)Einflüsse auf den Messprozess und die Angabe einer Messunsicherheit für das Messsystem. Mit der Kenntnis und Quantifizierung der Unsicherheitsbeiträge der einzelnen Einflussgrößen ist eine Angabe der Messunsicherheit konform zu internationalen Normen und Richtlinien möglich. Grundlage ist die Modellierung des Einflusses der WZM als metrologischer Rahmen.

4.1 Aufbau eines Messsystems aus Werkzeugmaschine und Tastsystem

Das Messsystem besteht im Kern aus der WZM, die zur Fertigung eingesetzt wird, der Steuerung der WZM, dem ausgewählten Tastsystem und falls nicht in der Steuerung hinterlegt einer externen Auswertesoftware für die erhobenen Messdaten. Darüber hinaus haben das Bauteil, das thermisch und gravitationsinduzierte Bauteilverhalten und die Prüfmerkmale einen Einfluss auf die Messunsicherheit. Insbesondere bei Werkstücken größerer Abmessung beeinflussen Temperatur und Gravitation die Realgeometrie deutlich. (Brecher et al. 2014, S. 407; Estler et al. 2002)

Resultierend aus den kritischen Parametern, die Fertigung und Messung auf einen WZM beeinflussen kombiniert mit den Einflussfaktoren für eine Messabweichung ergeben sich die zentralen Bestandteile für eine Modellierung des Messprozesses auf einer WZM (Abbildung 4-1)

In der Folge soll detailliert auf die Besonderheiten des Messsystems WZM eingegangen werden und darauf aufbauend Lösungsansätze beschrieben werden, wie eine aufgabenspezifische Messunsicherheitsbestimmung erfolgen kann. Dazu werden die genannten Bausteine hinsichtlich der Bedeutung für das Messsystem diskutiert. Es soll ein dynamisches Verfahren entwickelt werden, das ohne die Notwendigkeit eines materiellen Normals oder einer kommerziellen Software eine Bestimmung ermöglicht.

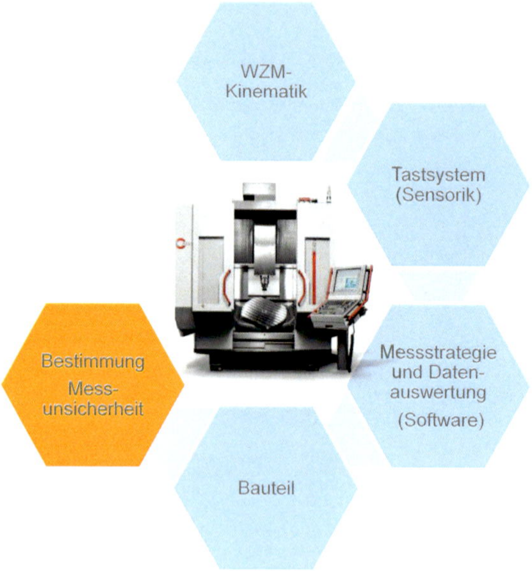

Abbildung 4-1 Bausteine für eine Messunsicherheitsbestimmung für Messprozesse auf WZM

Das entwickelte Vorgehen soll von der Kinematik und der Steuerung der Maschine unabhängig sein. Hier sei jedoch einschränkend gesagt, dass es eine Vielzahl von Spezialmaschinen gibt, die hinsichtlich einer Eignung als Messsystem bewertet werden müssen. Vorrangig werden daher serielle Kinematiken mit drei und fünf Achsen betrachtet. Es werden taktile Tastsysteme betrachtet. Eine Erweiterung des Vorgehens auf optisch messende Systeme ist denkbar.

4.2 Quantifizierung der Einflüsse auf den Messprozess

Der Einsatz der Fertigungsmaschine als Messsystem erfordert eine genaue Kenntnis der Einflussgrößen auf den Fertigungs- und den Messprozess. Dabei sind insbesondere die Einflüsse relevant, die sowohl den Fertigungs- als auch den Messprozess beeinflussen (vgl. Abschnitt 3.3). Eine nachträgliche Separation der Einflüsse ist nicht oder nur sehr schwer möglich.

Die Einflüsse können ausführlich in einem Ishikawa-Diagramm aufgeführt werden. Die merkmalsspezifische Messunsicherheit für den Messprozess auf der WZM resultiert dabei aus den Beiträgen der einzelnen Einflussfaktoren (Abbildung 4-2).

Die Einflussfaktoren werden in den folgenden Kapiteln einzeln diskutiert und untersucht. Dabei werden die Einflüsse verschieden bewertet. Ziel ist es die als besonders relevant eingestuften Einflüsse hinsichtlich der tatsächlichen Relevanz zu untersuchen. Darauf aufbauend kann dann das Modell des Messprozesses aufgebaut und verifiziert werden.

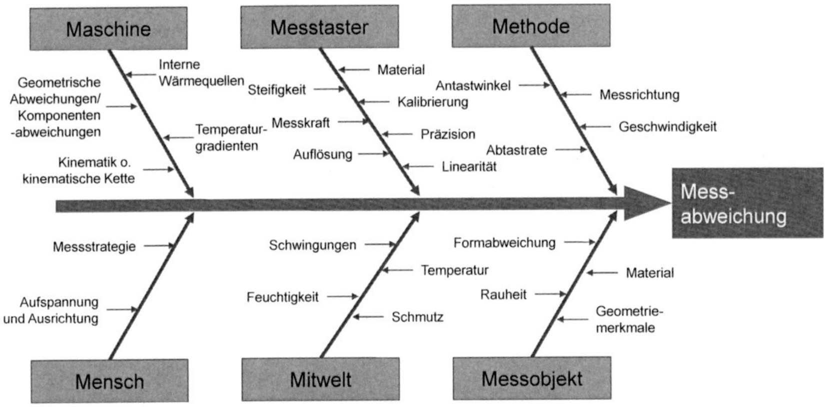

Abbildung 4-2 Ursache-Wirkungs-Diagramm der maßgeblichen Einflussgrößen auf den Messprozess

Einflussfaktoren wie beispielsweise Schwingungen, Feuchtigkeit und Schmutz sind sehr spezifisch und sollen nicht separat betrachtet werden. Eine Quantifizierung der Einflüsse ist wissenschaftlich nicht sinnvoll durchführbar. Hier wird eine Kompensation der Faktoren durch z.B. Reinigung des Bauteils als ausreichend angesehen.

Der Bedienereinfluss soll durch eine möglichst automatisierte Messstrategieplanung und die wiederholte Bestimmung der Werkstückorientierung im Arbeitsraum der Maschine minimiert werden. Der Bedienereinfluss ist auch bei Messungen auf einem KMG relevant und damit nicht speziell für die Messung auf einer WZM.

Der Fokus der Untersuchungen liegt auf der Werkzeugmaschinenkinematik und ihrer Eignung als metrologischer Rahmen. Dabei werden Umgebungseinflüsse (Mitwelt) als Einflussfaktoren auf die Maschinenstruktur an dieser Stelle berücksichtigt. Es soll die Hypothese diskutiert werden, dass die Kinematik der Maschine den größten Einfluss auf die erzielbare Messunsicherheit hat und darum besonders relevant ist.

4.2.1 Kenntnis der geometrischen Abweichungen als notwendige Bedingung für die Messunsicherheitsbestimmung

Die geometrischen Abweichungen der WZM beeinflussen wie in Kapitel 2.1.2 beschrieben die Abweichung zwischen Soll und Ist-Position von Werkzeug oder Tastsystem. Erweitert um die Erkenntnis, dass auch bei Koordinatenmessungen mit KMG die Geometrieabweichungen einen zentralen Einfluss auf die Messunsicherheit bilden (vgl. Abschnitt 3.2.3) soll die Hypothese untersucht werden:

Der Einfluss der Maschinenkinematik auf die erreichbare Messunsicherheit ist für einen Messprozess auf der Werkzeugmaschine dominant.

Die geometrischen Abweichungen sind die zentralen Eingangswerte für eine Modellierung des Messprozesses. Der Parameterraum (vgl. Abschnitt 2.1.2) kann für den Fall einer WZM, die zur Messung von Bauteilen eingesetzt wird, in der Folge reduziert werden.

Bei einer Messung, die in der Regel unter reduzierten Vorschüben der Maschinenachsen stattfindet, können *dynamische Kräfte* nahezu ausgeschlossen werden. Dies wird durch Ergebnisse zu den Untersuchungen des Einflusses von Steuerung und Steuerungssoftware bestätigt. Die Einflüsse sind abhängig vom Vorschub, können aber für den Einsatz der WZM als Messsystem als gering angesehen werden (vgl. Abschnitt 5.1.1).

Lastabhängige Deformationen sind bei den betrachteten Anwendungen auszuschließen. Sollte ein lastabhängiger Einfluss relevant erscheinen, so muss der Einfluss durch geeignete Tests näher untersucht werden. (Schellekens et al. 1998; Trapet et al. 2006; Spaan 1995)

Die *kinematischen (geometrischen) Aweichungen* und die *thermo-mechanischen Deformationen* der Maschine können durch eine geeignete Beeinflussung der Randbedingungen reduziert werden. Bei der Messung wird im Vergleich zur Fertigung nur ein sehr geringer Wärmeeintrag durch das Verfahren der Maschinenachsen in die Maschinenstruktur eingebracht. Auch Deformationen des Bauteils durch den Wärmeeintrag des Fertigungsprozesses können durch eine größere Zeitspanne zwischen Fertigungsschritt und eigentlicher Messung reduziert werden.

Die Aufnahme der geometrischen Abweichungen der Maschine ist notwendige Bedingung für die Bewertung des Kinematikeinflusses und auch für eine Modellierung des Messprozesses. Definition, Bedeutung und Messverfahren zur Bestimmung der Komponentenabweichungen wurden in 2.1.2 beschrieben.

Eine Abwägung zwischen Zeitaufwand für eine Messung und der erreichbaren Messunsicherheit kann sehr spezifische Anwendungen der kommerziell verfügbaren Systeme liefern. Die Ergebnisse, die dieser Arbeit zugrunde liegen, haben die Entscheidungskriterien

- Maschinengröße und Achskonfiguration
- vorgegebene Fertigungstoleranzen
- Aufwand (Zeit und Kosten)

als relevant für die Auswahl des geeigneten Messsystems identifiziert. (vgl. Abbildung Anhang) Die Maschinengröße ist dabei häufig eng mit den herrschenden Umgebungsbedingungen verknüpft, die wiederum die Wahl des Messsystems beeinflussen. Temperaturschwankungen, Vibrationen oder Ölnebel beeinflussen beispielsweise laserbasierte Systeme und erfordern kurze Messzeiten und robuste Messhardware.

Die Validierungen an den beiden Demonstratoren wurden im ersten Fall in näherungsweise stabiler und im zweiten Fall in kontrollierter Umgebung durchgeführt. Zentraler Aspekt aus wissenschaftlicher Sicht ist eine möglichst geringe Messunsicherheit bei der Messung der volumetrischen Abweichungen. Die Messungen wurden mit einem trackingfähigen Laserinterferometer nach dem Prinzip der Multilateration und der sequentiellen Multilateration durchgeführt.

Literatur und die Erkenntnisse dieser Arbeit belegen einen deutlichen Einfluss der Temperatur auf die geometrischen Abweichungen. In Abhängigkeit der Maschinenkinematik verändern sich die Abweichungen durch Temperaturänderungen der Maschinenstruktur.

4.2.2 Temperatur als Einflussfaktor auf die Maschinengenauigkeit

Die WZM steht meist in einer nicht klimatisierten Fertigungsumgebung. Externe Temperaturlasten führen zu Temperaturgradienten in der Umgebung und in der Maschinenstruktur, die die Maschinengenauigkeit wie oben beschrieben beeinflussen. (Bryan 1990; Weck et al. 1995; Mayr et al. 2012) Ein Koordinaten-messgerät ist diesen wechselnden Temperaturlasten in geringerem Umfang ausgesetzt, wenn es in einem von der Fertigungsumgebung isolierten Messraum untergebracht ist. Diese Umstände müssen beim Messen mit WZM berücksichtigt werden. Eine Klimatisierung der Umgebung kann die thermo-mechanischen Deformationen durch eine äußere thermische Last minimieren ist aber sehr kostenintensiv.

Aufgrund der größeren bewegten Massen verfügen WZM darüber hinaus über sehr viel größere Antriebsleistungen als ein KMG. In Verbindung mit wenig stabilen Umgebungstemperaturen kann es zu teilweise deutlichen thermo-elastischen Strukturverformungen kommen (vgl. Abschnitt 2.1.4). Dies sind zentrale Unterschiede und eine damit zentrale Herausforderung für rückgeführte Messungen auf WZM. Als Ergebnis der in Abschnitt 2.1.4 diskutierten Einflussfaktoren und Herausforderungen können zwei Richtungen für eine Reduktion des Einflusses Temperatur auf die Maschinengenauigkeit abgeleitet werden:

- Reduktion der thermischen Gradienten innerhalb der Maschinenstruktur durch geeignete Maßnahmen (Thermisch stabile Kapselung der Maschine, Temperierung der Umgebung oder der Maschine inklusive Bauteil etc.)
- Kompensation der resultierenden Verlagerungen am TCP (Bestimmung der Verlagerungen durch Simulation oder durch Messung).

Der Einfluss der Umgebungstemperatur wird in Abschnitt 5.2 weitergehend diskutiert.

Diese Arbeit richtet den Fokus auf eine Kompensation der thermo-elastischen Verlagerungen des TCP durch eine stetige prozessintegrierte Messung der volumetrischen Maschinengenauigkeit (vgl. Abschnitt 5.2).

4.2.3 Einfluss des Tastsystems und Messwertaufnahme

Das Tastsystem hat als zentraler Bestandteil des aufgebauten Messsystems einen Beitrag zur Messunsicherheit des Messsystems[6]. In Analogie zu Methoden der Koordinatenmesstechnik kann dieser Beitrag durch Messungen an Kalibrierkörpern bestimmt werden. Die in der Normung empfohlenen Kalibrierkörper sind Einstellringe,

---

[6] Vgl. VDI/VDE 2011 „Die Genauigkeit der Antastung hängt von den elektrischen, kinematischen und mechanischen Eigenschaften des Messgerätes und besonders seines Messkopfsystems ab.“

Zapfen und Kalibrierkugeln. Die Normung schlägt dabei auch Methodiken der Antastung und der Auswertung der Messdaten vor.

Das Tastsystem wird als gekapselte Einheit in das Spannsystem der WZM eingewechselt. Die Kommunikation mit der Maschine erfolgt bei den verwendeten Systemen über eine Infrarot-Schnittstelle. Die Tastsysteme arbeiten taktil, was eine Berührung mit dem Bauteil vorrausetzt. Durch die Berührung wird das Tastsystem ausgelenkt. Die maximal zulässige Auslenkung des Tastsystems ist abhängig von der Länge des verwendeten Taststifts. Innerhalb des Weges bis zur maximalen Auslenkung muss die Maschinenbewegung gestoppt werden, um einen Schaden des Tastsystems zu verhindern.

Durch die Kalibrierung werden dem Tastsystem eine Taststiftlänge und ein wirksamer Tastkugelradius zugewiesen. Diese Parameter sind für die Bestimmung der Messunsicherheiten und damit auch für die Modellierung des Messprozesses relevant. In DIN ISO 230-10 werden verschiedene Verfahren zur Überprüfung und Charakterisierung von Tastsystemen auf WZM beschrieben. (Internationale Organisation für Normung 2016) Die Norm bezieht sich ausschließlich auf taktile Tastsysteme bei Einzelpunktantastung. Für den Test wird vorausgesetzt, dass das Tastsystem parallel zur Z-Achse der Maschine ausgerichtet ist und sich die Tastkugelspitze auf der Spindelachse befindet.

Abhängig von dem eingesetzten Tastsystem muss zwischen einer 1D-, 2D- und 3D-Antastung unterschieden werden. Demnach ändert sich auch die Strategie für den jeweiligen Test nach Norm (vgl. Anhang). Der Tastsystemeinfluss auf die Messung wird durch umfangreiche Untersuchungen zum Tastsystemverhalten quantifiziert (vgl. Abschnitt 5.1.1).

Das Messsystem ist den Einflüssen der Fertigungsumgebung ausgesetzt. Es kann zu Verunreinigungen des Bauteils oder des Messsystems durch Schmierstoffe, Ölnebel, Späne oder Stäube kommen. Vor dem Messprozess ist das Bauteil von Spänen oder Schmierstoffrückständen zu reinigen, da es ansonsten zu einer Verzerrung des Messergebnisses kommen kann.

4.2.4 Bauteileigenschaften und Bauteilverhalten

Das Bauteilverhalten während der Messung beeinflusst die Messunsicherheit des Messprozesses. Dabei ist die Temperatur als der zentrale Einflussfaktor zu nennen. Die Aufspannung des Bauteils im Arbeitsraum der Mess- und Bearbeitungsmaschine kann die Geometrie des Bauteils ebenfalls beeinflussen. (Jakstas et al. 2014; Puttock 1978; McClure 1965; NIST 1994)

Temperatureinfluss auf das Bauteil

Analog zu den Ausführungen in Abschnitt 2.1.4 gelten die Temperatureinflüsse auch für die gefertigten und zu messenden Bauteile. Insbesondere bei großen und komplexen Strukturen kann die Temperatur die Geometrie des Bauteils beeinflussen und Messergebnisse in verschiedenen Temperaturfenstern verlieren ohne geeignete

Kompensationsansätze ihre Vergleichbarkeit. Der Einfluss der Temperatur auf die Geometrie des Bauteils ist seit vielen Jahren Bestandteil der internationalen Forschung. (NIST 1994; Bryan; Bryan 1990; Ross-Pinnock und Maropoulos 2014) Insbesondere bei großen Bauteilen sind die Einflüsse auf die Messung durch instabile thermische Zustände von großer Bedeutung für die erreichbare Messunsicherheit. (Puttock 1978; Jakstas et al. 2014) Eine Möglichkeit zur Kompensation des thermisch bedingten Bauteileinflusses auf die Messunsicherheit ist die Modellierung des Bauteilverhaltens. Dazu sind spezifische Modelle notwendig, die neben der Geometrie insbesondere die Materialeigenschaften hinsichtlich Temperaturverhalten berücksichtigen. Modellierungen auf Basis finiter Elemente sind hier ein geeignetes Hilfsmittel.

Die genaue Kenntnis der Temperaturzustände des Bauteils ist Eingangsgröße für eine Abschätzung des Temperaturverhaltens des Bauteils. Die Kenntnis des Temperaturfeldes zu Beginn der Betrachtung ist dabei Ausgangspunkt. Das „Temperaturgedächtnis“ ist je nach Größe und Masse der Bauteile verschieden ausgeprägt. Bei großen Strukturbauteilen zeigten sich bei Temperierungsversuchen im Rahmen dieser Arbeit Zeitversätze zwischen der Temperatur der Umgebung und dem Bauteilinneren von mehreren Stunden. Dazu wurden Langzeitbetrachtungen großer Bauteilstrukturen, die mit Temperatursensoren in Kernlochbohrungen im Bauteil und an der Oberfläche ausgestattet sind, herangezogen. Das Bauteil wurde dabei in einer Temperaturprüfkammer kontrollierten Temperaturänderungen ausgesetzt. Gegenstand der Untersuchungen war in diesem Fall das nationale Verzahnungsnormal der PTB in Braunschweig und ein neu entwickeltes Ringnormal. Beide Bauteile wurden in der Temperaturprüfkammer verschiedenen Szenarien ausgesetzt und die Temperaturentwicklung im Inneren des Bauteils dabei über die Sensoren ausgewertet. Der Messunsicherheitsbeitrag des Bauteils unter Temperatureinfluss ist Gegenstand vieler Forschungsaktivitäten gewesen und ist die zentrale Forschungsfrage der Forschungsarbeiten ENG56 „Drivetrain“ im Rahmen der EU-Förderung Euramet. Der Autor ist Mitglied des Projektteams und war mitverantwortlich für den Projektteil der Unsicherheitsbestimmung und der Validierungsmessungen an neuentwickelten nationalen Normalen. In Zusammenarbeit mit Industriepartnern wurden für ausgewählte Bauteile die thermischen Verformungen in kommerzieller Software simuliert. Anschließend wurden sie Simulationen mit experimentell ermittelten Werten verglichen und in der Folge der Einfluss auf die Messunsicherheit abgeschätzt.

In der vorliegenden Arbeit wird von einer gleichmäßigen Temperaturverteilung im Bauteil ausgegangen. Dazu wird das Bauteil ausreichend lange temperiert und zur Überwachung mit Temperatursensoren ausgestattet. Der Temperatureinfluss auf die Messunsicherheit wird auf Basis der Berechnung der linearen Längendehnung kompensiert. Dies gilt für die experimentelle Bestimmung genauso wie für die Kompensation in der Modellierung.

Gravitationseinflüsse auf das Bauteil

Bauteile unterliegen im Schwerefeld der Erde Gravitationseinflüssen, die je nach Lagerung oder Aufspannung zu geometrischen Deformationen am Bauteil führen können. Daher ist eine an das Bauteil angepasste und unterstützende Lagerung oder Aufspannung des Bauteils notwendig. Auch bei gravitationsinduzierten Abweichungen können die absoluten Abweichungen bei großen und flächigen Bauteilen besonders deutlich sein. (Siebenaler und Melkote 2006; Wunderlich und Pilkey 2003; Uriarte et al. 2013; Günther et al. 2014)

Das in dieser Arbeit betrachtete Bauteil ist so konzipiert, dass Gravitationseffekte weitestgehend ausgeschlossen werden können. Der Faktor Gravitation soll in dieser Arbeit kein Forschungsgegenstand sein.

4.3 Messunsicherheitsbestimmung für das Messsystem „Werkzeugmaschine“

Die Bestimmung der Messunsicherheit für Messprozesse auf der WZM orientiert sich an der Forschungsfrage, ob sich aus der Koordinatenmesstechnik bekannte Verfahren auf eine Messung auf einer WZM übertragen lassen. Dazu sollen nach den Betrachtungen zur Eignung der Maschine für eine Messung die Methoden hinsichtlich einer möglichen Umsetzung für Messprozesse auf einer WZM betrachtet werden. Die experimentelle Umsetzung der betrachteten und adaptierten Verfahren findet sich in den Validierungskapiteln 5.1 und 5.2. Die Eignung der Verfahren zur Bestimmung der Messunsicherheit ist dabei abhängig von der Messaufgabe. Die Diskussion zur Übertragbarkeit der Verfahren findet sich in Abschnitt 4.3.5.

4.3.1 Messunsicherheitsbestimmung mithilfe materieller Normale

Das in Abschnitt 3.2 beschriebene Vorgehen zur Bestimmung der aufgabenspezifischen Messunsicherheit soll auf Messprozesse auf WZM übertragen werden. Das Verfahren setzt die Kenntnis der Messaufgabe voraus, da ein Normal benötigt wird, das der Messaufgabe ähnlich ist. Das Bauteil wird dann auf der Maschine in der gleichen Aufspannung, wie das zu fertigende Bauteil wiederholt gemessen. Dabei sollte die Messstrategie zur Messung des Bauteils für die Messunsicherheitsbestimmung identisch der Messstrategie für die spätere fertigungsbegleitende Messung sein. Dieses Vorgehen ist Voraussetzung für eine Bestimmung der Messunsicherheit für die spätere Geometriemessung konform zu dem empfohlenen Vorgehen aus Abschnitt 3.2.

Das eingesetzte Normal muss kalibriert sein, da die Unsicherheit der Kalibrierung in die Messunsicherheitsbestimmung einfließt. Auch die Kalibriermessung sollte nach einer der späteren Messaufgabe ähnlichen Messstrategie durchgeführt werden. Es bietet sich eine Kalibrierung mithilfe eines KMG an. In Abhängigkeit der Maschinenkinematik können die Messstrategien der Kalibrierung und der Messung auf der WZM sogar identisch sein. Auch die Aufspannung des Bauteils ist an dieser Stelle gleich oder vergleichbar zu wählen. Insbesondere bei dünnwandigen oder flächigen

Teilen kann die Geometrie des Bauteils durch die Krafteibringung aus der Aufspannung beeinflusst werden.

Bei der Messunsicherheitsberechnung ist der Temperatureinfluss auf die Bauteilgeometrie zu kompensieren (vgl. Abschnitt 3.2). Das kalibrierte Bauteil muss zum Zeitpunkt der Messungen auf der Maschine vollständig temperiert sein, d.h. eine einheitliche Temperatur haben. Dies lässt sich bei genauer Kenntnis der beeinflussenden Parameter (Größe, Material, Umgebungstemperatur) durch Festlegung von Temperierungszeiten oder die Überwachung mit Temperatursensoren absichern.

Da die Kalibrierung des Tastsystems sich an der späteren Messaufgabe orientieren soll, ist die Kalibriermethode in Hinblick auf das Meisterbauteil optimal zu wählen. Die Auswertung der Messdaten soll dabei hinsichtlich statistischer Evaluation und Ausgleichrechnung ähnlich dem Vorgehen zur Kalibriermessung erfolgen (vgl. Abschnitt 4.2.3).

Das Vorgehen zur Bestimmung der Messunsicherheit mithilfe eines kalibrierten Normals wird in den Abschnitten 5.1und 5.2 exemplarisch durchgeführt.

Anmerkung: Der Einsatz eines kalibrierten Referenznormals kann neben der Bestimmung der Messunsicherheit auch zur Überwachung der Maschinen oder verwendeter Handmessmittel eingesetzt werden. Dazu wird im Rahmen der Arbeiten zum EMRP Euramet ENG56 „Drivetrain" Forschungsprojekt ein Kalibriernormal entwickelt, dass zur Bestimmung der Messunsicherheit von Koordinatenmessungen in instationären Umgebungsbedingungen eingesetzt werden soll. Ziel ist die Schaffung einer Infrastruktur zur Rückführung von Koordinatenmessungen an großen Bauteilen in der Produktionsumgebung. Das Normal ist mit Bohrungen für Temperatursensoren versehen, die eine permanente Überwachung der Temperatur erlauben. Referenzmessungen des Normals mit einem KMG des Typs CenterMax der Firma ZEISS in einer temperatur-kontrollierten Umgebung helfen, dass Temperaturverhalten des Normals zu charakterisieren. Die Kenntnis erlaubt die Trennung der Einflüsse auf eine spätere Messung in der Produktionsumgebung. Das Normal kann darüber hinaus als Referenz für eine schnelle Überprüfung der Fertigungsmaschine eingesetzt werden. Dazu werden zwischen Fertigungs- und Messprozessen Wiederholmessungen am Bauteil durchgeführt. Ein Abgleich mit den Sollwerten aus den Kalibriermessungen liefert eine Aussage unter anderem zur Positioniergenauigkeit der WZM.

4.3.2 Messunsicherheitsbestimmung mithilfe von Simulationsansätzen

Die Bestimmung der Messunsicherheit nach den Simulationsansätzen dient in der vorliegenden Arbeit nur als zusätzlicher Vergleich zur Bewertung der entwickelten dynamischen Messunsicherheitsbilanz. Daher soll das Vorgehen nicht im Detail beschrieben werden. In Abschnitt 5.1.3 sind die Ergebnisse der Simulation beschrieben.

4.3.3 Dynamische Messunsicherheitsbilanz für das Messsystem

In dieser Arbeit soll für die betrachteten WZM nach der Methode der Bilanzen (vgl. 3.2.3) ein Verfahren entwickelt werden, dass modellbasiert die Messunsicherheit für Messprozesse auf WZM bestimmen hilft. Die Verwendung des Bilanzansatzes erlaubt für elementare 3D-Messaufgaben einen Rückgriff auf schon bestehende mathematische Modelle aus der Koordinatemesstechnik. Die vorgestellten Tabellenrechnungen scheinen daher auf Messungen auf WZM übertragbar. Beschränkt man sich auf Form- und Lagetoleranzen mit Formelementen wie Geraden, Ebenen, Kreise und Zylinder, können die entsprechenden mathematischen Modelle mit den zugehörigen Tabellen der Fachliteratur entnommen werden (Hernla 2014; VDI/VDE 2011).

Der *Parameterraum* für den Anwendungsfall einer Geometriemessung auf der WZM ist dabei vergleichbar mit einer Anwendung in der Koordinatenmesstechnik:

- Anzahl und Anordnung der Messpunkte (z.B. zur Bestimmung eines Ausgleichskreises)
- Formabweichungen des Werkstücks
- Messabweichungen des Tastsystems sowie des Einmessnormals
- Geometrieabweichungen der WZM als Kalibrierparameter der WZM
- Temperaturprofil der Umgebung, der WZM und des Bauteils

Die Parameter sind Ausgangspunkt für die Modellierung des Messprozesses und gehen in die Berechnung ein.

Dabei wird die Anzahl der Messpunkte wird analog zur Messung auf dem KMG in der Messstrategie festgelegt. Die Einflüsse auf die Messunsicherheit sind so mit den gleichen Parametern beschreibbar. Die Einflüsse des Bauteils sind ebenfalls mit dem aus der Koordinatenmesstechnik bekannten Vorgehen abbildbar. Die maßgeblichen Unterschiede zu einer Messung auf einem KMG sind die verbleibenden Einflüsse der Geometrieabweichungen der WZM und der Einfluss der Temperatur.

Besonderheiten des Messsystems „Werkzeugmaschine“ und Simulation mit mathematischem Maschinenmodell

In der vorliegenden Arbeit soll ein Parameter definiert werden, der eine Abschätzung des Einflusses der Geometrieabweichungen der WZM auf die Messunsicherheit durch eine dynamische Berechnung auf Basis der volumetrischen Kalibrierdaten und einem mathematischen Modell der WZM erlaubt. Dies soll in der Folge eine an die Messaufgabe und an die Umgebungsbedingungen angepasste Bestimmung des Kinematikeinflusses der WZM ermöglichen.

Die Simulation basiert auf der mathematischen Modellierung der Werkzeugmaschinenkinematik. Die in Abschnitt 2.2 beschriebenen Modelle sollen in dem vorliegenden Fall zu einem Modell kombiniert werden. Grundlage ist die kinematische Kette der betrachteten Maschine. Die Modellierung soll beispielhaft an dem Maschinentyp des Demonstrators Hermle *B800U* erfolgen. Die kinematische Kette beim zweiten Demonstrator Hermle *B300U* ist identisch.

Der Demonstrator ist dem RRFTTT-Maschinentyp zuzuordnen. Allerdings bildet die Y-Achse bei den translatorischen Achsen den Anfang der Kette. Y- und X-Achse sind verglichen mit Abbildung 2-6 vertauscht. Relativ zueinander bleibt die Orientierung der Linearachsen im ebenfalls rechtshändigen Koordinatensystem der Demonstrator-Maschine gleich.

In der mathematischen Modellierung muss der veränderte Aufbau berücksichtigt werden. Während sich in den translatorischen Matrizen beider Modelle für die eingetragenen Bewegungen und Komponentenabweichungen nichts ändert, muss die Rechtwinkligkeitsabweichung zwischen X- und Y-Achse nun in der Matrix enthalten sein, welche die Komponentenabweichungen der Y-Achse enthält. Dies resultiert aus der Führung der X-Achse durch die Y-Achse und wird durch die Voranstellung der Matrix in der kinematischen Gleichung berücksichtigt. Durch den Wechsel der X- und Y-Achse liegt eine Rotationsachse der Maschine im Vergleich zum RRTTT-Modell nun parallel zur X-Achse (Abbildung 2-6). Daher verändert sich der Index im Maschinen-Koordinatensystem und der zugehörigen kinematischen Gleichung (48) nach ISO-Standard 841 von „B“ zu „A“. Da die Achse nun senkrecht zur Y,Z-Ebene statt zur X,Z-Ebene steht, übernimmt die Y-Achse die Bedeutung in den Modellmatrizen der Drehachse, welche im Abschnitt 2.3 die X-Achse für diese Rotationsachse hat. So ändern sich abgesehen von der Namensgebung im MSA-Modell die Offset-, Ideal- und Fehlermatrix entsprechend (s. Gleichungen (55)(57)). Zu beachten ist in diesem Zusammenhang ebenfalls, dass sich, ausgehend von einem rechtshändigen Koordinatensystem, die positive Drehrichtung der Rotationsachse parallel zur X-Achse in Bezug auf Abbildung 2-6 umkehrt und sich so veränderte Vorzeichen ergeben.

Damit können die Systemgleichung und alle notwendigen Matrizen zur Modellierung der Maschinenkinematik der Hermle *C 800 U* mit Hilfe des MSA-Modells angegeben werden:

$$
\begin{aligned}
\boldsymbol{T}_{WST} = {} & \mathbf{H}_{cideal}{}^{-1} * \mathbf{H}_{coffset}{}^{-1} * \mathbf{H}_{aideal}{}^{-1} * \mathbf{H}_{aoffset}{}^{-1} * \mathbf{H}_{yideal} * \mathbf{H}_{xideal} * \mathbf{H}_{zideal} * \boldsymbol{T}_{WZG} \\
& -\mathbf{H}_{cideal}{}^{-1} * \mathbf{H}_{cerror} * \mathbf{H}_{coffset}{}^{-1} * \mathbf{H}_{aideal}{}^{-1} * \mathbf{H}_{aoffset} * \mathbf{H}_{yideal} * \mathbf{H}_{xideal} * \mathbf{H}_{zideal} * \boldsymbol{T}_{WZG} \\
& -\mathbf{H}_{cideal}{}^{-1} * \mathbf{H}_{aideal}{}^{-1} * \mathbf{H}_{aerror} * \mathbf{H}_{aoffset}{}^{-1} * \mathbf{H}_{yideal} * \mathbf{H}_{xideal} * \mathbf{H}_{zideal} * \boldsymbol{T}_{WZG} \\
& +\mathbf{H}_{cideal}{}^{-1} * \mathbf{H}_{aideal}{}^{-1} * \mathbf{H}_{yerror} * \mathbf{H}_{xideal} * \mathbf{H}_{zideal} * \boldsymbol{T}_{WZG} \\
& +\mathbf{H}_{cideal}{}^{-1} * \mathbf{H}_{aideal}{}^{-1} * \mathbf{H}_{xerror} * \mathbf{H}_{zideal} * \boldsymbol{T}_{WZG} \\
& +\mathbf{H}_{cideal}{}^{-1} * \mathbf{H}_{aideal}{}^{-1} * \mathbf{H}_{zerror} * \boldsymbol{T}_{WZG}
\end{aligned}
\tag{48}
$$

Mit:

$$\mathbf{H}_{yideal} = \begin{pmatrix} 1 & 0 & 0 & 0 \\ 0 & 1 & 0 & Y \\ 0 & 0 & 1 & 0 \\ 0 & 0 & 0 & 1 \end{pmatrix} \tag{49}$$

$$\mathbf{H}_{yerror} = \begin{pmatrix} 0 & -(ECY + COX) & EBY & EXY \\ ECY + COX & 0 & -(EAY + AOZ) & EYY \\ -EBY & EAY + AOZ & 0 & EZY \\ 0 & 0 & 0 & 0 \end{pmatrix} \tag{50}$$

$$\mathbf{H}_{xideal} = \begin{pmatrix} 1 & 0 & 0 & X \\ 0 & 1 & 0 & 0 \\ 0 & 0 & 1 & 0 \\ 0 & 0 & 0 & 1 \end{pmatrix} \tag{51}$$

$$\mathbf{H}_{xerror} = \begin{pmatrix} 0 & -ECX & EBX + BOZ & EXX \\ ECX & 0 & -EAX & EYX \\ -(EBX + BOZ) & EAX & 0 & EZX \\ 0 & 0 & 0 & 0 \end{pmatrix} \tag{52}$$

$$\mathbf{H}_{zideal} = \begin{pmatrix} 1 & 0 & 0 & 0 \\ 0 & 1 & 0 & 0 \\ 0 & 0 & 1 & Z \\ 0 & 0 & 0 & 1 \end{pmatrix} \tag{53}$$

$$\mathbf{H}_{zerror} = \begin{pmatrix} 0 & -ECZ & EBZ & EXZ \\ ECZ & 0 & -EAZ & EYZ \\ -EBZ & EAZ & 0 & EZZ \\ 0 & 0 & 0 & 0 \end{pmatrix} \tag{54}$$

$$\mathbf{H}_{aideal} = \begin{pmatrix} \cos(A) & 0 & -\sin(A) & 0 \\ 0 & 1 & 0 & 0 \\ \sin(A) & 0 & \cos(A) & 0 \\ 0 & 0 & 0 & 1 \end{pmatrix} \tag{55}$$

$$\mathbf{H}_{aoff} = \begin{pmatrix} 1 & 0 & 0 & 0 \\ 0 & 1 & 0 & Yaoffset \\ 0 & 0 & 1 & Zaoffset \\ 0 & 0 & 0 & 1 \end{pmatrix} \tag{56}$$

$$\mathbf{H}_{aerror} = \begin{pmatrix} 0 & -(ECA + COA) & EBA + BOA & EXA \\ COA + ECA & 0 & -EAA & EYA \\ -(EBA + BOA) & EAA & 0 & EZA \\ 0 & 0 & 0 & 0 \end{pmatrix} \tag{57}$$

$$\mathbf{H}_{cideal} = \begin{pmatrix} \cos(C) & -\sin(\mathrm{C}) & 0 & 0 \\ \sin(C) & \cos(\mathrm{C}) & 0 & 0 \\ 0 & 0 & 1 & 0 \\ 0 & 0 & 0 & 1 \end{pmatrix} \tag{58}$$

$$\mathbf{H}_{coff} = \begin{pmatrix} 1 & 0 & 0 & Xcoffset \\ 0 & 1 & 0 & Ycoffset \\ 0 & 0 & 1 & 0 \\ 0 & 0 & 0 & 1 \end{pmatrix} \tag{59}$$

$$\mathbf{H}_{cerror} = \begin{pmatrix} 0 & -ECC & BOC + EBC & EXC \\ ECC & 0 & -AOC - EAC & EYC \\ -(EBC + BOC) & EAC + \mathrm{AOC} & 0 & EZC \\ 0 & 0 & 0 & 0 \end{pmatrix} \tag{60}$$

Mit den Gleichungen (48)-(60) bis steht ein Rechenweg für die Ermittlung der wahren Taster- bzw. Werkzeugkoordinaten, in Bezug auf das rotierte Werkstück, fest. Dieser ist gemäß den obigen Erläuterungen lediglich in Bezug auf eine kinematische Kette wie in Abbildung 2-7 verbunden mit einem Koordinatensystem nach Abbildung 1-3 gültig und damit an die Gegebenheiten der Demonstrator-Maschinen angepasst.

Validierung des Modellierungsansatzes

Der Modellierungsansatz orientiert sich an den Erkenntnissen der Forschung im Bereich der Maschinenmodellierung auf Basis statischer Maschinenmodelle (vgl. 2.1.2). Die Implementierung in einer forschungsorientierten Softwarelösung auf Basis der Programmiersprache und interaktiven Programmierumgebung MATLAB® soll kommerzielle Lösungen zur Maschinensimulation überflüssig machen, um eventuelle Effekte der Blackboxansätze kommerzieller Produkte ausschließen zu können. Dennoch soll eine Validierung der eigenen Lösung durch den Vergleich mit kommerziellen und zertifizierten Programmen erfolgen, um die späteren Forschungen und Ergebnisse zu validieren.

Die Validierung erfolgt in einem ersten Schritt gegen eine Simulation mit der kommerziellen Lösung TRAC-CAL® der Firma Etalon. Die Softwarelösung ermöglicht neben der Aufnahme der geometrischen Abweichungen auch die Simulation der Fehlerfelder der Maschine und die Berechnung der Kompensationsparameter auf Basis der Messergebnisse. Die Messung mit dem LaserTracer® und die Auswertung werden in der Literatur als Stand der Technik für die Maschinenkalibrierung und –simulation genannt. (Schwenke et al. 2008). TRAC-CAL® ermittelt die volumetrischen Abweichungen für Punkte auf einem festzulegenden Gitter im Maschinenarbeitsraum und visualisiert die Ergebnisse als Fehlerlängen und –richtungen durch Interpolation. Daneben werden minimale und maximale Fehlerlänge aller Gitterpunkte ausgegeben. Die Validierung erfolgt an mehreren Gittern in der XY, XZ und YZ-Ebene im Arbeitsraum. Die Gitter decken einen Großteil des Maschinenarbeitsraumes ab und werden im vorliegenden Fall jeweils auf Basis einer Kalibrierdatei einer kompensierten und einer nicht kompensierten Maschine erstellt. Die gleichen Gitterpunkte dienen auch als Basis für die Fehlersimulation mit der eigenen Modellierungssoftware.

Abbildung 4-3 illustriert mit dem entwickelten Programm generierte Fehlerlängen und -richtungen bei eingeschalteter VCS Funktion auf dem XZ-Gitter.

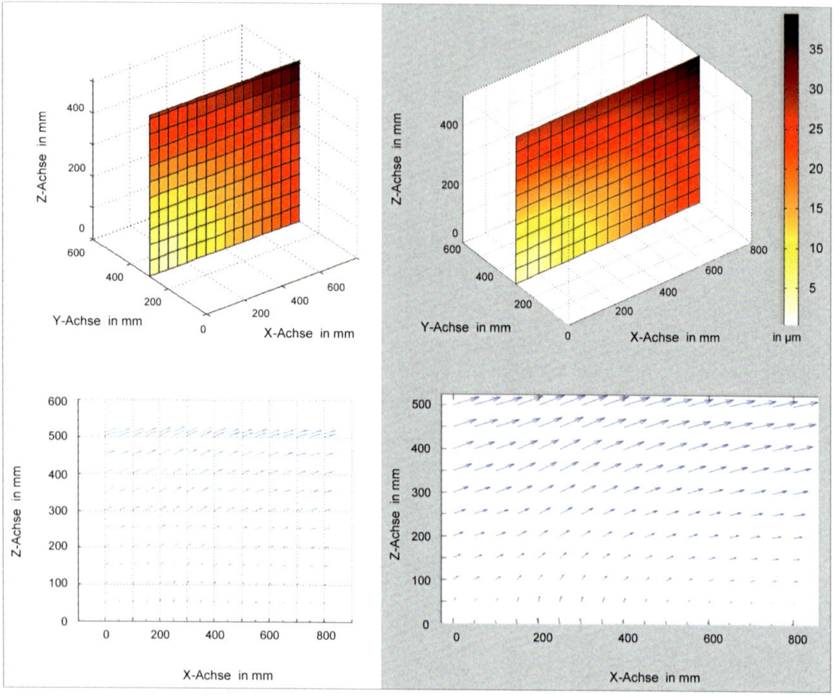

Abbildung 4-3 Volumetrische Abweichungen der WZM Hermle C800U im Arbeitsraum visualisiert mit TracCal® (links, Screendhot) und in entwickelter Software (rechts und grau hinterlegt); oben: Betrag der Abweichungen, unten: Richtung der Abweichungen als Pfeile zwischen Soll- und Ist-Position des TCP

Ein Vergleich mit den Resultaten nach TRAC-CAL® ergibt eine sehr gute Übereinstimmung, auch in Bezug auf die minimale und maximale Fehlerlänge. Die grafische Auswertung ist in Tabelle 4-1 noch einmal numerisch aufbereitet.

Der Vergleich der beiden Simulationen kann als Validierung der Implementierung des aufgestellten mathematischen Modells der WZM gedeutet werden. Die Modellierung kann damit in der Folge zur Simulation des Maschinenverhaltens während einer Messung auf der WZM eingesetzt werden. Die Implementierung bildet ein Kernelement der dynamischen Bestimmung der Unsicherheitsbilanz.

Tabelle 4-1 Fehlerlängen im Vergleich zwischen Trac-Cal und entwickelter Software

	Min. Fehlerlänge (TRAC CAL)	**Max. Fehlerlänge** (TRAC CAL)	**Min. Fehlerlänge** (Modellierung)	**Max. Fehlerlänge** (Modellierung)
XY-Gitter (ohne VCS)	28 µm	55 µm	28,95 µm	55,30 µm
XZ-Gitter (ohne VCS)	8 µm	91 µm	7,62 µm	91,98 µm
YZ-Gitter (ohne VCS)	8 µm	90 µm	7,73 µm	92,00 µm
XY-Gitter (mit VCS)	13 µm	31 µm	12,97 µm	30,99 µm
XZ-Gitter (mit VCS)	3 µm	38 µm	3,37 µm	39,123 µm
YZ-Gitter (mit VCS)	12 µm	31 µm	11,68 µm	31,63 µm

4.3.4 Simulative Bestimmung der Längenmessabweichung für das Messsystem

Die Bestimmung der Messunsicherheit ist mit dem beschriebenen Modellierungsansatz nun durch eine dynamische Bestimmung des Einflusses der Geometrieabweichungen auf das Messergebnis möglich. Dazu wird das Vorgehen ähnlich dem tabellarischen Ansatz in Abschnitt 4.3.3 gewählt. Allerdings erfolgt die Bestimmung der längenabhängigen Abweichungen der Kinematik simulativ, dynamisch und auf den Messbereich begrenzt. Grundlage sind die 21 Fehlerparameter der WZM und das aufgestellte Maschinenmodell. Dieses Vorgehen erlaubt eine reduzierte Längenmessabweichung, da nur der Teilbereich der WZM betrachtet wird, in dem die Messung stattfindet. Diese Annahme wiederum reduziert die Messunsicherheit des Gesamtsystems, da die geometrischen Abweichungen der WZM über den Arbeitsraum variieren. Dies wird in den Fehlerfeldern auf Basis der Kalibrierdateien sichtbar (vgl. Abbildung 4-3). Die Messung eines Bauteils kann in einem Bereich des Arbeitsraumes erfolgen, in dem es geringe volumetrische Abweichungen gibt. Eine Ausrichtung des Bauteils ist Teil der Messstrategieplanung und kann bereits vor der Messung mit dem entwickelten Programm simuliert werden.

Der simulierte Parameter zur Beschreibung der Längenmessabweichung orientiert an der Kennzahl des *Maximum Permissable Error* (MPE) bei Längenmessungen für KMG (vgl. 3.2.3.). Die mathematische Modellierung erlaubt die Simulation der Messungen an einem materiellen Normal wie z.B. dem in der Koordinatenmesstechnik eingesetzten Stufenendmaß (vgl. Abschnitt 3.1). Die simulative Bestimmung der Längenabweichung ist möglich, da durch die Simulation der Maschine auf Basis der Kalibrierdaten der Fehlereintrag auf eine Längenmessung mit der Maschine quantifizierbar wird. Die simulierten Messungen orientieren sich dabei strikt an den

Vorgaben der Richtlinie DIN ISO 10360-2 zur Ausrichtung und Messung eines Kalibrierkörpers zur Ermittlung des MPE (Abbildung 4-4). (Deutsches Institut für Normung 2010)

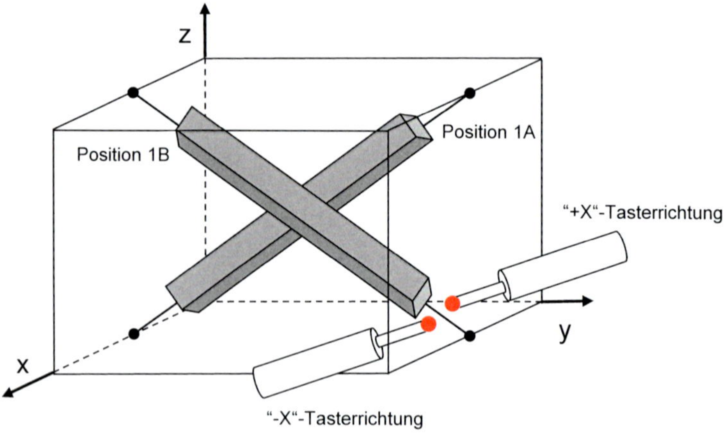

Abbildung 4-4 Schematische Darstellung zu zwei der vier möglichen Ausrichtungen und Positionierungen der kalibrierten Prüflängen im Arbeitsraum und zwei der vier möglichen Orientierungen des Antastelements zur Ermittlung des MPE (Deutsches Institut für Normung 2010)

Die *virtuellen* Normale werden mit den geforderten Längen in den vorgeschriebenen Positionen in den Arbeitsraum der Maschine „positioniert" (Abbildung 4-5). Der Einfluss des Tastsystems kann durch bidirektionale Messungen an einem Kalibrierkörper (Ring, Zapfen, Kugel) auf der WZM bestimmt werden (vgl. auch Kapitel 5). Bei den durchgeführten Berechnungen können die Einflussgrößen nach dem sogenannten „Monte Carlo Verfahren" innerhalb ihres angenommenen Wertebereichs variiert und in allen möglichen Zuständen miteinander kombiniert werden. Die Ergebnisse können dann in einem Diagramm nach DIN ISO 10360-1 Fall b) aufgetragen und der K-Faktor für die betrachtete Maschine abgeleitet werden.

Der Vorteil dieser Methode ist die Beschränkung des Betrachtungsraumes auf das maximale Volumen der eigentlichen Messung. Durch die Kenntnis der volumetrischen Abweichungen der WZM für den gesamten Arbeitsraum, lässt sich dieser durch das Maschinenmodell in kleinere Bereiche unterteilen. Der maximale Fehler kann so je nach Lage des Messbereichs im Vergleich zum gesamten Arbeitsraum deutlich reduziert werden. Somit ist bei geeigneter Messstrategie eine Messung mit reduzierter Messunsicherheit möglich. Der Ansatz bietet insbesondere für große WZM mit einem Arbeitsvolumen von mehreren m³ Vorteile, wenn die eigentlichen Messungen nur in kleinen Bereichen des Arbeitsvolumens stattfinden. Notwendig ist die Angabe eines Messbereiches, der den „Messpfad" beinhaltet. Das Vorgehen ist möglich, da die volumetrischen Abweichungen der WZM an den angefahrenen Punkten eine sehr hohe Reproduzierbarkeit haben.

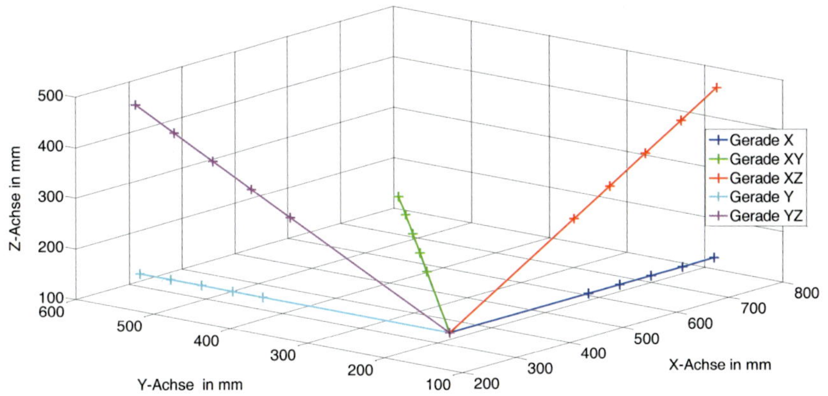

Abbildung 4-5 Visualisierung der Simulation der virtuellen Längenmessung im Arbeitsraum der WZM nach DIN ISO 10360-2 (Deutsches Institut für Normung 2010)

Das Vorgehen wurde in einer Software programmiert und ermittelt den MPE-Wert der Maschine und auf Basis dieser Information und den anderen Eingangsparametern auch die Messunsicherheit des Messprozesses automatisiert.

Geometrieabweichungen und Bestimmung der Längenmessabweichung:

- Einlesen geometrischer Parameter in Form von. spf-Dateien (angepasst für die Software VCS für Steuerungen der Firma Siemens)
- Einlesen der betrachteten Messpunkte als Punktewolke oder auf Basis von Geometriepunkten des Bauteils als .txt-Datei
- Transformation der Koordinaten vom Werkstück- ins Maschinen-Koordinatensystem
- Gegebenenfalls Transformation von Geometrie-Koordinaten in Koordinaten des TCP
- Berechnung der volumetrischen Abweichungen für die vorgegebenen Koordinaten
- Berechnung des MPE_E-K-Wertes analog DIN ISO 10360-2 für ein durch die eingelesenen Koordinaten definiertes Teilvolumen möglich
- Speicherung der IST- bzw. korrigierten Soll-Punkte und dazugehöriger Abweichungen als .txt-Datei

Messunsicherheitsberechnung und Ergebnisvisualisierung:

- Automatisiertes Aufstellen der Messunsicherheitsbilanzen nach VDI 2617 Blatt 11 mithilfe hinterlegter Datenbanken
- Angabe notwendiger Parameterwerte durch Eingabe über die GUI
- Standard-/Schätzwerte werden über Default-Werte vorgeschlagen
- Unsicherheitsbestimmung möglich für die Messgrößen Durchmesser, Abstand, Geradheit, Ebenheit, Rundheit, Zylinderform, Flächenform
- Automatisierte Ausgleichsrechnungen für die Geometrieelemente Kreis, Gerade, Ebene
- Korrektur der thermisch induzierten Bauteildehnung kann berücksichtigt werden

Zentrale GUI als Start- und Sammelpunkt von Berechnungen:

- Erstellung, Verwaltung, Laden und Speichern von Projekten
- Ausgeführte Simulationen von Geometrieabweichungen oder Messunsicherheiten können als Konfigurationen und Ergebnisse gespeichert und wieder geladen werden
- Berechnete MPE_E-K-Werte für geplante Messbereiche bestimmter Formelemente sowie Messunsicherheiten dazugehöriger Merkmale werden visualisiert

Eine detailliert beschriebene Anwendung findet sich in Abschnitt 5.1.4 und in Abschnitt 0.

Validierung

Die Gültigkeit der Modellierung zur Simulation der volumetrischen Längenmessabweichungen als Kernstück des entwickelten Vorgehens wird durch Validierungsmessungen überprüft. Es wird ein etabliertes Verfahren zur Überprüfung von KMG eingesetzt, das nach Ansicht des Autors auch auf WZM übertragbar ist.

Ein trackingfähiges Interferometer (hier LaserTracer®) wird im Maschinenarbeitsraum der WZM Hermle *C800U* positioniert. In den Werkzeughalter wird ein Retroreflektor mit einem Öffnungswinkel von *α=60°* eingesetzt. Das trackingfähige Interferometer ist in der Lage den Bewegungen des Reflektors automatisch zu folgen (vgl. 2.1.3). Durch Referenzmessungen wird die Position des Interferometers im Maschinenarbeitsraum ermittelt. Anschließend kann die Entfernung vom optischen Zentrum des Interferometers zu einer Vielzahl von Punkten mit einer erweiterten Unsicherheit von ca. $U_{LT} = 0{,}1\ \mu\mathrm{m} + 0{,}3\ \mu\mathrm{m/m}$ erfasst werden. Die Lufttemperatur beträgt $t_L = 24 \pm 0{,}5\ ^\circ\mathrm{C}$. Es erfolgt eine Kompensation der von $t_R = 20\ ^\circ\mathrm{C}$ abweichenden Temperatur durch eine Korrektur der gemessenen Länge. Die Temperaturen für das Bauteil und der WZM wurden mit $t_{WZM} = 23 \pm 0{,}5\ ^\circ\mathrm{C}$ gemessen.

Der Reflektor wird entlang verschiedener von der Position des Messsystems ausgehenden Geraden im Maschinenkoordinatensystem verfahren (Abbildung 4-5). Die markierten Punkte sind Soll-Punkte des TCPs. Die Punkte werden jeweils ohne und mit aktivierter Kompensationssoftware angefahren. Dabei wird die Distanz zwischen Interferometer und Reflektor gemessen. Die Auswertung der Daten erfolgt dann in der kommerziellen Software TrackCheck® der Firma Etalon. Die Software wird für die Abnahme von KMG verwendet und ist für diese Anwendung zertifiziert. Es wird in diesem Fall kein MPE-Wert berechnet. Es erfolgt lediglich eine Überprüfung der in der entwickelten Software berechneten Werte für die Längenmessabweichung. Für jede Gerade werden fünf Längendifferenzen berechnet. Von den gemessenen Längen zwischen Drehzentrum und den jeweils farbig gekennzeichneten Punkten wurde die Länge zwischen dem Drehzentrum und dem schwarz markierten, ersten Bezugspunkt der Geraden subtrahiert (Abbildung 4-5).

Die volumetrischen Abweichungen werden für die angefahrenen SOLL-Punkte mit dem implementierten Modell simuliert. Dabei werden die Simulationen sowohl auf Basis einer Parameterdatei einer nicht kompensierten als auch auf Basis einer Parameterdatei einer kompensierten WZM durchgeführt. Abbildung 4-6 zeigt exemplarisch das auf Berechnungsresultate gestützte Diagramm für die XY-Gerade bei eingeschalteter VCS-Funktion.

Der Vergleich mit den gemessenen Werten des etablierten Verfahrens belegt eine gute Übereinstimmung sowohl beim qualitativen Verlauf als auch bei den absoluten Messwerten. Die positive Korrelation zwischen der Längenmessabweichung und der resultierenden Messunsicherheit führt zu einer Überschätzung der Messunsicherheit bei einer größer angenommenen Längenmessabweichung. Damit kann ein größerer Wert der im Modell bestimmten Werte akzeptiert werden. Die Ergebnisse für Längenmessungen entlang anderer Geraden im Maschinenarbeitsraum stellen sich ähnlich dar, so dass von einer Validierung der modellbasierten Lösung gesprochen werden kann. Die resultierenden MPE-Werte können durch die Ergebnisse der Messungen mit TrackCheck® bestätigt werden (Abbildung 4-6).

Durch die dynamische Bestimmung der Längenmessabweichungen ist das entwickelte Verfahren auch für größere Maschinen anwendbar, für die das Anfertigen eines geeigneten materiellen Normals hohen Aufwand und Kosten verursachen würde, sofern es aufgrund von Gravitationseffekten überhaupt noch sinnvoll einsetzbar wäre. (Sawyer et al. 2012; Ibaraki und Knapp 2013)

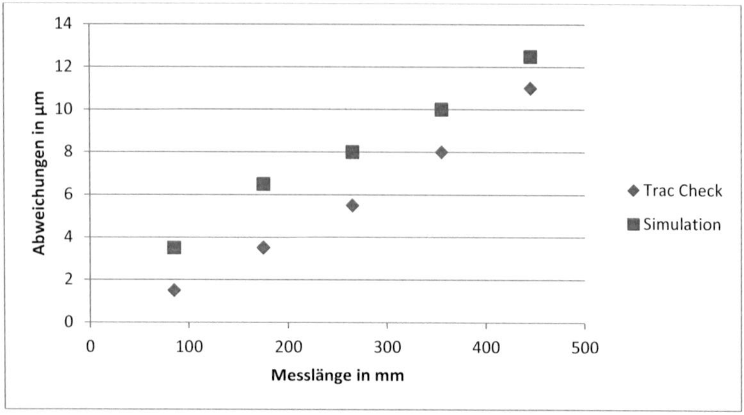

Abbildung 4-6 Vergleich zwischen der simulierten Längenmessabweichung und der mit dem LaserTracer® und TracCheck® gemessenen Längenmessabweichung (Mittelwerte)

Weitergehende Überlegungen zu Eingangsparametern und Messstrategieentwicklung

Der definierte Parameterraum (vgl. 4.3.3) umfasst die notwendigen Eingangsgrößen für die modellbasierte Bestimmung der Messunsicherheit mit einer „dynamischen" Messunsicherheitsbilanz. Dabei sind einige Parameter als kritisch einzustufen:

- Kalibrierdaten der WZM
- Temperaturprofil der Umgebung, der WZM und des Bauteils
- Antastunsicherheit des Tastsystems
- Messstrategie und Auswerteverfahren der Messdaten.

Der diskutierte Einfluss der Kalibrierparameter unterstreicht die besondere Bedeutung dieser Information für die Modellierung und die Berechnung der Längenmessabweichung für die WZM. Mit Kenntnis der geometrischen Abweichungen der Maschine lässt sich eine optimale Messstrategie hinsichtlich Positionierung des Bauteils, Punkteverteilung, Antastrichtung etc. entwickeln (vgl. 4.3.3). Die Position des Bauteils ist jedoch meistens durch den Fertigungsprozess vorgegeben. Eine Strategieplanung bereits vor dem Fertigungsprozess kann die Fertigung und die Messung optimieren, da die geometrischen Abweichungen auch die Fertigung maßgeblich beeinflussen.

Temperaturmessungen der Umgebung, an der Maschinenstruktur und am Bauteil sind notwendig, um eine reproduzierbare und valide Messunsicherheit angeben zu können. Die Bedeutung der Temperatur wird in Abschnitt 5.2 näher untersucht.

Der Einfluss des Tastsystems wird maßgeblich durch die Antastunsicherheit bestimmt. Dabei ist die Antastunsicherheit ein konstanter Anteil in der Messunsicherheitsbilanz.

Allerdings ist die Auswahl des Verfahrens zur Bestimmung des Parameters von Bedeutung (vgl. 4.2).

Die Messstrategie muss für die Aufstellung der Messunsicherheit bekannt sein. Merkmal, Anordnung der Messpunkte und die statistische Verteilung der Messergebnisse haben Einfluss auf die Messunsicherheit. Eine exemplarische Messunsicherheitsbilanz ist in Abschnitt 5.1.4 und in Abschnitt 0 detailliert beschrieben. Das generelle Vorgehen für Koordinatenmessungen mit KMG wird von HERNLA und in 3.2.3 ausführlicher behandelt. (Hernla 2014, S. 66–86)

4.3.5 Diskussion der Übertragbarkeit der Verfahren

Die Verwendung kalibrierter Werkstücke ist ein praxisnaher Ansatz, der ohne zusätzliche kommerzielle Softwarelösungen auskommt. Die Fertigung der Meisterbauteile ist jedoch zeit- und kostenintensiv und eignet sich nur bei wiederkehrenden Messaufgaben. Insbesondere bei große Bauteilen ist das Vorgehen mit hohen Kosten verbunden, da die Fertigung und Kalibrierung nur mit hohem Material-, Zeit und Maschinenaufwand abbildbar ist. Allerdings kann das Verfahren durch eine weitere Nutzung des Normals z.B. bei verschiedenen Maschinen gleichen Typs in Einzelfällen zielführend sein.

Die Simulation der Messunsicherheit mit einer Adaption des virtuellen Koordinatenmessgeräts setzt die kommerzielle Softwarelösung voraus. Die Abbildung der Maschinenkinematik und des resultierenden Einflusses auf das Messergebnis sind die kritischen Parameter. In Zusammenarbeit mit der PTB wurden Simulationen für Messungen auf dem Demonstrator erstellt, die Ergebnisse sind in Abschnitt 5.1.3 als Vergleichsmessung diskutiert.

Die Aufstellung einer Messunsicherheitsbilanz ist eine konventionelle analytische Methode zur Bestimmung einer aufgabenspezifischen Messunsicherheit. Angewendet auf Koordinatenmessungen können einzelne Unsicherheitsbeiträge nach Tabellen abgeschätzt werden. Bei einer Übertragung des Verfahrens auf eine WZM ist der Unsicherheitsbeitrag der Maschinenkinematik und der Einfluss der instabilen Umgebungsbedingungen auf letzteren besonders relevant. Durch maschinenspezifische Anpassungen und die Aufstellung eines mathematischen Modells lassen sich die Ansätze des oben beschriebenen Verfahrens nutzen, um die Messunsicherheit für Geometriemessungen auf WZM anzugeben. Das entwickelte Vorgehen wird in Abschnitt 5.1.4 und in Abschnitt 5.2.4 validiert.

4.4 Regelmäßige Überwachung des Messsystems

Der Einsatzbereich einer WZM und die typischen Umgebungsbedingungen der Fertigung können die Eignung der Maschine als Messsystem auch nach einer diskutierten Bestimmung der Messunsicherheit beeinflussen. Die Einflüsse auf die Maschinenkinematik und die volumetrische Abweichung beeinflussen wie herausgestellt die Messunsicherheit und die Prüfprozesseignung. Die bereits angesprochenen Unterschiede zwischen einer WZM und einem KMG bilden damit das zentrale Argument gegen einen Einsatz der Maschine als Messsystem. Eine regelmäßige Überprüfung der Eignung ist notwendig. Die Prüfung muss bedingt durch einen möglichst geringen Zeitaufwand schnell und einfach durchführbar sein. Eine vollständige Kalibrierung und Neuberechnung der Messunsicherheit vor jeder Messung sollte vermieden werden.

Bei KMG ist ebenfalls eine periodische Überprüfung empfohlen. Im Falle einer Akkreditierung sind die Intervalle einer solchen Prüfung als „mindestens vierteljährlich, am Anfang monatlich“[7] vorgeschrieben.

„Die Überwachungsprüfung dient dazu, festzustellen, inwieweit der augenblickliche Zustand des KMG den Annahmen entspricht. Das Verfahren muss eine Aussage darüber ermöglichen, ob die Abschätzung der Eingangsgrößen noch Gültigkeit besitzt. Folgende Einflussgrößen sollten besonders überwacht werden:

- *Geometrieabweichungen des KMG, insbesondere Maßstabsfaktoren und Rechtwinkligkeiten*
- *Antastabweichungen*
- *Temperatur und Temperaturgradienten*

Zur Überwachung der Einflussgrößen sind bevorzugt die in der Koordinatenmesstechnik üblichen Verfahren zu verwenden.“ (vgl. (VDI/VDE 2011))

In Anlehnung an diese Vorgaben kann die Notwendigkeit einer Überprüfung der WZM abgeleitet werden. Verglichen mit den Vorgaben für KMG wäre ein solcher Test deutlich häufiger durchzuführen. Die Aspekte Temperatur und Temperaturgradienten sind durch den unmittelbaren Einfluss auf die Maschinengeometrie und die komplexe Überwachung (besonders der Temperaturhistorie) kritisch. Es werden zwei Ansätze diskutiert:

- Überwachung der Temperatur zur Abschätzung der Eignung als Messsystem (indirekt)
- messtechnische Erfassung der geometrischen Verlagerungen des TCP (direkt)

Die Temperaturüberwachung ist permanent integrierbar und auch durch eine mögliche Verwendung maschinenintegrierter Sensorik sehr kostengünstig. (Emec et al. 2016; Krella und Brecher 2016) Die Information über geometrische Verlagerungen des TCP ist jedoch nur mithilfe von Modellen der WZM-Kinematik und Expertenwissen zum thermisch- mechanischen Verhalten der Kinematik extrahierbar. Die Modellierung des thermischen Verhaltens einer WZM ist sehr komplex und nach Ansicht des Autors für jeden Maschinentyp explizit zu entwickeln und zu validieren.

---

[7] „Für alle eingesetzten Messsysteme bzw. Messverfahren sind (interne) zwischenzeitliche Überprüfungen des Kalibrierstatus (Prüfung der Einhaltung der Spezifikationen nach zugehörigen Richtlinien (u. a. VDI/VDE)) festzulegen. Diese Prüfungen müssen in der Regel mindestens vierteljährlich, am Anfang monatlichdurchgeführt werden. Ergebnisse erster regelmäßiger Prüfungen mit Auswertungen müssen vor der Erstbegutachtung vorliegen.“ DAkks Deutsche Akkreditierungsstelle 2015

In Normen und Richtlinien sind Verfahren für eine geometrische Überprüfung von KMG festgelegt. Die beschriebenen Verfahren werden als Diagonaltests bezeichnet, sind aber trotz der bereits angesprochenen Ähnlichkeit der seriellen Kinematiken nur teilweise auf die WZM übertragbar. (VDI/VDE 2011; Deutsches Institut für Normung 2010) Eine Messung der Verlagerungen beispielsweise als Resultat von thermischen Lasten ist mit den in Abschnitt 2.1.3 vorgestellten Methoden nur mit großem Rüstaufwand möglich und die Eignung der vorgeschlagenen Prüfmittel für die rauen Bedingungen der Fertigungsumgebung fraglich. Materielle Normale scheiden wegen der Notwendigkeit einer festen Verbauung im Arbeitsraum weitestgehend aus. Integrierte Monumente in Form von Kugeln oder gefrästen Nuten im Maschinentisch sind Ansätze, die Verlagerungen zwischen TCP und Maschinentisch in einem begrenzten Arbeitsraum überwachen zu können. Hier sind in erster Linie anwendungsspezifische Lösungen der Maschinenhersteller bekannt. Insbesondere bei großen Achslängen sind materielle Normale für eine Überprüfung zunehmend ungeeignet. (Ibaraki und Knapp 2013)

Ansätze die eine permanente Messung der WZM auch während der Bearbeitung ermöglichen, sind Gegenstand verschiedener Forschungsaktivitäten. Im BMBF Leitprojekt ACCOMAT wurde ein System entwickelt, das aus Laufzeitmessungen die Lage eines Objektes im Raum berechnet. Das Laser-µ-GPS arbeitet mit infraroter Strahlung. Das kommerziell erhältliche Produkt hat eine Messunsicherheit von ±20 µm. (Weule, H., Plutowsky, A. et al.) Die Kosten von ca. 35 T€ und ein vergleichsweise kleiner Arbeitsraum 150*150*600 mm limitieren jedoch die Anwendung. Auch die Integration von Faser-Bragg-Gittern zur Ermittlung von Bauteildehnungen war Gegenstand der Forschung. Aus den Dehnungen der einzelnen Maschinenkomponenten kann die Verlagerung am TCP errechnet werden. Ansätze einer indirekten Korrektur der Achsabweichungen nutzen einfach zu messende Parameter wie die Temperaturen der Umgebung und der Maschinenstruktur oder die Motordrehzahlen der Antriebe. Detaillierte Ausführungen der verschiedenen Möglichkeiten finden sich bereits in BRYAN oder WECK und weitergehend in SCHARSCHMIDT (Weck et al. 1995; Bryan 1990; Scharschmidt 2011)

Insbesondere größere Kinematiken sind nach Ansicht des Autors und nach Diskussion in Arbeitskreisen und Expertenforen nur mit optischen Verfahren sinnvoll zu überwachen. Einzelne Lösungen im Spezialmaschinenbau haben integrierte Interferometer, die eine regelmäßige Überwachung des Maschinenzustands durch die Messung vorgegebener Längen im Arbeitsraum der Maschine erlauben. Diese Integrationen sind sehr teuer und nicht in der Serie umsetzbar. In der ASME sind interferometrische Messungen zur schnellen Kalibrierung von numerisch gesteuerten WZM vorgeschlagen. (American Society of Mechanical Engineers 1993) Das Vorgehen wird auch in der DIN ISO 230-6 beschrieben. Es wird jedoch darauf hingewiesen, dass das vorgeschlagene Vorgehen nicht zur Kalibrierung der Maschine genutzt werden sollte, sondern lediglich eine Überwachung der Maschine möglich macht. (Internationale Organisation für Normung 2016) Weiterentwicklungen des

Vorgehens für WZM finden sich in der Literatur und auch in der Praxis. (Wang 2000; Ibaraki und Hata 2010; Janeczko et al. 2000) Die Kritik muss jedoch bei der Bewertung des Verfahrens für eine umfassende Erfassung der geometrischen Abweichungen berücksichtigt werden. (Chapman 2003)

Durch einen veränderten Messaufbau und eine neu entwickelte mathematische Auswertung der Messwerte kann es aber gelingen die geometrischen Abweichungen schnell und umfassend zu ermitteln und damit ein Messverfahren zur prozessnahen Überwachung der Maschinenabweichungen zu implementieren (vgl. Kapitel 6).

Eine Messung der volumetrischen Abweichungen bzw. der geometrischen Maschinenabweichungen wird verglichen mit einer Berechnung des Maschinenzustands auf Basis von Temperaturdaten bessere Ergebnisse liefern, da Unsicherheiten aus der Modellbildung und der Temperaturbestimmung erfahrungsgemäß deutlich höher ausfallen, als die Unsicherheiten einer Messung. Insbesondere die Temperaturhistorie der Maschinenstruktur hat einen starken Einfluss. Die Aufnahme der Temperaturen an der Oberfläche der Strukturelemente erschwert einen Schluss auf die Gradienten im Inneren der Struktur aufgrund wechselnder Temperaturbedingungen der Umgebung und einem trägeren Temperaturausgleich im Inneren und erfasst damit den Zustand der Maschine und die Verlagerungen nur unzureichend.

5 Validierung der Messunsicherheitsbestimmung an beispielhaften Messsystemen

Das entwickelte Modell zur Berechnung der Messunsicherheit für Geometriemessungen auf WZM soll in der Folge validiert werden. Dabei soll insbesondere der Einfluss der in Kapitel 4 beschriebenen Faktoren durch die Untersuchungen quantifiziert werden. Dazu wurden zwei Demonstratoren aufgebaut. Basis ist jeweils eine WZM mit einer seriellen Kinematik. Die Maschinen sind mit unterschiedlichen Steuerungen aufgebaut, um eine Übertragbarkeit der Ergebnisse auf unterschiedliche Maschinen und Steuerungen zu validieren. Die Maschinen können mit verschiedenen Tastsystemen ausgerüstet werden, so dass der Einfluss der Antastung untersucht werden kann. Weitergehende Untersuchungen zum Einfluss thermischer Last auf die Messergebnisse finden in einer thermisch kontrollierbaren Umgebung statt.

5.1 Fallstudie Hermle C800U in der Produktionsumgebung

Die Forschungsresultate sollen in ihrer Entstehung nachvollziehbar sein. Daher wird im Folgenden ausführlich der Untersuchungsaufbau am Werkzeugmaschinenlabor beschrieben. Die Auswahl der WZM wurde bereits in Kapitel 0 begründet. Die Maschine steht zur Zeit der Untersuchungen in einer nicht klimatisierten Halle des Werkzeugmaschinenlabors.

In Anlehnung an das Vorgehen bei KMG wurde für die Untersuchungen am WZL ein Meisterbauteil entworfen und gefertigt (Abbildung 5-1). Das Bauteil wurde in einem DAkkS-Labor kalibriert (vgl. Anhang Abbildung A 3). Es bildet eine Vielzahl von Form- und Lagetoleranzen ab.

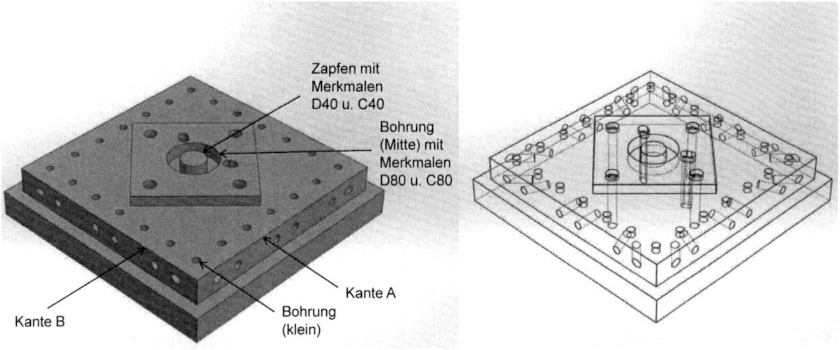

Abbildung 5-1 CAD-Zeichnung des im Rahmen dieser Arbeit entworfenen Meisterbauteils mit der Bezeichnung ausgwählter Merkmale

Die Auslegung des Bauteils erfolgte unter Berücksichtigung der Erkenntnisse aus Normung und Wissenschaft. Es wurden Merkmale in das Bauteil eingebracht, die für „Testwerkstücke“ zur Überprüfung der WZM eingesetzt werden. (Bringmann et al.

2005; Ibaraki und Knapp 2013) Diese Testwerkstücke werden auf der untersuchten Maschine gefertigt und im Anschluss auf einem geeigneten Messgerät, wie zum Beispiel einem KMG, gemessen. Die Messergebnisse geben Aufschluss über die Geometrieabweichungen der WZM. Sawada und Ibaraki entwickelten ein treppenförmiges Bauteil, das unter speziellen Anforderungen an die einzelnen Achsstellungen gefertigt werden soll. (Ibaraki et al. 2010) Gebhardt et al. beschreiben ein zylindrisches Testwerkstück mit Rund- und Langlöchern, das in verschiedenen Höhen im Arbeitsraum der Maschine bearbeitet wird. (Gebhardt et al. 2013) In der Normung wird ein Prüfwerkstück beschrieben, das in industriellen Anwendungen häufig eingesetzt wird. (NAS 979:1969) (Deutsches Institut für Normung 2012) Das im Rahmen dieser Arbeit entwickelte Bauteil ist in Maßen und eingebrachten Merkmalen dem „NAS-Prüfwerkstück" ähnlich. Der Einfluss der geometrischen Abweichungen auf die Messunsicherheit soll sich an diesem Bauteil gut nachweisen lassen. In der Koordinatenmesstechnik werden zur prüfmerkmalsspezifischen Messunsicherheitsbestimmung Kalibrierkörper eingesetzt, die eine Vielzahl von Merkmalen umfassen. Ein häufig eingesetzter Kalibrierkörper ist der Multi-Feature-Check der Firma Zeiss. Das entworfene Bauteil weist die zentralen Merkmale dieses Prüfkörpers ebenfalls auf. Verstellmechanismen sind jedoch nicht vorgesehen, da ein Einsatz von Sterntastern auf WZM nicht vorgesehen ist.

Das Meisterbauteil bildet einige Merkmale mehr ab als die genannten Normale. Insbesondere die langen Fräskanten sowie der Innen- und Aussendurchmesser, erweitert um Bohrungen mit verschiedenen Orientierungen, sollen typische Bearbeitungen und in der Folge auch Messaufgaben einer WZM im industriellen Einsatz abbilden. Während der Versuchsreihen zu dieser Arbeit wurde das Bauteil zudem regelmäßig auf KMG am Forschungsinstitut kontrollmäßig gemessen. So soll ein eventueller Einfluss des zeitlichen Materialverhaltens („Drift") auf die Forschungsergebnisse überwacht werden. (Franke und Schrödel)[8]

5.1.1 Aufbau des Messsystems und Untersuchung des Antastvorgangs

Das Messsystem besteht in der Grundstruktur aus einer WZM vom Typ Hermle *C800U*. Die Maschine hat eine 5-Achs-Kinematik und ist mit einer Siemens Steuerung *Sinumerik 840 D* ausgestattet. Die WZM kann mithilfe des Softwarepakets VCS (Volumetric Compensation System®) der Firma Siemens volumetrisch kompensiert zu werden. Die WZM wurde mit einem LaserTracer® nach dem Verfahren der sequentiellen Multilateration kalibriert. Dazu wurde eine Kompensationsdatei erstellt und in der Steuerung hinterlegt. Die Maschinenstruktur wurde für die

[8] Vgl. Franke und Schrödel: Franke und Schrödel untersuchen Veränderungen an Maßverkörperungen zur Kalibrierung von Koordinatenmessgeräten. Die beschriebenen Veränderungen werden auch in der industriellen Langzeitanwendung von Normalen beobachtet. „Durch die Benutzung der Endmaße kann es zu Verschleiß oder Beschädigung der Messflächen kommen, es können aber auch spontane Längenänderungen durch verschiedenste äußere Einflüsse auftreten. Fehler beim künstlichen Alterungsprozess können Gefügeumwandlungen auslösen, die zu Längeninstabilitäten führen. [...] Die Fristen für die turnusmäßige Re-Kalibrierung von Endmaßen hängen natürlich stark von der Handhabung und der Benutzungshäufigkeit ab. Ein übliches Intervall für die Kalibrierung in der PTB sind drei Jahre."

Forschungsarbeiten mit Temperatursensoren ausgestattet. Die Sensoren wurden dabei in der Nähe der Maßstäbe und an den Führungen der Maschine platziert und erlauben eine Aufzeichnung der Temperaturverläufe in der Maschinenstruktur während der Messungen (Positionen der Temperatursensoren ähnlich Abbildung 5-11 bei Hermle C300U).

Das Tastsystem *IRP 25.41* der Firma *m&h Inprocess Messtechnik GmbH* kann automatisiert über das Werkzeugmagazin in die Werkzeugaufnahme *HSK63* eingewechselt werden. Der eingesetzte Taststift hat eine Schaftlänge von $l_{S\_MH}=40\,\mathrm{mm}$ und einen wirksamen Durchmesser der Rubinkugel von $d_{T\_MH}=4\,\mathrm{mm}$. Die Kommunikation mit der Maschine erfolgt durch ein Infrarotsignal des Tastsystems. Dieses Signal wird durch Empfangseinheiten im Arbeitsraum der Maschine an die Maschinensteuerung weitergeleitet. Die Verzögerung dieser Signalübertragung und damit der Kommunikation werden in der Maschinensteuerung kompensiert. Der Einfluss dieser Kompensation auf das Messergebnis und damit die Messunsicherheit wurden in Rahmen dieser Arbeit speziell untersucht. Für den betrachteten Aufbau konnte gezeigt werden, dass der Einfluss auf das Messergebnis bis zu Vorschubgeschwindigkeiten von $F=100\,\mathrm{mm/s}$ bei der Antastung vernachlässigbar ist.

Das Tastsystem kann durch festgelegte Zyklen der Steuerung kalibriert werden. Dazu können kalibrierte Einstellringe oder kalibrierte Keramikkugeln verwendet werden, die auch bei der Kalibrierung von KMG bekannt sind. Für die beschriebenen Versuche werden ein Einstellring mit einem Durchmesser von $d_R=50\,\mathrm{mm}$ und eine Keramikkugel mit einem Durchmesser von $d_K=30\,\mathrm{mm}$ eingesetzt. Beide Kalibrierkörper sind zertifiziert (Zertifikat im Anhang). Beide Normale sind Standardkalibrierkörper aus dem Bereich der Kalibrierung von KMG. Die Normale wurden während der Messung temperaturüberwacht.

Aufgrund des vermuteten Einflusses der Tastsystemkalibrierung auf die Messunsicherheit wurden weitergehende Untersuchungen durchgeführt. Das genaue Vorgehen zur Ermittlung der 2D- oder 3D-Antastabweichung ist im Anhang beschrieben. Es wird die Bestimmung der 2D-Antastabweichung mit Kalibriermessungen am Einstellring gewählt. Es werden $n = 50$ (bzw. 200) über den Umfang gleich verteilte Punkte gemessen und die Messdaten extern mit einem least-square-fit Algorithmus ausgewertet. Der Ring wird auf Umschlag gemessen und zwischen einzelnen Wiederholmessungen jeweils 90° um die z-Achse gedreht.

Die aufgetragenen Messwerte zeigen eine Charakteristik, die sich auch über Wiederholmessungen und Messungen mit einer deutlich erhöhten Punktedichte bestätigt (Abbildung 5-2). Das Tastsystem ist als eine federbelastete kinematische Verbindung der Tastereinsatzaufnahme mit drei Lagerpunkten konstruiert (Abbildung 5-3). Die Lagerpunkte können als eine Kombination aus Rollen- und Kugellagern ausgelegt sein und wirken als elektrische Kontakte. Eine Auslenkung des Taststiftes ändert die Kennlinie des Stromkreises und initiiert damit das Signal an die Steuerung zum Stoppen der Achsbewegung und zum Auslesen der Position. Die mechanische

Kraftaufnahme und -verteilung über die drei Lagerpunkte erklärt die beobachtete Charakteristik. Eine Antastung in negative Richtung eines Lagerpunktes ist durch eine definierte Änderung der Kennlinie und eine geringere notwendige Kraft F_{A_L} bis zum Schaltzeitpunkt gekennzeichnet (Abbildung 5-3). Die Messdaten weisen daher definiert größere Werte für den wirksamen Durchmesser auf, als in den jeweils abweichenden Antastrichtungen (Abbildung 5-2).

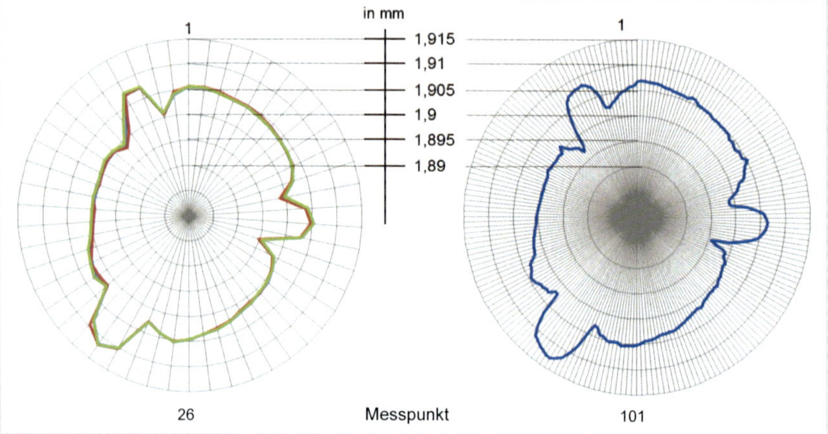

Abbildung 5-2 Netzdiagramm zum Tastsystemverhalten bei der Messung eines Kalibrierrings mit 50 Messpunkten (links) und 200 Messpunkten (rechts) gleichverteilt über den Umfang

Die beobachtete Charakteristik kann einen systematischen Einfluss auf die Messunsicherheit haben, wenn lediglich ein wirksamer Tasterradius durch Mittelung bestimmt wird und die Messwerte auf dieser Basis kompensiert werden. In der entwickelten simulativen Bestimmung der Messunsicherheit mithilfe der Unsicherheitsbilanz kann dieser Einfluss kompensiert werden. Dazu werden die gemessenen Abweichungen von einer idealen Kreisform als Korrekturvektoren in Abhängigkeit der Antastrichtung und Geschwindigkeit beschrieben. Die aufgenommenen Messwerte werden dann nach der Messung mit den jeweiligen Vektoren verrechnet und so um den Tastystemeinfluss bereinigt. Dadurch können insbesondere die systematischen Messunsicherheiten für Formmessungen reduziert werden (vgl. Abbildung 5-6 „Offline-Kompensation“).

Der beschriebene Aufbau und die Kommunikationsstruktur können eine Untersuchung hinsichtlich einer Zeitverzögerung der Signalübertragung notwendig machen. Die Achsbewegung wird gestoppt, wenn das Schaltsignal übertragen ist. Während der Signalübertagung verfahren die Achsen weiter. Der Einfluss der Totzeit auf die Messdaten ist abhängig von der Antastgeschwindigkeit und wird nach Herstellerangaben in der Maschinensteuerung kompensiert.

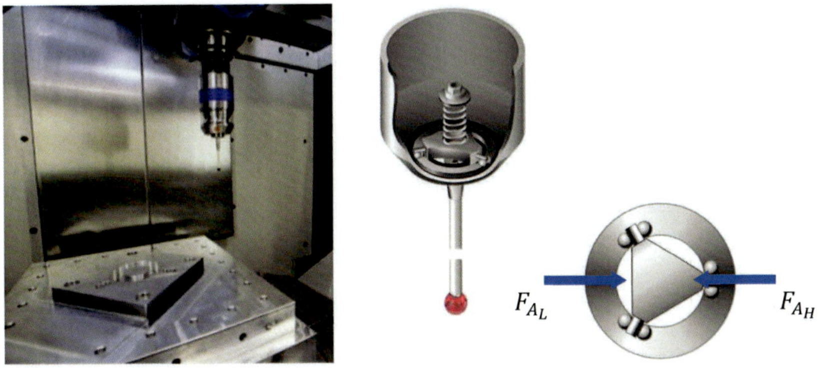

Abbildung 5-3 Tastsystem eingewechselt in die Schnittstelle des Demonstrators vor Start des Messvorgangs am kalibrierten Bauteil (links) und Prinzipskizze zum Aufbau eines Tastsystems und Kraftrichtung beim Antastvorgang (Quelle: (Renishaw))

Im Rahmen der Forschungsarbeiten wurde der Einfluss auf die Messdaten separat untersucht. Dazu wurden die Informationen der Längenmesssysteme der Maschine über Interface-Elektroniken des Typs Heidenhain *IBV 6072* an die Maschinensteuerung (reguläre Verschaltung) und an einen Rechner mit integrierten Auswerte-Elektroniken des Typs Heidenhain *IK220* weitergeleitet (Abbildung 5-4). Ein Programm in der Programmierumgebung C++ ermöglicht das Auslesen der Messwerte und die Umrechnung in absolute Positionsinformationen des TCPs. Das Infrarotsignal des Tastsystems wird als Triggersignal für eine Speicherung der aktuellen Positionsinformation während der Antastung genutzt. Dieser Aufbau verkürzt die Signalstrecke und ermöglicht das Speichern der Positionsdaten losgelöst von der Maschinensteuerung. Mit diesem Aufbau wurden Messungen am Bauteil mit verschiedenen Antastgeschwindigkeiten durchgeführt. Die Messdaten wurden auf dem Rechner und auf der Maschinensteuerung gespeichert. Der Vergleich der Daten zeigt einen Einfluss der Antastgeschwindigkeit. Allerdings sind erst bei vergleichsweise hohen Antastgeschwindigkeiten höhere Messunsicherheiten beobachtbar. Für Antastgeschwindigkeiten zwischen $F = 30\ \mathrm{mm/s}$ und $F = 100\ \mathrm{mm/s}$ sind die Kompensationsalgorithmen der Maschinensteuerung in der Lage die Bewegung der Achsen während der „Totzeit" ausreichend zu kompensieren.

Die Datenauswertung erfolgt nicht auf der Maschinensteuerung, sondern wird „offline" durchgeführt. Die Messprotokolle werden von der Steuerung heruntergeladen und die quantitativen Merkmalsausprägungen (Durchmesser, Rundheit, Geradheit etc.) mit entwickelten Auswerteroutinen nach DIN EN ISO 1101 Geometrische Produkt Spezifikation (GPS) mittels Ausgleichsrechnung nach C.F. Gauß berechnet. (Geometrische Produktspezifikation 2011; Hernla 2015) Die Umsetzung erfolgt in der Software MatLab®. Die Berechnung der Ausgleichselemente basiert auf Ergebnissen des Projektes *International Metrology Software Library (EUROMETROS),* EUROMET Projekt Nr. 567. Dazu werden die Erkenntnisse der Projektarbeiten am National

Physics Laboratory (NPL) in London bei der Entwicklung der Algorithmen zur Auswertung der Messergebnisse berücksichtigt. Die Software liest die als .txt-files gespeicherten Messdaten ein. Die statistische Auswertung der aufgenommenen Messdaten erfolgt in der Programmiersprache R®.

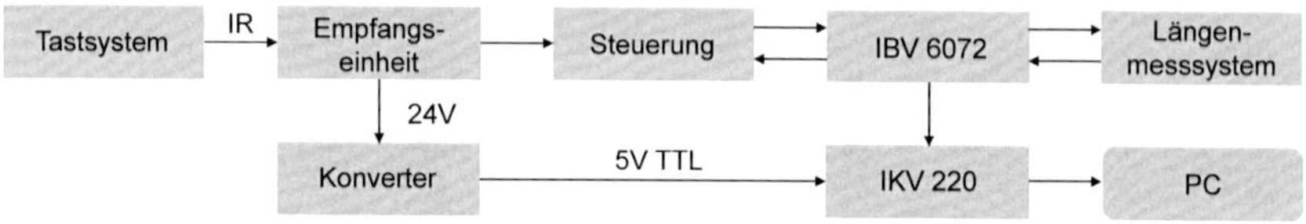

Abbildung 5-4 Schaltplan zur Untersuchung der Signalübertragung auf das Messergebnis

5.1.2 Bestimmung der Messunsicherheit mithilfe eines kalibrierten Bauteils

Das Werkstück wurde auf der Maschine aufgespannt und mit Oberflächen-temperatur-Sensoren ausgestattet. Das Werkstück wurde für 72 Stunden auf der Maschine belassen. Diese Zeit reicht nach den Ausführungen der vorherigen Kapitel und den Erfahrungen aus den Forschungsprojekten aus, um eine vollständige Temperierung des Bauteils zu garantieren. Die Messungen am Bauteil wurden mit verschiedenen Tastsystemen für WZM durchgeführt. Das Vorgehen war für alle Systeme analog und wird im Folgenden exemplarisch für ein System beschrieben.

Die Werkstückposition im Koordinatensystem der WZM wird mittels Tastsystem eingemessen. Die Routine zum Einmessen kann in der Steuerung hinterlegt werden und dann mit dem Einwechselvorgang aufgerufen werden. Durch das Einmessen wird das Koordinatensystem (KOS) für die Messaufgaben bestimmt. Relativ zu diesem KOS wird der G-Code der Maschine für die Messaufgabe erstellt. Das Antasten der im G-Code hinterlegten Antastpunkte erfolgt vollautomatisiert über die Maschinensteuerung. Die Messdaten werden von der Steuerung in einem .txt-Protokoll heruntergeladen und können in der Folge ausgelesen werden. Die Messdaten können als Punktewolken in der Form von Koordinaten (X, Y, Z) und dem zugehörigen Antastvektor (v_x, v_y, v_z) dargestellt werden. Die Bestimmung der erweiterten Messunsicherheit erfolgt nach der Formel (Abschnitt 3.2.1):

$$\mathrm{U} = \mathrm{k} * \sqrt{\mathrm{u}_{\mathrm{cal}}^2 + \mathrm{u}_{\mathrm{p}}^2 + \mathrm{u}_{\mathrm{w}}^2 + \mathrm{b}^2} \quad (61)$$

Die erweiterte Unsicherheit setzt sich dabei aus verschiedenen Anteilen zusammen. Dabei bezeichnet u_{cal} die Unsicherheit der Kalibriermessung für die Prüfmerkmale des Referenzwerkstücks. Die Unsicherheiten der jeweiligen Merkmale sind im Kalibrierschein des Bauteils angegeben (Abbildung A 4-Abbildung A 6).

Der eigentliche Messprozess auf der WZM liefert ebenfalls einen Unsicherheitsbeitrag u_p. Berücksichtigt wird hier die Prozessstreuung des Messprozesses, ermittelt als Standardunsicherheit der Wiederholmessungen (vgl. Gleichung (37)).

Der Bauteileinfluss wird über den Unsicherheitsbeitrag u_w berücksichtigt. Nach DIN ISO 15530-3 ist der Faktor definiert als Standardunsicherheit aus Werkstoff- und Produktionsstreuungen. Diese Streuungen des Ausdehnungskoeffizienten, der Rauheit, der Elastizität können das Messergebnis beeinflussen. (Deutsches Institut für Normung 2011)

Die systematische Abweichung zwischen den angezeigten Werten $y_i$des Messsystems „Werkzeugmaschine und Tastsystem" und dem Merkmal zugeordneten Wert aus dem Kalibrierprotokoll x_{cal} wird wie in Abschnitt 3.2.1 mit b beschrieben. Der GUM verlangt eine Reduktion der Messergebnisse um systematische Einflüsse. Nur in Ausnahmefällen, in denen eine Reduktion nicht möglich ist, ist eine Angabe in der Form:

$$Y = y - b \pm U \tag{62}$$

zulässig.

Die Merkmale wurden 30 mal gemessen. Es wurde ein Shapiro-Wilk-Test mit der Nullhypothese H0 durchgeführt (H0: Die Strichprobe stammt aus einer Normalverteilung) (Shapiro und Wilk 1965). Die Nullhypothese konnte für die Datensätze nicht widerlegt werden. Die Auswertungen zur Verteilung wurden wie oben beschrieben mit der freien Programmiersprache R erstellt. Die Normalverteilung ist Voraussetzung für eine Berechnung der Messunsicherheit nach DIN ISO 15530-3. (Deutsches Institut für Normung 2013)

Die Messungen wurden jeweils mit und ohne aktive volumetrische Kompensation auf der Steuerung durchgeführt. Somit kann der Einfluss der steuerungsbasierten volumetrischen Kompensation auf die Messunsicherheit des gesamten Messprozesses quantifiziert werden. Die Hypothese, dass die geometrischen Abweichungen der Maschine einen deutlichen Einfluss auf die erreichbare Messunsicherheit haben, kann somit untersucht werden.

Die volumetrische Kompensation der Maschine verringert die merkmalsbezogene Messunsicherheit teilweise deutlich (Tabelle 5-1). Insbesondere die Unsicherheit der Längenmessung wird um bis zu 50% reduziert.

Tabelle 5-1: Übersicht der aufgabenspezifischen Messunsicherheiten nach verschiedenen Vorgehen

in mm	Experimentell ohne Kompensation	Experimentell mit Kompensation	MU-Bilanz ohne Kompensation	MU-Bilanz mit Kompensation	Software „virtuelles KMG"
D40 Ø	0,0082	0,004	0,0098	0,0087	0,0035
D40 Form	0,0029	0,0018	0,0137	0,0066	0,0047
D80 Ø	0,0146	0,0081	0,0141	0,0106	0,0059
D80 Form	0,0252	0,0023	0,026	0,008	0,0064
Geradheit A	0,0053	0,0017	0,0057	0,0057	0,0024
Geradheit B	0,0018	0,0027	0,0057	0,0057	0,0016

5.1.3 Bestimmung der Messunsicherheit durch adaptierte Simulation

In Zusammenarbeit mit den Forschungspartnern von der Physikalisch-Technischen Bundesanstalt (PTB) in Braunschweig wurde das Verfahren der numerischen Simulation der merkmalsspezifischen Messunsicherheit basierend auf den Erfahrungen mit KMG auf die Besonderheiten der WZM weiterentwickelt. Zur Validierung dieses Ansatzes wurden die im Rahmen der oben beschriebenen Forschungsarbeiten erhobenen Messdaten herangezogen.

Dazu wurden

- die Kalibrierdaten der WZM
- die Temperaturdaten
- die Kalibrierdaten des Bauteils
- die Materialdaten des Bauteils
- die ermittelten Antastunsicherheiten des Tastsystems
- die Messstrategie

für eine Simulation aufbereitet.

Basierend auf diesen Daten wurde die Simulation zur Bestimmung der Messunsicherheit für die beschriebenen Merkmale durchgeführt. Die Messunsicherheiten für eine kompensierte Maschine liegen für die Merkmale Durchmesser im gleichen Bereich wie die berechneten Unsicherheiten (vgl. Tabelle 5-1 und Abbildung 5-6). Auch die Unsicherheiten des Merkmals Geradheit sind vergleichbar. Die Unterschiede bei den Formmessungen sind auffällig. Die simulierten Messunsicherheiten liegen jeweils deutlich über den berechneten Werten. Eine Erklärung ist über den Tastsystemeinfluss möglich. Der wirksame Radius des Taststiftkopfes ist nicht in jeder Antastrichtung identisch (vgl. Abschnitt 5.1.1). Bei der rechnerischen Auswertung wurden die wirksamen Tastkugelradien verwendet. Bei einer Durchmessermessung mit 50 gleichverteilten Punkten beeinflussen die Formabweichungen der Tastkugel das Messergebnis nicht, da die Messstrategie die gleiche Anzahl Messpunkte vorsieht. Damit wird über den gesamten Kreis der gemittelte Tastkugelradius wirksam, der dem Radius durch die Mittelwertbestimmung entspricht. Im Falle einer Rundheitsmessung wird der Einfluss der Abweichung von der idealen Tasterform wirksam und wird daher in Messdaten der rechnerischen und der Bestimmung über die Messunsicherheitsbilanz kompensiert. Durch eine aktive Verrechnung der Messwerte mit den wirksamen Tastkugelradien in Abhängigkeit der Antastrichtung werden aber nicht nur die Einflüsse aufgrund der Formabweichung der Kugel, sondern auch weitere Einflüsse des Tastsystems und der Maschine kompensiert. Die Ergebnisse komplettieren die möglichen Methoden zur Bestimmung der Messunsicherheit und dienen in dieser Arbeit zur Bewertung der mit dem entwickelten Konzept ermittelten Messunsicherheiten.

5.1.4 Dynamische Berechnung der Messunsicherheitsbilanz

Die Messunsicherheitsbilanz wird für das in Abschnitt 5.1 beschriebene Messsystem aufgestellt. Die Kalibrierdaten, also die 21 geometrischen Abweichungen der WZM, sind Grundlage für die Messunsicherheitsbilanz.

Das Merkmal Durchmesser soll detaillierter betrachtet werden, um die in der Software programmierten Auswertungen und automatisch ablaufenden Berechnungen exemplarisch zu erläutern. Die Messunsicherheitsbilanz wird für eine Messung mit $n = 50$ gleichmäßig verteilten Messpunkten aufgestellt. Die Messstrategie ist dabei identisch zu der Strategie der Kalibrierung des Referenzwerkstückes und zu den Strategien der Berechnung und der Simulation. Das ermöglicht die Vergleichbarkeit der Ergebnisse im Nachgang und die Validierung des entwickelten Vorgehens. Die Verteilung und die Anzahl der Messpunkte müssen mit

$$b = \sqrt{4/n} \tag{63}$$

berücksichtigt werden.

Der Durchmesser des Ausgleichselementes geht bei der Punkteanzahl und Verteilung mit

$$u(D_W) = b_i * s_i \tag{64}$$

in die Messunsicherheit ein. Dabei kann die Standardabweichung am Ausgleichskreis mit

$$s_{min} = \frac{A}{3} \tag{65}$$

abgeschätzt werden. Diese Vorgabe ist für KMG mit serieller Kinematik gültig und wird hier übernommen.

Der Einfluss des Tastsystems muss ebenfalls über die Streuung des Systems erfasst werden. Auch hier ist s_{min} als Richtwert für KMG und die typischerweise verwendeten Tastsysteme vorgeschlagen (Methode B). Eine Abschätzung für die WZM erfolgt auf

Basis von Wiederholmessungen an einer Keramikkugel (Methode A). Dem liegt die Vermutung zu Grunde, dass die robuste Konstruktion von Tastsystemen für WZM andere Grenzwerte nötig macht als bei Tastsystemen für KMG. Der Ring wurde dazu im Maschinenarbeitsraum aufgestellt und mit $n = 50$ Punkten angetastet. Durch Berechnung der Ausgleichelemente ergibt sich eine Standardabweichung von $s = 3{,}485\ \mu\mathrm{m}$. Diese ist größer als die in der Richtlinie empfohlene s_{min} und wird daher in der Folge verwendet (vgl. (VDI/VDE 2011)).

Die Abweichungen der Kalibrierkörper werden bei der Berechnung der Messunsicherheit ebenfalls berücksichtigt. Die Unsicherheit des Durchmessers $u(D_C)$ wird durch Kalibriermessungen bestimmt und ist im Kalibrierschein (Kalibrierring) vermerkt.

$$u(D_C) = 0{,}001\ \mathrm{mm}$$

Der Ring wurde regelmäßig auf einem KMG im Messraum des Werkzeugmaschinenlabors kalibriert und somit überwacht.

Der Einfluss der Geometrieabweichungen der Maschinenkinematik geht über das Verhältnis zwischen Merkmal und dem Faktor K in die Unsicherheitsbilanz ein. Für das Merkmal Durchmesser ergibt sich:

$$\Delta L_G \leq \frac{L}{K} \tag{66}$$

ΔL_G ist dabei als längenabhängiger Grenzwert der Geometrieabweichungen zu verstehen (vgl. Abschnitt 3.2.3). Der längenabhängige Anteil wird wie in Abschnitt 4.3.4 beschrieben simulativ und spezifisch für den Messbereich bestimmt (vgl. Abschnitt 4.3.3). Dazu wird auf Basis der Kalibrierparameter der Demonstrator-WZM die längenabhängige Abweichung im Arbeitsraum der Maschine berechnet. Das Ergebnis ist eine Längenmessabweichung mit einer dazugehörigen Unsicherheit. Aufgetragen über die Messlänge lässt sich nach Gleichung (33) und Form b) (vgl. Abbildung 3-2) ein Wert für K berechnen (Abbildung 5-5).

Der berechnete Faktor ΔL_G geht über den MPE- Wert direkt in die Messunsicherheitsbestimmung ein. Die Messunsicherheitsbilanz wird für zwei Maschinenzustände aufgestellt. Die WZM ist dabei im ersten Fall unkompensiert. Das bedeutet, die Geometrieabweichungen der Maschine sind durch die Kalibriermessungen mit den LaserTracern® bekannt, werden aber nicht steuerungsseitig korrigiert. Das zweite Szenario ist eine WZM nach einer Kompensation auf Basis der Kalibrierung. Durch den Vergleich der beiden Szenarien wurde in Abschnitt 5.1.2 die Hypothese bestätigt, dass die Geometrieabweichungen der WZM einen maßgeblichen Einfluss auf die Eignung der WZM für rückgeführte Messungen haben.

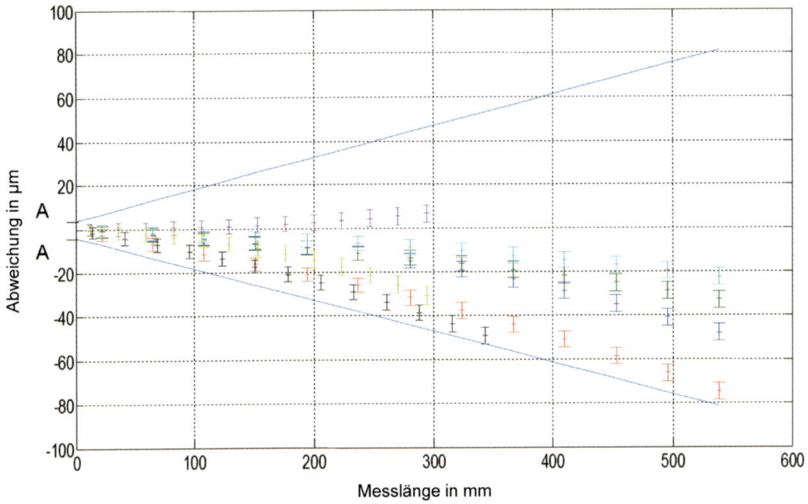

Abbildung 5-5 Grafische Darstellung der mit dem Modell berechneten Längenmessabweichungen (7 Längen mit 13 Messpunkten) mit den zugehörigen Unsicherheiten aufgetragen über die Messlänge nach Form b) (vgl. Abbildung 3-2)

Das führt zu einer deutlichen Verringerung des längenabhängigen Anteils in der Messunsicherheitsbilanz. Die berechneten Messunsicherheiten zeigen den Einfluss der Kompensation sehr deutlich. Insbesondere bei den Formmessungen ist die Messunsicherheit einer kompensierten Maschine gegenüber einer unkompensierten deutlich verringert (vgl. Tabelle 5-1 und Abbildung 5-6).

Tabelle 5-2 Beiträge der Einflussgrößen zur Unsicherheit der Messgröße am Beispiel Durchmesser D80 mit einem simulierten $\mathbf{K = 7{,}05\ mm/\mu m}$

Einfluss-größe	**Methode**	**Punktanzahl/ Verteilung**	**Standard-abweichung/ Grenze** in µm	**Faktor für Punktzahl/ Verteilung**	**Sensitivitäts-koeffizient**	**Unsicherheits-beitrag** in µm
Dw	B	50	1,16	0,28	1,00	0,33
dDT	A	25	3,49	1,00	1,00	3,49
dDC	B	Normal	1,0	0,50	1,00	0,5
dLG	B	Normal	11,35	0,50	1,00	5,68
	B	Rechteck	1,60	0,58	0,16	0,15
	B	Rechteck	4,60	0,58	0,16	0,43
	B	Rechteck	2,00	0,58	0,64	0,74
	B	Rechteck	2,00	0,58	1,84	2,13

Standardunsicherheit:	7,06 µm
Erweiterungsfaktor:	2,00
Erweiterte Messunsicherheit:	14,12 µm

Die Messunsicherheiten für Längenmessungen auf der kompensierten WZM sind ebenfalls verringert. Im Vergleich mit den experimentell oder simulativ bestimmten Messunsicherheiten zeigen sich gute Übereinstimmungen bei absoluten Werten als auch bei relativen Vergleichen. Das Verfahren kann damit als validiert angesehen werden.

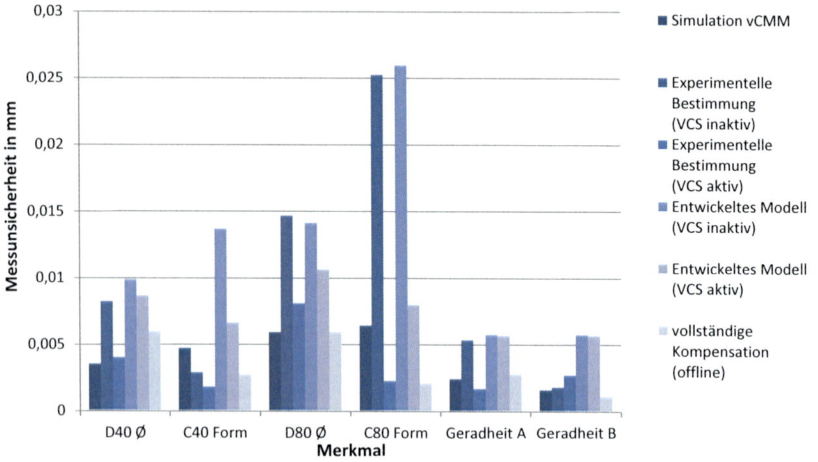

Abbildung 5-6 Vergleich der Messunsicherheiten bestimmt nach den beschriebenen Methoden für den Demonstrator Hermle C800U in nicht klimatisierter Umgebung

5.1.5 Diskussion des Einflusses der Maschinenkinematik

Die mathematische Modellierung der Maschine soll die Vorhersage der Einflüsse der Maschinengeometrie auf den Messprozess erlauben. Die Hypothese, dass dieser Einfluss die Messunsicherheit dominant beeinflusst, lässt sich aus den bestimmten Messunsicherheiten bei jedem der gewählten Verfahren bestätigen. Der Einfluss ist bei einem grafischen Vergleich der gemessenen Punkte sichtbar. Die gemessenen Koordinaten der Messpunkte an den beiden Merkmalen Innendurchmesser mit $d_i = 80\ \mathrm{mm}$ (D80) und Aussendurchmesser $d_a = 40\ \mathrm{mm}$ (D40) sind für eine Messung bei aktiver Kompensation (grün) und inaktiver Kompensation (rot) aufgetragen (Abbildung 5-7 und Abbildung 5-8).

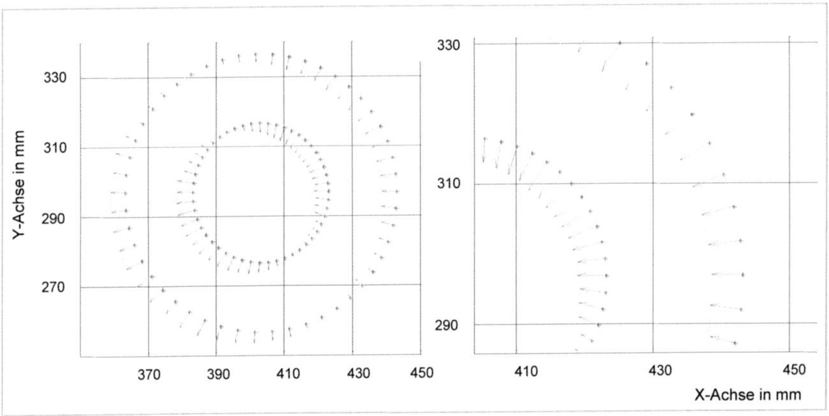

Abbildung 5-7 Grafischer Vergleich der Messpunkte für die Messungen am Merkmal Zapfen (D80 und D40) bei aktiver (blau) und inaktiver (rot) steuerseitiger Kompensation der Werkzeugmaschine

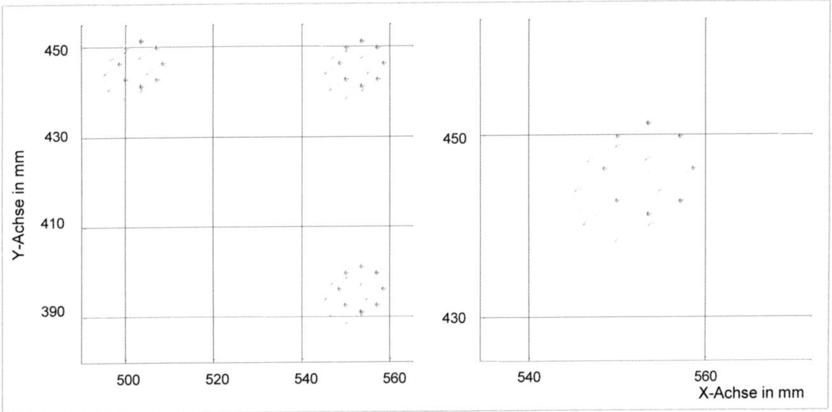

Abbildung 5-8 Grafischer Vergleich der Messpunkte der kleinen Bohrungen bei aktiver (grün) und inaktiver (rot) steuerseitiger Kompensation der Werkzeugmaschine

Die Abweichungen der Punkte sind in der Skalierung nicht auflösbar. Daher wurde die Differenz in Betrag und Richtung als Pfeil mit einem Vergrößerungsfaktor von 1000 dargestellt.

Neben der Verschiebung der Merkmale im Raum ist ein Einfluss auf das Merkmal Form zu sehen. Dieser Einfluss ist insbesondere bei dem Merkmal D80 zu erkennen und spiegelt sich so auch in den Messunsicherheiten wieder.

Die Reduktion der statischen Geometrieabweichungen der WZM durch die Kompensation verursacht einen relativen Versatz zwischen Werkzeug und Werkstück und bei der Messung den Antastpunkten am Bauteil. Diese Abweichungen überlagern bei der grafischen Darstellung die wirksamen Einflüsse auf die gemessene Merkmalsausprägung.

Eine Reduktion der Merkmale auf die Mittelpunkte der Bohrungen beispielsweise verbessert die Übersichtlichkeit der grafischen Darstellung (Abbildung 5-9). Wenn der konstante Anteil der Antastabweichung aufgrund der durch die Kompensation veränderten Antastpunkte aus der Messergebnissen herausgerechnet ist, ergeben sich beim Vergleich der beiden Messprozesse Differenzen, die nur auf den Einfluss der Kompensation zurückzuführen sind.

Die beobachtete Differenz muss bei Gültigkeit der Annahmen und der korrekten Modellierung der WZM und des Messprozesses simuliert werden können. Der Vergleich zwischen realer Messung und Simulation bestätigt die Annahmen und visualisiert den Einfluss der Geometrieabweichungen der Maschinenkinematik auf den Messprozess (Abbildung 5-10).

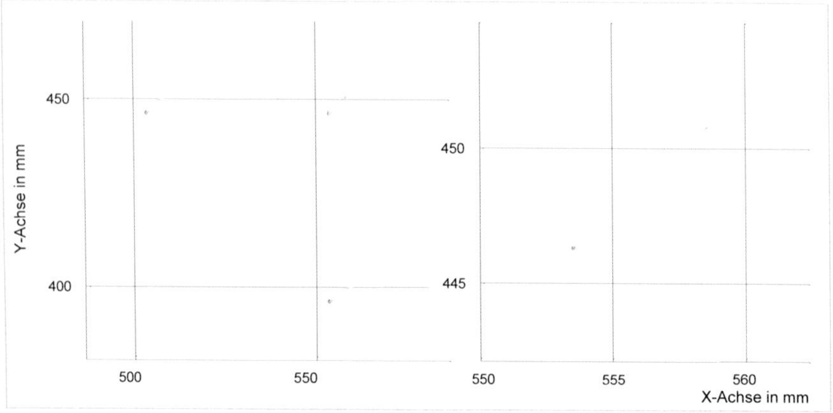

Abbildung 5-9 Differenz der Messdaten bei aktiver (grün) und inaktiver (rot) Kompensation der Werkzeugmaschine

Die Kenntnis der Abweichungen auf Basis der Kalibrierdaten der Maschine erlaubt auch eine Bereinigung der Messdaten nach ihrer Aufnahme bei Kenntnis des mathematischen Maschinenmodells. Die oben beschriebene Software wurde daher um die Option der nachträglichen Bereinigung der Messdaten um die systematischen Maschinenfehler sowie die ermittelten Tastsystemabweichungen erweitert. Diese „Offline"-Kompensation der Messung müsste bei der Annahme des Maschineneinflusses auf die Messunsicherheit eine vergleichbare Verbesserung der Messunsicherheit zur Folge haben. Ein Vergleich der berechneten Messunsicherheiten aus den bereinigten Daten mit den oben berechneten Messunsicherheiten bestätigt diese Annahme. Durch die Überlagerungen verschiedener Einflüsse während eines Messprozesses auf einer WZM ist es jedoch nicht uneingeschränkt zu empfehlen, die Abweichungen durch eine offline Kompensation komplett aus den Messdaten „herauszurechnen". Es zeigen sich auch in der Auswertung immer noch Abstufungen zwischen den gemessenen und den offline bereinigten Messunsicherheiten. Eine Korrektur der Fertigungsprogramme um die bekannten Abweichungen scheint zielführender.

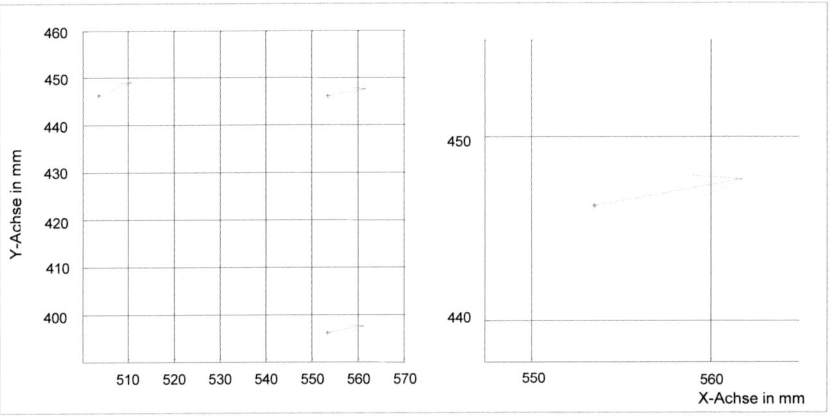

Abbildung 5-10 Simulation der Differenz der Messdaten bei aktiver (grün) und inaktiver (rot) Kompensation der Werkzeugmaschine

5.1.6 Weitergehende Diskussion und Bewertung des Erkenntnisgewinns

Die Untersuchungen bestätigen den vermuteten deutlichen Einfluss der Maschinenkinematik auf das Messergebnis. Die aufgezeigten Verfahren und Methoden zur Bestimmung der Messunsicherheit liefern vergleichbare Ergebnisse. Die experimentelle Messunsicherheitsbestimmung kann dabei als eine Referenz dienen und würde nach Einschätzung des Autors bei einer industrialisierten Umsetzung aktuell eine große Akzeptanz genießen. Die Methode erfordert ein der Messaufgabe ähnliches Bauteil und hat bei variantenreichen Produktionen und komplexen Bauteile einen Nachteil aufgrund des Aufwands zur Herstellung des benötigten Normals. Bei wiederkehrenden Geometrieelementen hat die Methodik jedoch großes Potential. Das Normal kann in diesem Fall nicht nur als Element der Kalibrierkette angesehen werden, sondern bei geeigneter Auslegung auch als materielle Verkörperung für einen Interim-Test zur Überprüfung der Kalibrierparameter dienen. Bei Maschinen ohne eine steuerseitige Kompensations-möglichkeit ist das Vorgehen nach den Erkenntnissen der Untersuchungen zu dieser Arbeit eine sehr gute Möglichkeit, die Messunsicherheit für den Messprozess auf WZM zu bestimmen. Insbesondere für Messungen, die bei verschiedenen Umgebungstemperaturen stattfinden, hat das Verfahren Vorteile, sofern das thermische Verhalten des Normals und die aktuellen Bauteiltemperaturen bekannt sind. Die anderen Methoden setzen wiederholte Kalibrierungen bei verschiedenen Temperaturzuständen der Umgebung bei möglichst präziser Abschätzung der Temperaturen im Inneren der Maschinenstruktur voraus und die Kalibrierparameter sind nur für diese Zustände gültig. Der Einfluss der thermischen Last auf die Messunsicherheit des Messsystems werden in Abschnitt 5.2 untersucht, um den Einfluss zu quantifizieren.

Die Simulation der Messunsicherheit liefert gute Ergebnisse ohne die Aufwände eines kalibrierten Normals. Voraussetzung ist die Möglichkeit, die WZM volumetrisch zu kompensieren.[9] Die Kinematik der WZM muss darüber hinaus in der Software vCMM abbildbar sein. Für die beschriebenen Untersuchungen war eine Umsetzung für den Fall einer Messung mit drei Achsen abbildbar. Die Bestimmung der Messunsicherheit ist in diesem Fall auch für variantenreiche Messaufgaben möglich.

Die Bestimmung der Messunsicherheit mithilfe einer dynamischen Messunsicherheitsbilanz benötigt ebenfalls volumetrische Kalibrierdaten. Es ist möglich den längenabhängigen Grenzwert der Geometrieabweichungen mit materiellen Normalen zu bestimmen. Dieses Vorgehen ist jedoch zeitaufwendig und bei Arbeitsräumen bis ca. 1 m^3 sinnvoll umsetzbar. Die Bestimmung der Messunsicherheit ist flexibler möglich als bei materiellen Normalen. Die Adaption verschiedener Maschinenkinematiken ist in den Forschungsarbeiten validiert worden. Die Gültigkeit bei wechselnden thermischen Bedingungen muss überprüft werden.

5.2 Fallstudie Hermle B300U in thermisch kontollierbarer Umgebung

Ein weiterer Demonstrator ist in einer thermisch kontrollierbaren Umgebung aufgebaut. Die Basis des Demonstrators bildet eine WZM vom Typ Hermle *B300U* mit einer 5-Achs-Kinematik. Die Maschine ist in ihrem kinematischen Aufbau und dem zur Verfügung stehenden Arbeitsraum der Demonstrator-Maschine aus 5.1 ähnlich, was eine Vergleichbarkeit der Ergebnisse erleichtert.

Der Versuchsaufbau ermöglicht eine Untersuchung des Temperatureinflusses bei Messprozessen auf WZM.

[9] Im Rahmen der Arbeiten konnten lediglich sehr spezialisierte Maschinentypen nicht sinnvoll volumetrisch kalibriert werden. In einem ersten Fall war der Arbeitsraum der Maschine zu eng bemessen, um die Tracking-Interferometer sinnvoll zu installieren. Hydrostatische Lagerungen der Drehachsen lieferten bei der Auswertung der Messdaten zu große Unsicherheiten, um auf Basis der volumetrischen Kalibrierdaten eine sinnvolle Messunsicherheitssimulation durchzuführen.

5.2.1 Aufbau des Messsystems

Das Messsystem besteht im Wesentlichen aus der WZM Hermle *B300U* mit einer Heidenhain Maschinensteuerung *TNC 530* und einem taktilen Heidenhain Tastsystem *TS404*. Das schaltende Tastsystem war mit einem Taststift mit $l_{S\_HH} = 40\ \text{mm}$ Schaftlänge und einem Rubintastkopf mit einem Durchmesser von $d_{T\_HH} = 4\ \text{mm}$ ausgestattet. Die Kalibrierung des Systems erfolgte an einem DAkkS-kalibrierten Einstellring mit $d_R = 50\ \text{mm}$ Durchmesser. Mithilfe der Softwareschnittstelle *TNCremoNT* lässt sich auch mittels externen Messrechners auf die Daten und Programme der Maschinensteuerung zugreifen, was eine Programmierung der teils sehr umfangreichen und komplexen Messprogramme und einen online Zugriff auf die Messdaten ermöglicht.

Die WZM steht in einer Temperaturprüfkammer am Werkzeugmaschinenlabor. Die Kammer ermöglicht die stabile Einstellung der Umgebungstemperatur in einem Temperaturbereich von 10 °C bis 30 °C. Die genauen Leistungsdaten der Kammer können der Tabelle 5-3 entnommen werden.

Tabelle 5-3 Datenblatt der Temperaturprüfkammer als Bestandteil des Demonstrators

Höhe:	ca. 4910 mm
Breite:	ca. 6440 mm
Tiefe:	ca. 8040 mm
Temperaturkonstanz:	+10 °C...+30 °C
Zeitlich:	≤ ± 1,0 K
Räumlich:	≤ ± 2,0 K
Wärmelast:	max. 20 kW
Aufheizgeschwindigkeit:	ca. 3,0 K/h
Abkühlgeschwindigkeit:	ca. 3,0 K/h
Luftgeschwindigkeit:	≤ 0,3 m/s

Die Maschinenstruktur wurde mit 60 Temperatursensoren ausgerüstet. Dazu wurden Stellen der Struktur ausgewählt, die nach Sichtung der Literatur und Rücksprache mit Experten als zentral für Einbringung einer thermischen Last oder besonders relevant für eine Strukturveränderung durch eine Last erscheinen. In der WZM auftretende Wärme entsteht hauptsächlich durch elektrische Verluste der Antriebe und durch Reibung an Antriebselementen, Lagern und Führungen auf. (Scharschmidt 2011) Daher werden Temperatursensoren an den Kugelgewindetrieben und den Linearmotoren der Achsen sowie der Motorspindel angebracht (Abbildung 5-11). Die Sensoren werden dabei so nah wie möglich an der Wärmequelle platziert. Des Weiteren wurden Sensoren in der Nähe von Lagern und Führungen der Achsen angebracht, um die durch die Reibung entstehende Wärmelast detektieren zu können. Als zentral insbesondere für die erreichbare Messunsicherheit des späteren Messprozesses wurden auch Temperaturgradienten in der Nähe der Maßstäbe der Maschine identifiziert und mit Sensoren versehen. Die restlichen Temperatursensoren werden an den großen Strukturbauteilen der Achskörper platziert. Die Aufzeichnung der Temperaturdaten erfolgt über die gesamte Zeit der Versuche mit einer Taktung von 10 Minuten. Durch die große Zahl der Temperaturdaten lässt sich die Temperaturänderung in der Maschinenstruktur sehr genau verfolgen. Auswirkungen externer Einflüsse wie Temperatursprünge, werden durch die permanente Überwachung sichtbar. Interne Temperatureinflüsse, die durch thermische Lasten der Antriebe während des Messprozesses auf der Maschine eingebracht werden könnten, würden ebenfalls sichtbar und können vermieden werden. Zusätzlich zu den Temperatursensoren der Prüfkammer werden zehn weitere Sensoren zur Überwachung der Umgebungstemperaturen rund um die Maschine eingesetzt. Diese Sensoren sollen mögliche Temperaturgradienten in der Maschinenumgebung sichtbar machen, die durch den, von der Maschine behinderten Luftstrom, innerhalb der Kammer entstehen können.

Abbildung 5-11 Links: Hermle C300U in der Temperaturprüfkammer; Rechts: Sensoren (rot) an der Maschinenstruktur (im Uhrzeigersinn: Y-Schlitten, Spindel, Spindelkasten, Maßstab)

Der wirksame Tastkugelradius des Tastsystems kann durch festgelegte Kalibrierzyklen der Maschinensteuerung bestimmt werden. Für den praxisnahen Einsatz sind diese hinterlegten Zyklen als ausreichend zu betrachten. In der Folge wird jedoch auch gezeigt, dass eine Kalibrierung mittels spezifisch programmierter Messzyklen eine Verbesserung der Kalibrierung des Tastsystems und der späteren Messunsicherheit liefern kann (vgl. Abschnitt 5.1.1). Eine Kalibrierung des Tastsystems erfolgte wiederum an einem kalibrierten Einstellring mit einem Durchmesser von $d_R = 50\ \mathrm{mm}$ und einer Keramikkugel mit $d_K = 30\ \mathrm{mm}$ Durchmesser (Kalibrierprotokoll im Anhang Abbildung A 7-Abbildung A 9).

Auch das Bauteil ist während der gesamten Zeit mit Temperatursensoren versehen. Vorversuche zeigten, dass insbesondere die Maschinenstruktur eine längere

Zeitspanne benötigt, um vollständig und gleichmäßig temperiert zu sein. Zur Vermeidung von Temperaturgradienten innerhalb der Maschinenstruktur wurde die Temperaturverteilung innerhalb der Maschinenstruktur unter einer Temperaturlast analysiert. Die Struktur folgt einer Veränderung der Umgebungstemperatur mit einer Verzögerung. Eine vollständige Temperierung der Struktur bei einem Temperatursprung der Umgebung von 3 °C benötigt mindestens 12 Stunden (vgl. Anhang Abbildung A 10). In den folgenden Versuchen wurden daher Zeitfenster von 48 Stunden vorgesehen um eine vollständige Temperierung der gesamten Struktur zu gewährleisten. Dies konnte zusätzlich mithilfe der Temperatursensoren innerhalb der Struktur überprüft werden. Die Temperatur der Spindel liegt über den gemittelten Temperaturen der Struktur, da sich die Spindel während der Versuche in Regelung befindet.

5.2.2 Referenzmessungen und Validierung der Modellierung für thermisch wechselnde Umgebungsbedingungen

Das Bauteil wird auf dem Maschinenbett aufgespannt und mittels Tastsystem eingemessen. Bei der Messung des Bauteils wird auf die hinterlegten Messzyklen der Maschinensteuerung verzichtet. Die NC-Programme zur Messung des Bauteils werden der Messstrategie des Kalibrierprotokolls des Meisterbauteils folgend individuell programmiert. Es erfolgt keine Auswertung der gemessenen Daten in der Maschinensteuerung. Die Messdaten werden lediglich in der Maschinensteuerung in einem Protokoll gespeichert und später extern ausgewertet. Die Messungen wurden so automatisiert, dass eine wiederholte Messung über eine Zeit von ungefähr 12 Stunden möglich ist. Die Messung wird in dieser Zeit 30 mal wiederholt. Die Messungen werden bei Umgebungstemperaturen von 20, 22 und 25 °C durchgeführt. Die Temperaturpunkte sollen typische Temperaturfenster für die Fertigung und Messung mit einer WZM in einer mittelgroßen Halle darstellen. Die Ergebnisse der Vorversuche zur Temperierung werden bei der Versuchsplanung berücksichtigt. Die Auswertung der Daten erfolgt wie beschrieben (vgl. Abschnitt 5.1.1). Der Vergleich mit den Kalibrierwerten des Bauteils erlaubt im Folgenden die Bestimmung der merkmalsspezifischen Messunsicherheit.

Um den Einfluss der Temperatur auf die Maschinenkinematik und die Messunsicherheit des Messprozesses auf der Maschine zu quantifizieren, müssen die Abweichungsparameter der Maschine in jedem der betrachteten Temperaturpunkte bekannt sein. Dazu wird der Demonstrator wiederholt kalibriert. Die Kalibrierung erfolgt wiederum mit einem trackingfähigen Interferometer (LaserTracer®). Für den Versuchsaufbau standen vier Interferometer zur Verfügung, so dass ein Aufbau als MultiTrace-Messsystem möglich war. Die Strategie der Messungen soll dabei so gewählt werden, dass das Bauteil zwischen den Geometriemessungen mit dem Tastsystem der Maschine in der gleichen Aufspannung verbleiben kann. So werden Einflüsse durch Handling, Aufspannung und eine eventuelle Verschmutzung des Bauteils minimiert. Darüber hinaus sollen die einzelnen Messungen sehr schnell durchführbar sein, um eine Veränderung der Maschinenstruktur während der

Messungen zu verhindern. Es soll sichergestellt werden, dass die Kalibriermessung den Zustand der Maschine so abbildet, wie er zum Zeitpunkt der Wiederholmessungen am Meisterbauteil vorliegt. Die Messstrategie hat dabei einen wesentlichen Einfluss auf die Messunsicherheit der Kalibriermessungen. Da die Kalibrierung auf einer interferometrischen Messung von relativen Längenänderungen basiert, müssen die Messgeräte so im Arbeitsraum der Maschine positioniert werden, dass eine permanente Sichtverbindung zwischen dem Messgerät und dem im TCP eingewechselten Reflektor besteht. Durch die dauerhafte Rüstung des Meisterbauteils entfällt der Maschinentisch zum Aufspannen der Messgeräte. Damit wird eine Verankerung der Messgeräte an anderen Stellen der Maschinenstruktur notwendig. Es wird eine CFK-Struktur konstruiert, auf die bis zu vier Interferometer gleichzeitig in der Maschine montiert werden können (vgl. Abbildung 5-12).

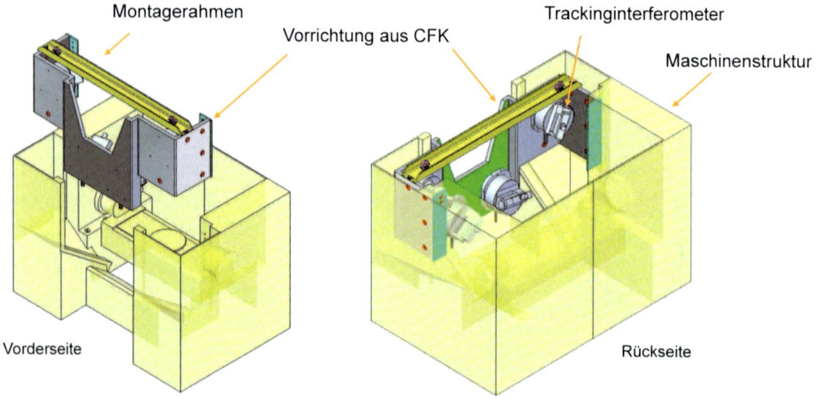

Abbildung 5-12 Prinzip-Skizze zum Aufbau eines Messsystems zur messtechnischen Erfassung der geometrischen Abweichungen nach dem Multilateration-Messprinzip mit vier trackingfähigen Interferometern

Die Validierung der Messstrategie erfolgte durch Wiederholmessungen in einem thermisch stationären Zustand, sowie durch eine Vergleichsmessung mit einer weiteren Messstrategie, die auf veränderten Positionen der Messgeräte basiert.

Die Struktur wird an festen Fixpunkten mit der Maschinenstruktur verschraubt. Das Design und der Werkstoff verhindern eine relative Änderung der Abstände zwischen den einzelnen Trackinginterferometern während der Messung. Durch die Konstruktion und den Einsatz dieser CFK-Aufnahme ist es möglich eine Messstrategie mit sehr geringen Messunsicherheiten für die Messung der Komponentenabweichungen umzusetzen (vgl. Tabelle 5-4 und Tabelle 5-5).

Tabelle 5-4 Unsicherheiten der Messung der linearen Komponentenabweichungen (Simuliert mit Monte Carlo Simulation)

Bezeichnung	yty	ytx	ytz	xty	xtx	xtz	zty	ztx	ztz
U (max) in µm	0.35	0.34	0.74	0.30	0.95	0.65	0.36	0.16	1.51

Tabelle 5-5 Unsicherheiten der Messung der rotatorischen Komponentenabweichungen (Simuliert mittels Monte Carlo Simulation)

Bezeichnung	yry	yrx	yrz	xry	xrx	xwy	ywz	xwz
U (max) in µrad	0.65	1.32	0.43	0.58	0.99	0.56	1.89	1.02

Durch den Aufbau und die gewählte Strategie können die Längeninformationen der vier Interferometer direkt zu einer 3D- Positionsinformation verrechnet werden. Es wird eine Schnittstelle für eine bidirektionale Kommunikation zwischen Messgerät und Maschinensteuerung entwickelt, wodurch eine weitere Reduktion der Messzeit bedeutet. Die Messdauer für eine vollständige Messung kann so auf 15 Minuten reduziert werden. Die durchschnittliche Dauer einer Kalibrierung mittels sequentieller Multilateration wie in Abschnitt 5.1 und ohne spezielle Vorrichtung für die Verankerung der Messgeräte beträgt für die gleiche Maschine im Vergleich ungefähr 2 Stunden. Die Kalibrierdaten sollen helfen, die Messergebnisse der experimentellen Messungen am Bauteil hinsichtlich des Temperatureinflusses auf den Messprozess analysieren zu können. Die kurze Messdauer und die stabilen Umgebungsbedingungen in der klimatisierten Umgebung garantieren, dass die Kalibrierdaten den Maschinenzustand sehr genau abbilden. Die aufgenommenen Parameter können konkret einem einzelnen Temperaturpunkt zugeordnet werden, da während der Messung keine deutlichen Temperaturänderungen zu erwarten sind (vgl. Anhang Abbildung A 10). Die Messdaten erlauben zusammen mit den Informationen der Temperatursensoren in der Maschinenstruktur ein umfassendes Bild der Maschinengeometrie zu Zeitpunkten der Messungen am Meisterbauteil.

Es ist anzunehmen, dass insbesondere Positionsmessungen auf der WZM dem Einfluss einer veränderten Maschinengeometrie unterliegen. Dieser Einfluss soll in der Folge am Beispiel der Mittelpunktmessung des Bauteils über die beiden Merkmale Durchmesser 80 mm und Durchmesser 40 mm quantifiziert werden. Dazu wurden aus den Messdaten der beiden Merkmale die zugehörigen Mittelpunkte ermittelt. Die Mittelpunkte der Messungen sind unterschieden nach dem Merkmal für die einzelnen Temperaturpunkte und -fenster in Abbildung 5-13 aufgetragen.

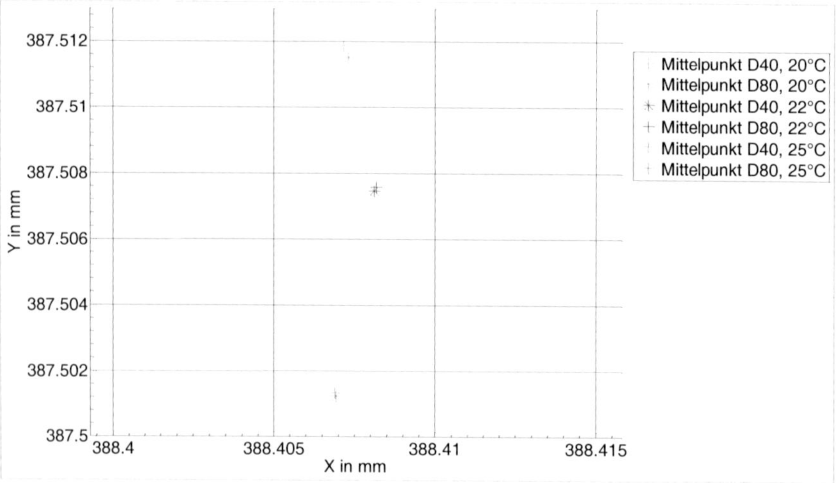

Abbildung 5-13 Mittelpunkte der Merkmale D40 und D80 in X-Y-Ebene berechnet auf Basis von 25 Wiederholungsmessungen am Bauteil an verschiedenen Temperaturpunkten mithilfe von Ausgleichselementen (maximale Streuung der berechneten Mittelpunkte < 0,4 µm)

Da aufgrund der Aufspannung eine in alle Richtungen gleichmäßige Bauteildehnung angenommen werden kann, müssten die Mittelpunkte bei den einzelnen Messungen zusammenfallen. Die Verschiebung der errechneten Mittelpunkte entlang der Y-Achse ist daher nicht ohne weiteres erklärbar. Die Analyse der Maschinenparameter zeigt die Verschiebung des TCPs unter dem Einfluss der thermischen Last. Dazu werden die 21 Kalibrierwerte der Maschine in Korrekturfelder umgerechnet. Diese Felder enthalten die Information, um welchen Betrag in X, Y, und Z-Richtung die Soll-Position des TCPs im Maschinenarbeitsraum von der Ist-Position abweicht. Diese Information liegt als interpolierter Wert an allen beliebigen Punkten im Arbeitsraum vor. Die Höhe in Z-Richtung entspricht dabei der Messhöhe während der Antastung des Bauteils auf der Maschine (Abbildung 5-14).

Die Vektoren zeigen die Verschiebung zwischen den Soll und den Ist-Punkten des TCPs. Es ist eine Veränderung der Vektoren zwischen den Kalibriermessungen bei 20 °C und 25 °C zu erkennen. Es ist eine gleichmäßige Verschiebung des TCPs in Richtung der Y-Achse zu beobachten (vgl. Abbildung 5-14). Die Abweichung ist temperaturinduziert und scheint damit die beobachtete Verschiebung der Mittelpunkte erklären zu können. Die Abweichungen in Z-Richtung beeinflussen das Messergebnis an dieser Stelle nicht, da eine Antastung nur in X-Y-Richtung erfolgt. Die Abweichungen sind typisch für den betrachteten Maschinentyp und die vergleichsweise hohen EZZ-Abweichungsbeiträge können durch weitere Messungen bestätigt werden.

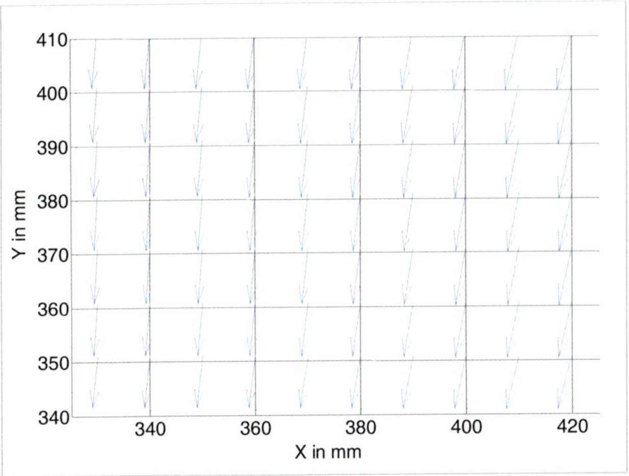

Abbildung 5-14 Differenzen der Ist-Positionen des TCP zwischen 20 °C und 25 °C (Pfeilrichtung) simuliert auf Basis der zugehörigen Kalibrierparameter der Hermle C300U

Die Abbildung zeigt jedoch lediglich eine qualitative Darstellung der Richtung und des relativen Betrages der Verschiebung. Um eine Aussage über den absoluten Betrag treffen zu können ist eine genauere Analyse der Parameter erforderlich. Eine quantitative Abschätzung kann durch die Betrachtung des Betrages der einzelnen Vektoren erfolgen (Abbildung 5-15).

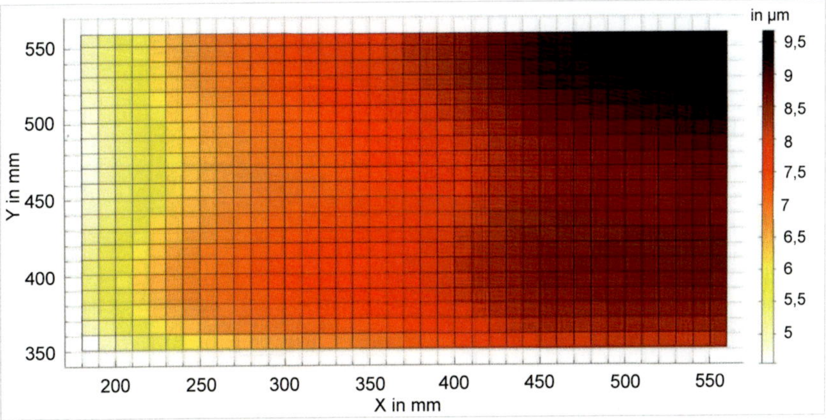

Abbildung 5-15 Beträge der Differenzen der Ist-Positionen des TCP zwischen 20 °C und 25 °C (Pfeilrichtung) berechnet auf Basis der zugehörigen Kalibrierparameter der Hermle C300U

Die farbliche Codierung entspricht dabei den Betragswerten der Vektoren an der Stelle des simulierten Punktegitters. Im Bereich der gemessenen Merkmale treten Vektorenbeträge von ~ 9 µm auf. Damit sind die Verschiebungen der Mittelpunkte in Richtung und auch in absoluten Werten erklärbar. Die Simulation des

Temperatureinflusses auf Basis der Kalibrierwerte ist in Richtung und Betrag mit den gemessenen Werten vergleichbar (vgl. Abbildung 5-16). Mithilfe des entwickelten Modells kann somit der Temperatureinfluss auf die Messung erfasst werden. Damit müssten eine simulative Bestimmung des MPE-Wertes und damit eine Bestimmung der Messunsicherheit mithilfe einer Modellierung der Maschine möglich sein und vergleichbare Werte zu einer experimentellen Bestimmung der Messunsicherheit liefern.

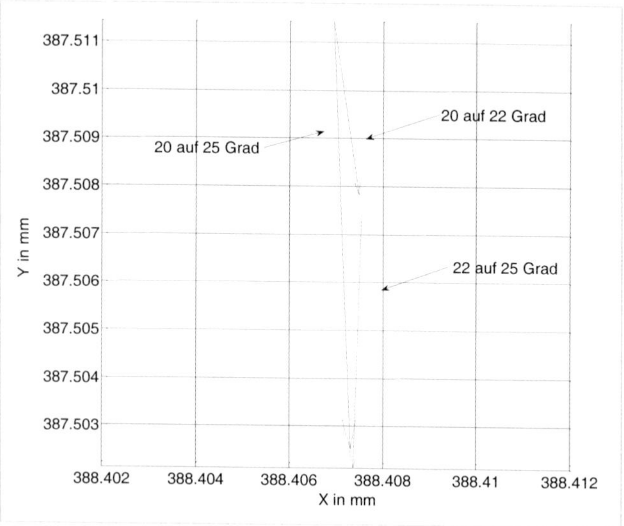

Abbildung 5-16 Mittelpunkte der Merkmale D40 und D80 in X-Y-Ebene simuliert auf Basis der Kalibrierparameter der Hermle C300U

5.2.3 Bestimmung der Messunsicherheit mithilfe eines kalibrierten Bauteils

Die Betrachtungen zur merkmalsspezifischen Messunsicherheit des Gesamtsystems sollen nach den verschiedenen Temperaturbereichen getrennt erfolgen. Es soll eine Verbindung zwischen den verschiedenen Einflüssen mithilfe der Kalibrierdaten der WZM hergestellt werden, die nun zu den verschiedenen Temperaturbereichen vorliegen. Eine solche Betrachtung ist in der Ausführlichkeit und unter vollständiger Kontrolle des Parameters „Temperatur" neu.

Die Bestimmung der Messunsicherheit mit einem kalibrierten Normal erfolgt wie in Abschnitt 4.3.1 beschrieben. Das Werkstück wurde auf der Maschine aufgespannt und mit Oberflächentemperatursensoren ausgestattet. Die Umgebungstemperatur wird auf die Referenztemperatur 20 °C geregelt.

Die Analyse der Messergebnisse und die Bestimmung der resultierenden Messunsicherheit soll am Beispiel des Innendurchmessers D80 mit $d_i = 80\ mm$ exemplarisch durchgeführt werden. Die Messung des Merkmals mit $n = 50$ über den Umfang verteilten Punkten wurde 30mal wiederholt. Die Messungen werden automatisiert durchgeführt. Es wurde ein Shapiro-Wilk-Test mit der Nullhypothese H_0 durchgeführt (H_0: Die Strichprobe stammt aus einer Normalverteilung). Die Nullhypothese konnte für die Datensätze nicht widerlegt werden.

Die Messergebnisse berechnen sich aus den unkompensierten Messdaten, die direkt aus der Steuerung der Maschine abgespeichert werden. Die Messwerte müssen noch um den Tasterradius bereinigt werden (vgl. Abschnitt 5.1.1). Im vorliegenden Fall wurde der Tasterradius aus den Messdaten der Punktmessungen zu einem wirksamen Radius von $r_{RT\_HH} = 1{,}9432\ \mathrm{mm}$ ermittelt. Die Korrekturen der Messdaten sind in Tabelle aufgeführt. Die resultierenden Unsicherheiten werden wie in Abschnitt 5.1.2 berechnet. Die Ergebnisse sind in Tabelle 5-6 aufgeführt.

Tabelle 5-6 Messunsicherheit für exemplarische Merkmale bei 20 °C mit Tasterradius (Ring)

Bez.	**Temperatur** in °C	**Messwert** in mm	**Streuung** in mm	**Messunsicherheit** in mm
D80	20	79,9435	0,0005	0,0086
D40	20	40,0358	0,0018	0,0193
C80	20	0,0087	0,0004	0,0113
C40	20	0,0096	0,0016	0,0128

Einfluss des Tastsystems auf die Messunsicherheit

Die Messunsicherheiten für die Merkmale Durchmesser D40 und D80 sollen näher betrachtet werden. Die Größenordnung der resultierenden Unsicherheiten scheinen vor den ausführlichen Betrachtungen der Maschinenfehler aus Abschnitt 5.2.1 realistisch. Dennoch ist die Unsicherheit des Merkmals D40 im Vergleich zu Merkmal D80 groß. Der Einfluss des Tastsystems speziell die Korrektur des Tasterradius soll daher gesondert untersucht werden. Der in Tabelle zugrunde gelegte Radius wurde durch die Messung des Innendurchmessers des Kalibrierrings bestimmt. Zum Vergleich wird ein Kalibrierzapfen zum Kalibrieren von Tastsystemen auf KMG für die Qualifikation des Tastsystems der WZM herangezogen. Der Zapfen mit einem Durchmesser von $\boldsymbol{D_Z = 80\ \mathrm{mm}}$ wurde auf einem Formtester des Typs FORM-PC der Firma Mahr im Labor des Instituts kurz vor der Messung auf der Maschine kalibriert. Der Zapfen wurde 48 Stunden in der Temperaturprüfkammer temperiert und dann mit 50 Punkten auf dem Umfang mit der gleichen Rasterung der späteren Messung gemessen. Die Auswertung der Punkte folgte analog zu den obigen Ausführungen. Die Auswertung ergibt einen wirksamen Tasterradius $\boldsymbol{r_{RT\_HH\_I} = 1{,}9398\ \mathrm{mm}}$. Die Unsicherheiten für die Messung des Innendurchmessers D40 sind in Tabelle 5-7 aufgeführt.

Die Messunsicherheit für das Merkmal D40 sinkt deutlich im Vergleich zu den Berechnungen mit dem zuvor angenommenen Tasterradius. Die Tasterkorrektur hat damit einen großen Einfluss auf die Messunsicherheit des Gesamtsystems. Insbesondere die Bestimmung des wirksamen Tastkopfdurchmessers ist wichtig. Im vorliegenden Fall konnte die Änderung der Antastrichtung während der Kalibrierung des Tastsystems eine deutliche Reduzierung der Messunsicherheit erzielen. Es wurde mit einer anwendungsbezogenen Kalibrierung eine weitere Möglichkeit für eine Kompensation des Tastsystemeinflusses auf die Messunsicherheit aufgezeigt.

Tabelle 5-7 Messunsicherheit für exemplarische Merkmale bei 20 °C mit Tasterradius (Ring und Zapfen)

Bez.	**Temperatur** in °C	**Messwert** in mm	**Streuung** in mm	**Messunsicherheit** in mm
D80	20	79,9435	0,0005	0,0086
D40	20	40,0426	0,0018	0,0068
C80	20	0,0087	0,0004	0,0113
C40	20	0,0096	0,0016	0,0128

Einfluss der Umgebungstemperatur auf die Messunsicherheit

Der in 5.2.1 hergeleitete Einfluss der Temperatur auf die Maschinengeometrie und resultierend daraus auch auf die nominellen Messwerte einer Positionsmessung soll nun auf die Betrachtung der Messunsicherheit übertragen und quantifiziert werden.

Dazu sollen folgende Hypothesen bestätigt werden:

Die Messunsicherheit des Gesamtsystems wird durch eine von der Referenztemperatur abweichende Umgebungstemperatur durch den Einfluss auf die geometrischen Abweichungen der Maschinenkinematik systematisch vergrößert.

Eine Bestimmung der Messunsicherheit mithilfe der entwickelten dynamischen Messunsicherheitsbilanz ist mit Kenntnis der geometrischen Abweichungen der Werkzeugmaschine für einen von der Referenztemperatur abweichenden Temperaturpunkt möglich.

Eine Bestätigung der 1. Hypothese soll über einen Vergleich der Messunsicherheiten in verschiedenen Temperaturfenstern gelingen. Die Maschine wurde dazu jeweils 72 Stunden temperiert, um eine gleichmäßige Temperaturverteilung innerhalb der Struktur sicherzustellen und Temperaturgradienten ausschließen zu können. Als Referenz bei der Betrachtung dienen die oben ermittelten Messunsicherheiten bei der Referenztemperatur 20 °C. Die Messungen am Referenzbauteil wurden bei jedem der Temperaturpunkte $n = 30$ mal durchgeführt. Vor und nach diesen Wiederholungsmessungen wurde die Maschine mit dem in Abschnitt 5.2.2 beschriebenen Aufbau volumetrisch kalibriert. Die Tabelle 5-8 und Tabelle 5-9 zeigen die Messergebnisse bei einer Umgebungstemperatur von 22 °C und von 25 °C. Bei der Berechnung der Messunsicherheiten wurde der Temperatureinfluss auf das Bauteil berücksichtigt und die Temperaturdehnung für die gemessenen Merkmale korrigiert. Die Temperaturkorrektur legt eine lineare Dehnung des Bauteils zugrunde. Trotz der Korrektur ist ein deutlicher Einfluss der Umgebungstemperatur auf die Messunsicherheit zu erkennen. Damit ist die erste Annahme bestätigt. Allerdings soll in der Folge noch eine Erklärung für die Abweichungen formuliert werden. Der Einfluss der Umgebungstemperatur ist eine zentrale Hürde für eine wirtschaftliche und praktikable Umsetzung der Erkenntnisse dieser Arbeit in einer industriellen Anwendung.

Tabelle 5-8 Messunsicherheit bei einer Temperatur von 22° C (Bauteildehnung korrigiert)

Bez.	**Temperatur** in °C	**Messwert** in mm	**Streuung** in mm	**Messunsicherheit** in mm
D80	22	79,9424	0,0007	0,0174
D40	22	40,042	0,0013	0,0101
C80	22	0,0108	0,0004	0,0153
C40	22	0,0099	0,002	0,0135

Tabelle 5-9 Messunsicherheit bei einer Temperatur von 25° C (Bauteildehnung korrigiert)

Bez.	**Temperatur** in °C	**Messwert** in mm	**Streuung** in mm	**Messunsicherheit** in mm
D80	25	79,9449	0,0007	0,0241
D40	25	40,0439	0,0006	0,0125
C80	25	0,0108	0,0005	0,0154
C40	25	0,0088	0,0004	0,0109

Grundlage für die Betrachtungen zur 2. Hypothese sind Informationen über die geometrischen Abweichungen der WZM in den jeweiligen Temperaturfenstern. Der Demonstrator wurde daher an jedem Temperaturpunkt kalibriert. Die Messdaten liefern die Parameter der WZM nach dem reduzierten Starrkörpermodell zum Zeitpunkt der Messung des Referenzbauteils. Die Fehlerbeiträge werden an den einzelnen Messpunkten am Referenzbauteil in Abhängigkeit der Temperatur verglichen. Als Referenz dient der Fehlerbeitrag bei 20 °C. Ziel ist die Verbesserung des Gesamtsystems für eine geometrische Messung auch bei einer von 20 °C verschiedenen Umgebungstemperatur durch eine volumetrische Kompensation der Maschine für den jeweiligen Temperaturpunkt oder eine Berücksichtigung in der Messunsicherheitsbilanz. Die Analyse ist damit als Weiterführung der Untersuchungen aus Abschnitt 5.1 anzusehen. Sollte es gelingen die Messunsicherheiten zu verringern, so könnte auch bei Abweichungen von der Referenztemperatur eine Prüfprozesseignung einer Geometrieprüfung auf der WZM gewährleistet werden.

Wenn die Messunsicherheit des Gesamtsystems durch die temperaturinduzierten geometrischen Abweichungen beeinflusst wird, so sollte eine Kompensation dieser Abweichungen eine Reduktion der Messunsicherheit zur Folge haben. Eine Kompensation der Messwerte erfolgt in den folgenden Betrachtungen offline, da für die betrachtete Maschine keine steuerungsseitige Kompensation möglich ist. Das bedeutet die Messwerte werden nachträglich um die Fehlerbeiträge bereinigt. Dazu wurde das entwickelte mathematische Maschinenmodell herangezogen, das eine Berechnung der Ist-Position des TCP auf Basis der Soll-Daten und der Kalibrierdaten erlaubt (vgl. Abschnitt 4.3.3).

Der Input für das mathematische Modell sind die gemessenen Punktewolken und die Kalibrierdatei der Maschine am jeweiligen Temperaturpunkt. Die korrigierten

Messwerte werden analog zu den bereits erfolgten Berechnungen ausgewertet. Die Ergebnisse bestätigen die getroffene Annahme. Die ermittelten Messunsicherheiten werden deutlich reduziert und liegen für jeden der drei Temperaturpunkte im Bereich von $U = 3\ \mu m$ (Tabelle 5-10). Die Messunsicherheit ist damit deutlich geringer als für eine Messung ohne Kenntnis der Abweichungen. Der Einfluss des Tastsystems genauer der Tastsystemkalibrierung und des ermittelten wirksamen Tastkugelradius auf die Messunsicherheit der Messung des Merkmals Durchmesser ist wie erwartet ebenfalls groß.

Tabelle 5-10 Messunsicherheiten (MU) bei verschiedenen Temperaturen

Merkmal	**Temperatur** in °C	**Kompensation**	**Messwert** in mm	**MU Durchmesser** in mm	**MU Rundheit** in mm
D80	20	ja	79,9481	0,0026	0,0147
D80	22	ja	79,9505	0,003	0,0149
D80	25	ja	79,9563	0,0029	0,0145

Das Merkmal Geradheit der Bauteilkanten soll den Einfluss der Maschinenkinematik auf die Messunsicherheit ebenfalls verdeutlichen. Durch die gleichbleibende Antastrichtung ist der Tastsystemeinfluss bei diesem Merkmal zu vernachlässigen. Die Lage der Kanten im Arbeitsraum der Maschine lässt in Hinblick auf die Ergebnisse aus Abschnitt 5.2.1 einen Einfluss der temperaturinduzierten Abweichungen vermuten. Insbesondere die Messpunkte von Bezug A sind nach den Fehlerfeldern auf Basis der Kalibrierdaten zu urteilen deutlichen Abweichungen zwischen Soll und Ist-Positionen des TCPs unterworfen. Eine Kompensation der Messwerte bei 25 °C zeigt die erwartete deutliche Reduktion der ermittelten Messunsicherheit um ~40 % (Tabelle 5-11).

Tabelle 5-11 Messunsicherheiten für das Merkmal Geradheit bei verschiedenen Temperaturen

Merkmal	**Temperatur** in °C	**Komp.**	**Messwert** in mm	**Streuung** in mm	**Messunsicherheit** in mm
Strght Bezug B	20	nein	0,0038	0,0004	0,003
Strght Bezug B	20	ja	0,0024	0,0004	0,0024
Strght Bezug B	22	nein	0,0039	0,0003	0,0031
Strght Bezug B	22	ja	0,0025	0,0004	0,0024
Strght Bezug B	25	nein	0,0038	0,0004	0,003
Strght Bezug B	25	ja	0,0031	0,0003	0,0023
Strght Bezug A	20	nein	0,0048	0,0003	0,0029
Strght Bezug A	20	ja	0,0024	0,0001	0,0028
Strght Bezug A	22	nein	0,005	0,0004	0,0031
Strght Bezug A	22	ja	0,003	0,0002	0,0028
Strght Bezug A	25	nein	0,0061	0,0004	0,0049
Strght Bezug A	25	ja	0,0031	0,0005	0,0028

Damit wird auch am Beispiel der Formmessung Geradheit der Einfluss der temperaturinduzierten geometrischen Abweichungen der Maschinenkinematik deutlich. Die Kenntnis der Abweichungen und eine Kompensation reduzieren die merkmalsspezifische Messunsicherheit.

5.2.4 Dynamische Berechnung mit Messunsicherheitsbilanz

Das in Abschnitt 4.3.3 beschriebene Modell soll in der Folge auch unter den kontrollierten Temperaturbedingungen der Temperaturprüfkammer validiert werden. Dazu kann auf die Kalibrierdaten der Maschine an den einzelnen Temperaturpunkten zurückgegriffen werden. Die Eingangsgrößen für die Berechnung der Messunsicherheiten sind wie in Abschnitt 4.3.3 und 5.1 beschrieben. Grundlage der Berechnung ist auch hier die Bestimmung einer Längenmessabweichung der WZM. Die Längenmessabweichung wird für den für die Messung wirksamen Bereich des Arbeitsraumes der Maschine errechnet. Die berechneten Werte sind für die einzelnen Bereiche des Arbeitsraumes, in denen die Messung des Merkmals stattfindet, erwartungsgemäß unterschiedlich. Die Längenmessabweichungen sind wie vermutet ebenfalls temperaturabhängig. Eine von 20 °C abweichende Temperatur hat eine veränderte Längenmessabweichung der WZM zur Folge (Tabelle 5-12). Mit steigender Temperatur vergrößert sich die Längenmessabweichung.

Die direkte positive Korrelation zwischen der Längenmessabweichung und der Messunsicherheit lassen eine höhere Messunsicherheit bei steigender Umgebungstemperatur vermuten. Zur Validierung werden die Messunsicherheiten für die gleichen Merkmale wie in den Betrachtungen in Abschnitt 5.2.3 durchgeführt.

Das Merkmal Durchmesser soll exemplarisch detaillierter betrachtet werden. Die Messunsicherheitsbilanz wird für eine Messung mit $n = 50$ gleichmäßig verteilten Messpunkten aufgestellt. Die Messstrategie und die Auswertung ist dabei identisch zu den Ausführungen in Abschnitt 5.1.4.

Tabelle 5-12 Längenmessabweichung $\boldsymbol{K}$ in mm/µm für Hermle B300U in Abhängigkeit der Temperatur

Temperatur	20 °C	22 °C	25 °C
D40	9,9539	7,0459	5,5593
D80	9,9619	7,0498	5,5624
C40	9,9539	7,0459	5,5593
C80	9,9619	7,0498	5,5624
Strght_A	11,1186	8,4448	6,6519
Strght_B	11,1186	8,4448	6,6519

Der Einfluss des Tastsystems muss wieder über die Streuung des Systems erfasst werden.

$$u(D_T) = s \tag{67}$$

Auch hier ist s_{min} als Richtwert für KMG und die typischerweise verwendeten Tastsysteme vorgeschlagen. Durch Berechnung der Ausgleichelemente ergibt sich eine Standardabweichung von $s = 3{,}85\ \mu\text{m}$. Diese ist größer als die vorgeschlagene $s_{min} = \frac{A}{3}$ und wird daher in der Folge verwendet.

Die Abweichungen des Kalibrierkörpers z.B. des Kalibrierrings werden bei der Berechnung der Messunsicherheit ebenfalls berücksichtigt. Die Unsicherheit des Durchmessers wird durch Kalibriermessungen bestimmt und ist im Kalibrierschein vermerkt.

$$u(D_C) = 0{,}001\ \text{mm} \tag{68}$$

Der Einfluss der Geometrieabweichungen der Maschinenkinematik geht wiederum über das Verhältnis zwischen Merkmal und dem Faktor K in die Unsicherheitsbilanz ein. Dieser Zusammenhang zwischen Temperatur und den Geometrieabweichungen der WZM lassen damit einen deutlichen Einfluss der Temperatur auf die Messunsicherheit erwarten.

Temperaturänderungen beeinflussen die Wegmesssysteme der WZM auch direkt. Dabei sind auch Unsicherheiten bei der Bestimmung der Temperatur der Umgebung, der Maschinenstruktur und des Bauteils zu berücksichtigen. Es wird ein Unsicherheit bei der Temperaturmessung von $U_T = \pm 0{,}5\ °\text{C}$ angenommen. Die Ausdehnungskoeffizienten sind ebenfalls nur mit Unsicherheiten bestimmbar. Beide Unsicherheitsbeiträge müssen in die Bilanz eingerechnet werden (ΔL_T).

Die Messunsicherheiten zeigen den erwarteten Einfluss der Temperatur. Die Ergebnisse korrelieren für die dimensionellen Merkmale direkt positiv mit der Temperatur (Abbildung 5-17).

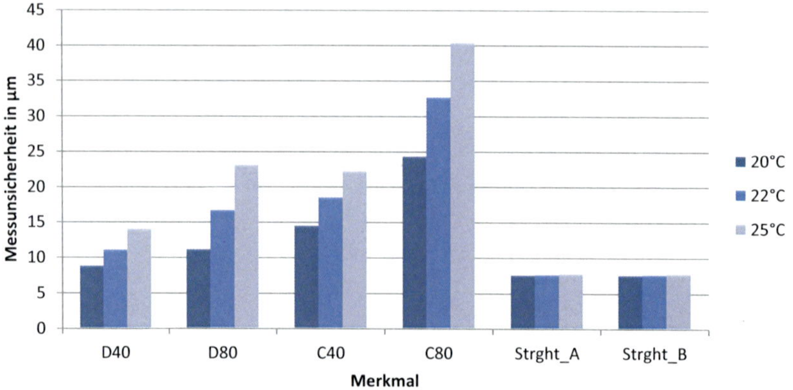

Abbildung 5-17 Vergleich der Messunsicherheiten bei Umgebungstemperaturen von 20 °C, 22 °C und 25 °C

Die detaillierte Betrachtung der Messunsicherheit für das Merkmal Durchmesser 80 mm hilft bei der Identifikation der Haupteinflüsse. Bei einer Umgebungstemperatur von 20 °C liefern das Tastsystem und wie erwartet die Maschinengeometrie die größten Unsicherheitsbeiträge (Tabelle 5-13).

Tabelle 5-13 Beiträge der Einflussgrößen zur Unsicherheit der Messgröße am Beispiel Durchmesser D80 bei 20 °C

Einfluss-größe	**Methode**	**Punktanzahl/ Verteilung**	**Standard-abweichung Grenze** in µm	**Faktor für Punktzahl/ Verteilung**	**Sensitivitäts-koeffizient**	**Unsicherheits-beitrag** in µm
Dw	B	50,00	1,28	0,28	1,00	0,36
dDT	A	5,00	3,85	1,00	1,00	3,47
dDC	B	Normal	1,0	0,50	1,00	0,5
dLG	B	Normal	8,04	0,50	1,00	4,02
	B	Rechteck	1,60	0,58	0,00	0,00
	B	Rechteck	4,60	0,58	0,30	0,80
	B	Rechteck	1,00	0,58	0,64	0,37
	B	Rechteck	1,00	0,58	1,84	1,07

Standardunsicherheit:	5,52 µm
Erweiterungsfaktor:	2,00
Erweiterte Messunsicherheit:	11,05 µm

Die Unsicherheit der temperaturbedingten Längenmessabweichung kommt durch die Unsicherheit in der Temperaturmessung zustande. Bei steigender Umgebungstemperatur wird der Unsicherheitsbeitrag der Maschinengeometrie größer. (Abbildung 5-18).

Die Messunsicherheiten sind auf den ersten Blick etwas größer als die experimentell bestimmten Unsicherheiten aus Abschnitt 5.2.3 (Abbildung 5-19). Diese Beobachtung war erwartet worden, da es sich bei der Unsicherheitsbilanz um eine Überschätzung handelt.

Die Messunsicherheiten, die sich als Ergebnis der Messunsicherheitsbilanz ergeben, korrelieren näherungsweise linear mit der Temperatur. Dieses Verhalten zeigen die berechneten Messunsicherheiten basierend auf den realen Messungen nicht. Hier ist der Messunsicherheitszuwachs bei einem Temperaturunterschied von absolut 2 °C zwischen den Temperaturpunkten 20 °C und 22 °C größer als der von 3 °C zwischen den Temperaturpunkten 22 °C und 25 °C. Betrachtet man für die Messunsicherheitsbilanz den Einfluss der Maschinenkinematik getrennt, so ist der Trend jedoch vergleichbar. Der K-Wert verändert sich zwischen den Temperaturstufen nicht linear. Dieser Trend ist auch bereits in den Unsicherheitsbeiträgen zu erkennen wird aber durch die Unsicherheitsbeiträge der temperaturbedingten Längenmessabweichung kompensiert (Abbildung 5-18).

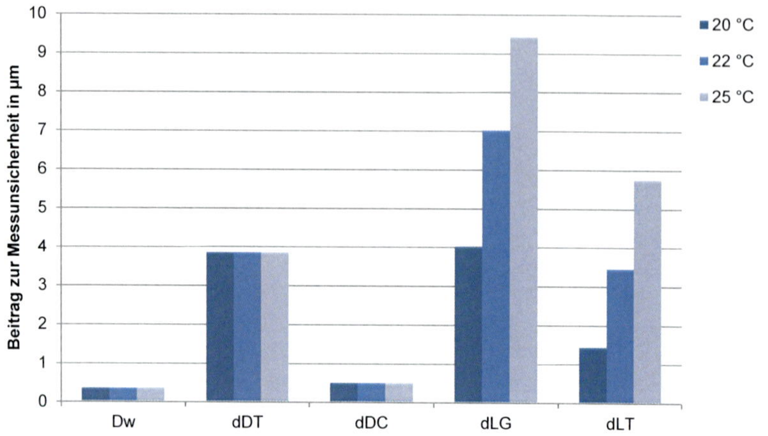

Dw	Unsicherheitsbeitrag Werkstück
dDT	Unsicherheitsbeitrag Tastsystem
dDC	Unsicherheitsbeitrag Kalibrierung
dLG	Unsicherheitsbeitrag Komponentenabweichung WZM
dLT	Unsicherheitsbeitrag temperaturbedingte Längenmessabweichung

Abbildung 5-18 Unsicherheitsbeiträge bei der Messung des Merkmals Durchmesser von 80mm (D80) bei einer Umgebungstemperatur von 20 °C

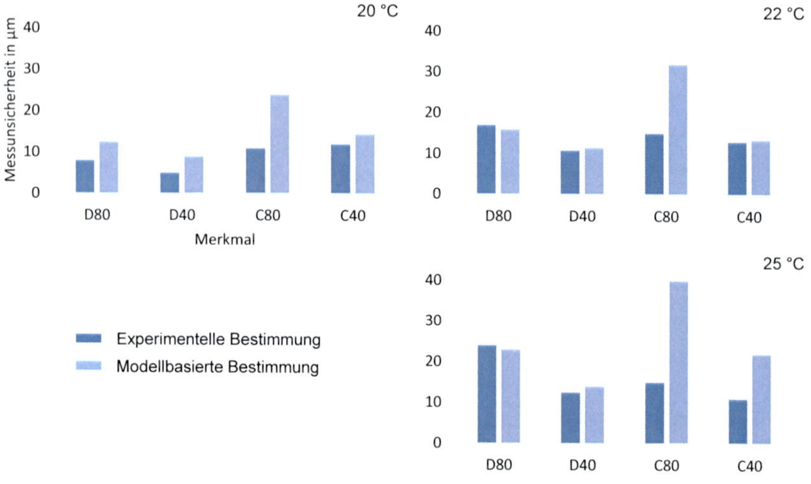

Abbildung 5-19 Vergleich der Messunsicherheitsbestimmung mit materiellem Normal und Messunsicherheitsbilanz bei verschiedenen Umgebungstemperaturen

5.3 Zwischenfazit zu den bisherigen Ergebnissen

Die Ergebnisse der beschriebenen Forschungsarbeiten konnten zeigen, dass eine Messunsicherheitsbestimmung für Messprozesse auf WZM möglich ist. Das entwickelte Vorgehen ermöglicht es, durch die Kombination von Verfahren aus der Koordinatenmesstechnik, Kalibriermethoden für WZM, mathematische Modellierungsansätze für WZM und messtechnische Grundlagen eine Messunsicherheit für einen Messprozess auf WZM zu bestimmen. Die entwickelte Software ermöglicht es dem Anwender mit Kenntnis der notwendigen Eingangsparamater die Berechnung selber durchzuführen. Dabei ist das Verfahren von der Kinematik und der Messaufgabe unabhängig, sofern die kinematische Kette und die Messstrategie auf der Maschine bekannt sind.

Die Untersuchungen im Rahmen dieser Arbeit haben den Temperatureinfluss auf die Messunsicherheit bestätigt (vgl. 5.2). Die Ergebnisse legen eine Kombination der diskutierten Möglichkeiten zur Überwachung nahe (vgl. 4.2.4). Die Festlegung von „Temperaturfenstern", die mit einer erreichbaren Messunsicherheit verknüpft sind, kann die Frequenz einer messtechnischen Erfassung der Verlagerungen deutlich reduzieren. Dazu müssen die Temperaturen der WZM an relevanten Positionen mithilfe von strukturnahen oder -integrierten Temperatursensoren überwacht werden (vgl. 5.2.1). Wiederholte Kalibriermessungen an verschiedenen Temperaturpunkten der Maschinenstruktur ermöglichen die Verknüpfung zwischen gemessenen Temperaturdaten der Maschine und der erzielbaren Messunsicherheit. Dieses Vorgehen ist aufwendig, kann aber langfristig die Frequenz der Überprüfungen reduzieren und die Angabe der Messunsicherheit verbessern. Dazu müssen Grenzwerte beispielsweise für Umgebungstemperaturen, Strukturtemperaturen, Maschinenstunden etc. bestimmt und überwacht werden. Überschreiten beispielsweise die Umgebungstemperaturen einen festgelegten Wert, muss die Messunsicherheit korrigiert werden (vgl. Abschnitt 5.2). Abweichungen von den definierten Temperaturfenstern/ Temperaturzuständen oder unvorhergesehene Einflüsse (Bedienfehler, Kollisionen, Verschleiß, Verunreinigungen) werden mit diesem Vorgehen jedoch nicht aufgedeckt. Eine Bestimmung der Abweichungen ist dann nur noch durch externe Messtechnik möglich.

Die Bestimmung der Komponentenabweichungen ist mit verschiedenen Verfahren und Systemen möglich und in den einschlägigen Normen beschrieben und verankert. Die Verfahren zur Kalibrierung sind in der Anwendung jedoch zeitintensiv und können in der Grundform auch nicht permanent in der Maschine verbaut bleiben (vgl. Abschnitt 2.1.3 und 4.4). Daher ist in dieser Arbeit ein Verfahren zur Überwachung der Maschinenparameter entstanden, das eine vergleichsweise schnelle und prozessintegrierte Messung der zentralen Kalibrierparameter ermöglicht. Damit kann die Maschine nach einem festgelegten Zyklus gemessen und eine Aussage darüber erreicht werden, ob eine Messung mit der ermittelten Messunsicherheit weiterhin möglich ist. So sind eine Überprüfung der Messsystemeignung in regelmäßigen Abständen und damit eine permanente Überwachung des Messsystems möglich. Das

Verfahren ist darüber hinaus geeignet eine 3-Achs-Kinematik vollständig zu kalibrieren und wird im Folgenden (vgl. Kapitel 6) detailliert beschrieben und stellt den nächsten Innovationsfortschritt dieser Arbeit dar.

6 Entwicklung eines Messverfahrens zur Überprüfung der Messsystemeignung

Der Überwachung der Eignung eines Messsystems bestehend aus WZM und Tastsystem kommt eine zentrale Bedeutung zu (vgl. Abschnitt 4.4). Der beschriebene dominante Einfluss der Maschinenkinematik auf die erreichbare Messunsicherheit motiviert eine regelmäßige Überwachung des „Maschinenzustands". Dazu müssen die zentralen Komponentenabweichungen der Maschinenkinematik gemessen werden. So soll sichergestellt werden, dass der Messprozess auf der WZM mit der ermittelten Messunsicherheit durchführbar ist, ohne dass eine vollständige Re-Kalibrierung der Maschine und eine Neuberechnung der Unsicherheit notwendig werden. Ein geeignetes Messverfahren muss in die Struktur der WZM eingebunden werden können, damit eine prozessnahe Erfassung der geometrischen Abweichungen möglich wird. Die messtechnische Erfassung soll in kurzer Zeit und nahezu vollautomatisiert erfolgen können. Die Integration die Struktur und die prozessnahe Messung erfordert eine Robustheit des Systems gegenüber Störeinflüssen.

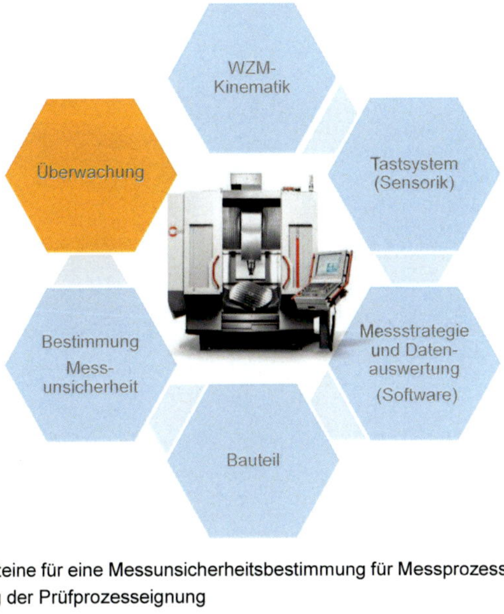

Abbildung 6-1 Bausteine für eine Messunsicherheitsbestimmung für Messprozesse auf WZM erweitert um die Überwachung der Prüfprozesseignung

Im Rahmen dieser Arbeit und der Arbeiten in Industrieprojekten hat der Autor verschiedene Verfahren zur Maschinenkalibrierung insbesondere auch für Maschinen mit Achslängen von mehreren Metern hinsichtlich einer Eignung als prozessnahes und integrierbares Messverfahren untersucht (vgl. Anhang Tabelle A 2). Dabei wurden WZM mit verschiedenen Kinematiken und Umgebungsbedingungen messtechnisch untersucht. Kein eingesetztes Verfahren erfüllte die genannten Bedingungen vollumfänglich.

Es wurde ein eigenes Messverfahren in Verbindung mit einem Messsystemaufbau entwickelt, das eine Überprüfung der Maschine hinsichtlich der Eignung und in der Weiterentwicklung eine vollständige Kalibrierung der WZM in reduzierter Zeit, verglichen mit bekannten Verfahren, ermöglicht.

6.1 Aufbau des Messsystems und Funktionsprinzip der Messung

Das entwickelte Messverfahren basiert auf einer Methode zur Messung der Komponentenabweichungen mithilfe eines „Laser Doppler Displacement Meter" (Wang 2000). Dabei folgt der TCP der Maschine einem treppenförmigen Pfad entlang der vier Raumdiagonalen. Die Bewegung zerlegt den Verfahrweg des TCP in Stützstellen entlang der einzelnen Achsen (Abbildung 6-2). Die Achsfehler werden durch Lösen eines Gleichungssystems aus allen erhobenen Messdaten offline berechnet.

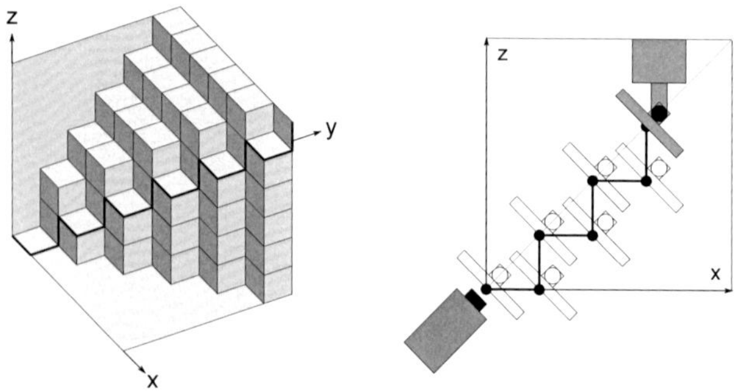

Abbildung 6-2 Bewegung des TCP für die Messwertaufnahme beim Diagonalschrittverfahren mit ebenem Spiegel als Reflektor

Wie für andere Messmethoden, mit denen die Komponentenabweichungen von WZM bestimmt werden können, werden auch für die beschriebene Methode Annahmen getroffen:

- Die WZM muss eine ausreichend hohe Wiederholgenauigkeit aufweisen, d. h. das Verhalten ist für gleiche Umgebungsbedingungen innerhalb statistischer Grenzen reproduzierbar
- Das vorgestellte Starrkörpermodell ist gültig (Abschnitt 4.3.3)

Bei WANG findet sich für die Gültigkeit der Methode noch eine zusätzliche Bedingung (Wang 2000):

- Die rotatorischen Abweichungen der Maschine sind im Vergleich zu den translatorischen Abweichungen vernachlässigbar.

Die letzte Annahme ist in der Literatur umstritten. (Chapman 2003; Ibaraki und Hata 2010) Die Annahme wurde auch durch die vorliegenden Forschungsarbeiten wiederlegt und stellt nach Meinung des Autors einen großen Nachteil der Methodik dar. Das vorgestellte Verfahren löst diesen Nachteil auf.

Das Messsystem baut auf zwei Laserstrahlen auf und misst die betrachteten Abweichungen optisch (Abbildung 6-3 und Abbildung 6-4).

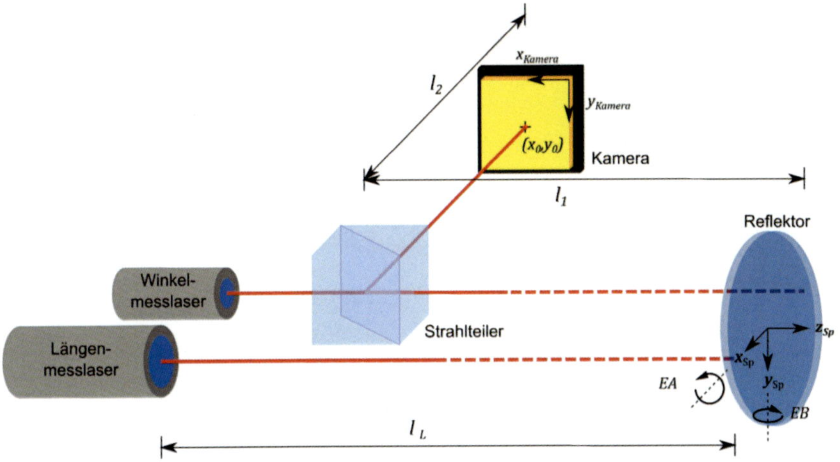

Abbildung 6-3 Schematische Darstellung des Messsystems mit Strahlengang

Die Längenänderung zwischen dem Messsystem und einer reflektierenden Fläche (Spiegel) wird mittels des ersten Laserstrahls interferometrisch gemessen. Eine mögliche Winkeländerung des reflektierenden Spiegels um die Spiegelachsen (x_{Sp}, y_{Sp}, z_{Sp}) während der Bewegung wird mithilfe des zweiten Lasers detektiert. Dazu wird der zweite Laserstrahl unmittelbar nach der Laserquelle in einem Strahlteiler aufgeteilt. Der reflektierte Strahl wird wiederum im Strahlteiler geteilt.

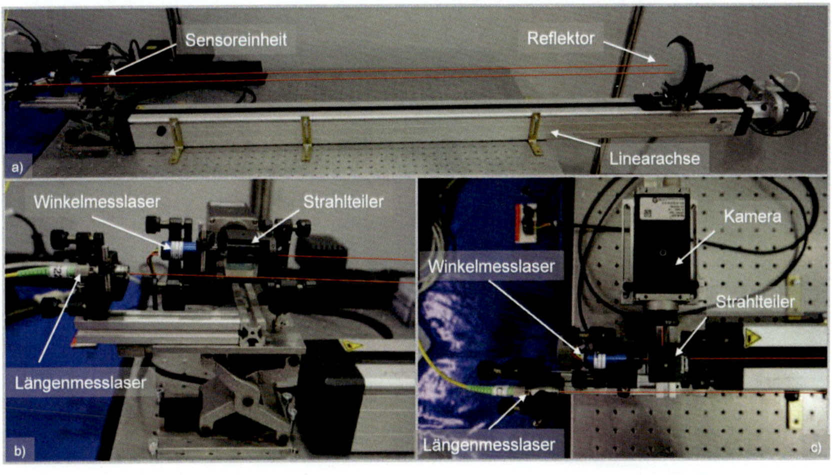

Abbildung 6-4 Prototyp des Messsystems für Validierungsmessungen an einer Linearachse a) mit Bezeichnung der Einzelkomponenten Seitenansicht b) und Draufsicht c) (Strahlengang angedeutet)

Der Strahl wird dann auf den Chip einer Kamera gelenkt. Bei einer Winkeländerung der reflektierenden Fläche wird der Strahl auf dem Chip versetzt. Durch diese Anordnung kann neben der Distanzänderung auch die Winkeländerung der Fläche detektiert werden. Bei dem entwickelten Prototyp sind das Faserende des faserbasierten Interferometers, eine Laserquelle und der Strahlteiler auf einer gemeinsamen Plattform verbaut in der Folge Sensoreinheit genannt.

Die Sensoreinheit kann im Maschinenraum positioniert werden. Der Reflektor ist als ebener Spiegel ausgeführt und wir in der Werkzeugaufnahme der WZM befestigt. Ein weiterer Spiegel lenkt die beiden kollinearen Strahlen von der Sensoreinheit auf den Reflektorspiegel um (Abbildung 6-5). Dieser Aufbau erleichtert die Einrichtung des Messaufbaus auf der WZM. Es können Messstrecken entlang der vier Raumdiagonalen eingerichtet werden. Der Spiegel wird während der Messung entlang der Raumdiagonalen verfahren. Die Messstrategie und die mathematische Modellierung sind in Abschnitt 6.1 beschrieben.

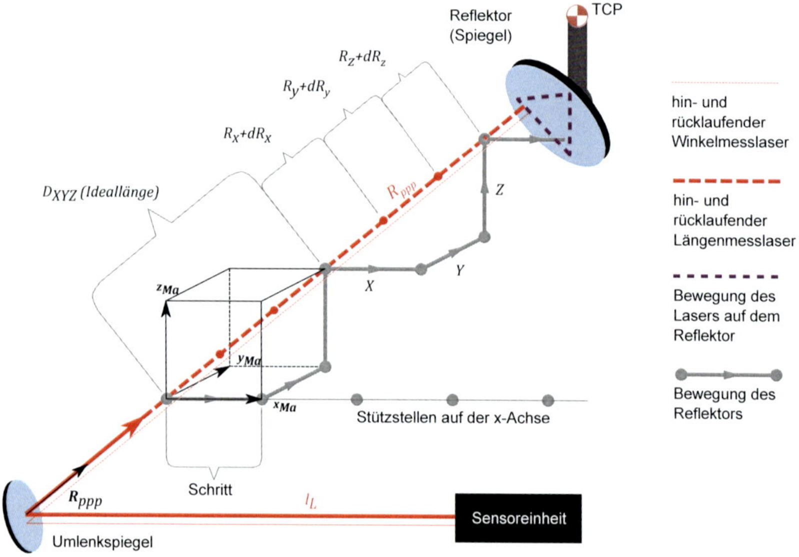

Abbildung 6-5 Skizze zum Messaufbau zur Messung entlang einer Diagonalen (hier: ppp-Diagonale)

Das Messvolumen wird über zwei Eckpunkte aufgespannt. Die zur Messung erforderlichen Diagonalen (ppp, npp, pnp, nnp) sind danach bezeichnet, ob in Koordinatenrichtung x, y und z jeweils ein positiver (p) oder ein negativer (n) Schritt erfolgt. Die Schrittlängen werden in Abhängigkeit der Richtung mit X, Y und Z und die zugehörige diagonale Laserlänge mit R bezeichnet.

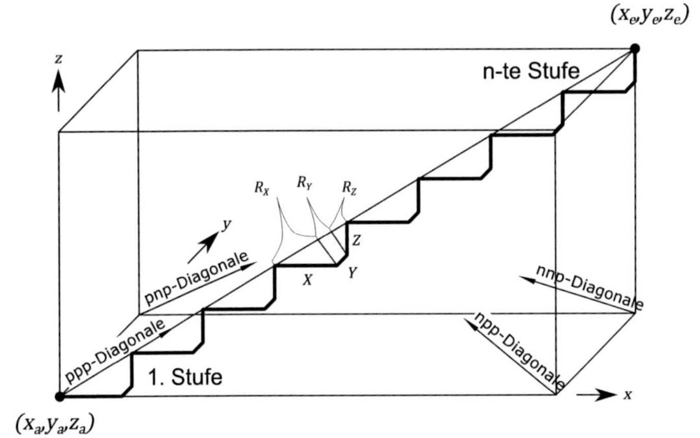

Abbildung 6-6 Aufgespanntes Messvolumen mit Lage, Richtung und Bezeichnung der Messdiagonalen

Die Bewegung des TCP im Maschinenraum ist für die Bestimmung der Fehler von großer Bedeutung. Der TCP ist zum Start der Messung an der Position $\boldsymbol{P}_{000}$ (entspricht Punkt (x_a, y_a, z_a)) im Maschinenkoordinatensystem. Die Fehler der X-Achse verursachen beim Verfahren entlang der X-Achse ($\boldsymbol{x}_{Ma}$) um die Schrittlänge X eine Abweichung in X-, Y-, Z- Richtung der volumetrische Fehler $\boldsymbol{E}(x)$ (Abbildung 6-7). Da der Startpunkt $\boldsymbol{P}_{000}$ der Referenzpunkt der Messung ist, sind in diesem Punkt alle Achsfehler zu „null" angenommen. Bei $\boldsymbol{P}_{100}$ sind die Achsfehler der Y- und Z-Achse weiterhin zu „null" angenommen, da die Achsen nicht verfahren werden. Die Punkte $\boldsymbol{P}_{100}$ und Punkt $\boldsymbol{P}_{100}'$ unterscheiden sich um $\boldsymbol{E}(x)$. Die Verschiebung ist aus den Informationen des Maßstabssystems der WZM nicht ersichtlich und muss durch externe Messsysteme erfasst werden.

$$\boldsymbol{P}_{100}' = X\boldsymbol{x}_{Ma} + \boldsymbol{E}(x) \tag{69}$$

Der volumetrische Fehler $\boldsymbol{E}(x)$ kann durch seine Komponenten in X-, Y- und Z-Richtung ausgedrückt werden (analog $\boldsymbol{E}(y)$ und $\boldsymbol{E}(z)$):

$$\boldsymbol{E}(x) = E_x(x)\boldsymbol{x}_{Ma} + E_y(x)\boldsymbol{y}_{Ma} + E_z(x)\boldsymbol{z}_{Ma} \tag{70}$$

Die Abweichung von der Ideallänge entspricht jeweils der Projektionslänge der Fehler $\boldsymbol{E}(x), \boldsymbol{E}(y), \boldsymbol{E}(z)$ auf den Messstrahl. Mathematisch lassen sich die Projektionslängen als das Skalarprodukt der entsprechenden Vektoren $\boldsymbol{E} * \boldsymbol{R}$ ($\boldsymbol{R}$ als Diagonalvektor) (vgl. Gleichung (74)) beschreiben.

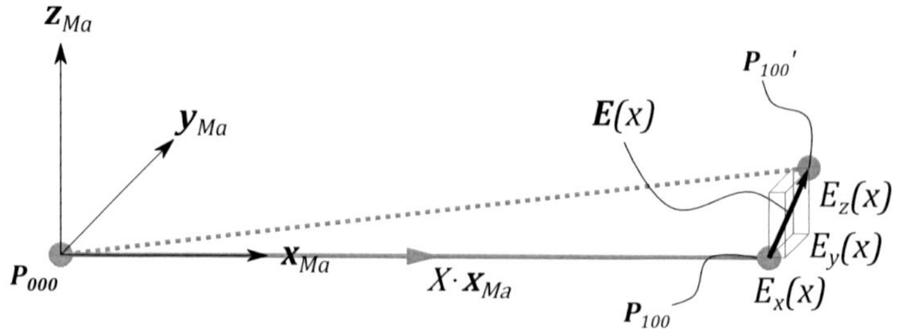

Abbildung 6-7 Schematische Darstellung der volumetrischen Abweichung

Beispielhaft ergibt sich für die ppp-Diagonale:

$$d\boldsymbol{R}(x)_{ppp} = \boldsymbol{E}(x) \cdot \boldsymbol{R}_{ppp} = X_R \boldsymbol{E}_x(x) + Y_R \boldsymbol{E}_y(x) + Z_R \boldsymbol{E}_z(x) \quad (71)$$

$$d\boldsymbol{R}(y)_{ppp} = \boldsymbol{E}(y) \cdot \boldsymbol{R}_{ppp} = X_R \boldsymbol{E}_x(y) + Y_R \boldsymbol{E}_y(y) + Z_R \boldsymbol{E}_z(y) \quad (72)$$

$$d\boldsymbol{R}(z)_{ppp} = \boldsymbol{E}(z) \cdot \boldsymbol{R}_{ppp} = X_R \boldsymbol{E}_x(z) + Y_R \boldsymbol{E}_y(z) + Z_R \boldsymbol{E}_z(z) \quad (73)$$

R ist dabei jeweils der normierte Diagonalvektor der Form:

$$\boldsymbol{R}_{ppp} = \frac{1}{|\boldsymbol{D}_{XYZ}|} \begin{pmatrix} X \\ Y \\ Z \end{pmatrix} = \begin{pmatrix} X_R \\ Y_R \\ Z_R \end{pmatrix} \quad (74)$$

Die projizierten Fehler aller vier Diagonalen ergeben mit der Annahme zur Vernachlässigung der rotatorischen Abweichungen ein überbestimmtes Gleichungssystem mit 12 Gleichungen und 9 Unbekannten. Dies scheint insbesondere bei großen Achslängen nicht mehr zulässig zu sein. Daher müssen weitere Informationen gewonnen werden, um die geometrischen Abweichungen der Maschine bestimmen zu können.

6.1.1 Erfassung der rotatorischen Abweichungen

Das neue Messverfahren ermöglicht die Aufnahme der rotatorischen Abweichungen. Eine Winkeländerung um die Spiegelachsen verursacht einen veränderten Strahldurchgang im Strahlteiler und einen vom kalibrierten Kameranullpunkt (x_0, y_0) abweichenden Auftreffpunkt des reflektierten Strahls auf dem Chip der Kamera (Abbildung 6-5). Die Berechnung der Winkeländerungen ergibt sich zu:

$$l_{Offset} = l_L - (l_1 + l_2) \quad (75)$$

$$EA = \frac{(y_{Kamera} - y_{0Kamera})}{2 \cdot (l_L - l_{Offset})} \quad (76)$$

$$EB = \frac{(x_{Kamera} - x_{0Kamera})}{2 \cdot (l_L - l_{Offset})}; \; ohne\ Umlenkspiegel \quad (77)$$

Ein Aufbau mit Umlenkspiegel führt aufgrund der Spiegelverkehrtheit zu einem negativen Vorzeichen.

Die Rotationen des Spiegels um die Basisachsen lassen sich mit Kleinwinkelnäherung mathematisch als Drehmatrizen der Form beschreiben.

$$\mathbf{R}_x = \begin{pmatrix} 1 & 0 & 0 \\ 0 & \cos(\alpha) & -\sin(\alpha) \\ 0 & \sin(\alpha) & \cos(\alpha) \end{pmatrix} \rightarrow \begin{pmatrix} 1 & 0 & 0 \\ 0 & 1 & -\alpha \\ 0 & \alpha & 1 \end{pmatrix} \tag{78}$$

$$\mathbf{R}_y = \begin{pmatrix} \cos(\beta) & 0 & \sin(\beta) \\ 0 & 1 & 0 \\ -\sin(\beta) & 0 & \cos(\beta) \end{pmatrix} \rightarrow \begin{pmatrix} 1 & 0 & \beta \\ 0 & 1 & 0 \\ -\beta & 0 & 1 \end{pmatrix} \tag{79}$$

$$\mathbf{R}_z = \begin{pmatrix} \cos(\gamma) & -\sin(\gamma) & 0 \\ \sin(\gamma) & \cos(\gamma) & 0 \\ 0 & 0 & 1 \end{pmatrix} \rightarrow \begin{pmatrix} 1 & -\gamma & 0 \\ \gamma & 1 & 0 \\ 0 & 0 & 1 \end{pmatrix} \tag{80}$$

Die Rotationen können nacheinander in beliebiger Reihenfolge erfolgen, da sich die Rotationen für infinitesimal kleine Drehwinkel kommutativ verhalten[10]. (Jähne 2012, S. 80)

Zur Berechnung der Rotationen werden die Basiswechselmatrizen von Spiegelkoordinaten in Maschinenkoordinaten aufgestellt.

$$\mathbf{D}_{ppp}^{Sp->Ma} = \begin{pmatrix} \frac{Y}{D_{XY}} & \frac{X \cdot Z}{D_{XY} \cdot D_{XYZ}} & \frac{X}{D_{XYZ}} \\ -\frac{X}{D_{XY}} & \frac{Y \cdot Z}{D_{XY} \cdot D_{XYZ}} & \frac{Y}{D_{XYZ}} \\ 0 & -\frac{X^2}{D_{XY} \cdot D_{XYZ}} - \frac{Y^2}{D_{XY} \cdot D_{XYZ}} & \frac{Z}{D_{XYZ}} \end{pmatrix} \tag{81}$$

Aufgrund der Orthonormalität der Spaltenvektoren gilt $\mathbf{A}^T = \mathbf{A}^{-1}$. Damit ergibt sich das Gleichungssystem für alle Diagonalen zu:

$$\begin{pmatrix} \mathbf{D}_{ppp}^{Ma\to Sp} \\ \mathbf{D}_{npp}^{Ma\to Sp} \\ \mathbf{D}_{pnp}^{Ma\to Sp} \\ \mathbf{D}_{nnp}^{Ma\to Sp} \end{pmatrix} \cdot \boldsymbol{r}_{rot.Fehler}^{Ma} = \begin{pmatrix} \boldsymbol{r}_{ppp}^{Sp} \\ \boldsymbol{r}_{npp}^{Sp} \\ \boldsymbol{r}_{pnp}^{Sp} \\ \boldsymbol{r}_{nnp}^{Sp} \end{pmatrix} \tag{82}$$

Die Rotationen um die optische Achse sind in dem vorliegenden Fall nicht relevant.

Damit lässt sich das Gleichungssystem in der Form $\mathbf{A} \cdot \boldsymbol{x} = \boldsymbol{b}$ notieren:

[10] Vgl. Jähne 2012 S.80: „Da die Matrixmultiplikation nicht kommutativ ist, ist die Rotation ebenfalls nicht kommutativ. Es ist also wichtig, die Reihenfolge, in der die Rotationen durchgeführt werden, einzuhalten. Für infinitesimal kleine Drehwinkel ε ist die Rotation jedoch kommutativ. Dann gilt cos(ε) ≈1 und sin(ε)≈ε. Dieser Grenzfall hat praktische Bedeutung, da geringfügige Verdrehungen häufig vorkommen."

$$\begin{pmatrix} \frac{Y}{D_{XY}} & -\frac{X}{D_{XY}} & 0 \\ \frac{X \cdot Z}{D_{XY} \cdot D_{XYZ}} & \frac{Y \cdot Z}{D_{XY} \cdot D_{XYZ}} & -\frac{X^2}{D_{XY} \cdot D_{XYZ}} - \frac{Y^2}{D_{XY} \cdot D_{XYZ}} \\ \frac{Y}{D_{XY}} & \frac{X}{D_{XY}} & 0 \\ -\frac{X \cdot Z}{D_{XY} \cdot D_{XYZ}} & \frac{Y \cdot Z}{D_{XY} \cdot D_{XYZ}} & -\frac{X^2}{D_{XY} \cdot D_{XYZ}} - \frac{Y^2}{D_{XY} \cdot D_{XYZ}} \\ -\frac{Y}{D_{XY}} & -\frac{X}{D_{XY}} & 0 \\ \frac{X \cdot Z}{D_{XY} \cdot D_{XYZ}} & -\frac{Y \cdot Z}{D_{XY} \cdot D_{XYZ}} & -\frac{X^2}{D_{XY} \cdot D_{XYZ}} - \frac{Y^2}{D_{XY} \cdot D_{XYZ}} \\ -\frac{Y}{D_{XY}} & \frac{X}{D_{XY}} & 0 \\ -\frac{X \cdot Z}{D_{XY} \cdot D_{XYZ}} & -\frac{Y \cdot Z}{D_{XY} \cdot D_{XYZ}} & -\frac{X^2}{D_{XY} \cdot D_{XYZ}} - \frac{Y^2}{D_{XY} \cdot D_{XYZ}} \end{pmatrix} \cdot \begin{pmatrix} EAX\ bzw.\ EAY\ bzw.\ EAZ \\ EBX\ bzw.\ EBY\ bzw.\ EBZ \\ ECX\ bzw.\ ECY\ bzw.\ ECZ \end{pmatrix} = \begin{pmatrix} EA_{ppp} \\ EB_{ppp} \\ EA_{npp} \\ EB_{npp} \\ EA_{pnp} \\ EB_{pnp} \\ EA_{nnp} \\ EB_{nnp} \end{pmatrix} \quad (83)$$

Das Gleichungssystem wird aufgrund der relativen Winkelinformation zwischen den Schritten n-mal (n=Anzahl Schritte oder Stützstellen im Arbeitsraum) mittels Singulärwertzerlegung gelöst. Eine Integration der erhaltenen Abweichungen liefert den Verlauf der rotatorischen Achsfehler. Das Gleichungssystem ist unabhängig von der kinematischen Achsreihenfolge.

Bedeutung des Reflektorstellfehlers und die Längenkorrektur

Durch den Messaufbau verursacht eine Winkeländerung des Spiegels um die X_{sp}- der Y_{sp}- Achse kombiniert mit einer lateralen Bewegung des Spiegels entlang des Messweges eine Längenänderung des Messstrahls. Wenn der Ursprung der Winkeländerung absolut ist und aus der mechanischen Einstellung des Spiegels zu Beginn der Messung resultiert, wird von einem *Reflektorstellfehler* gesprochen. Fehlende Kenntnis und Kompensation des Reflektorstellfehlers führt zu fehlerhaften Messdaten.

Die Messlängenabweichung berechnet sich aus Länge der lateralen Verschiebung multipliziert mit dem Sinus des Winkels.

Aus den Projektionen der Schrittlängen ergibt sich nach dem Satz des Pythagoras die Bewegung des Reflektionspunktes als Gerade in der Spiegelebene (Abbildung 6-8).

$$X'_{Spiegelebene} = \sqrt{X^2 - R_X^2} \quad (84)$$

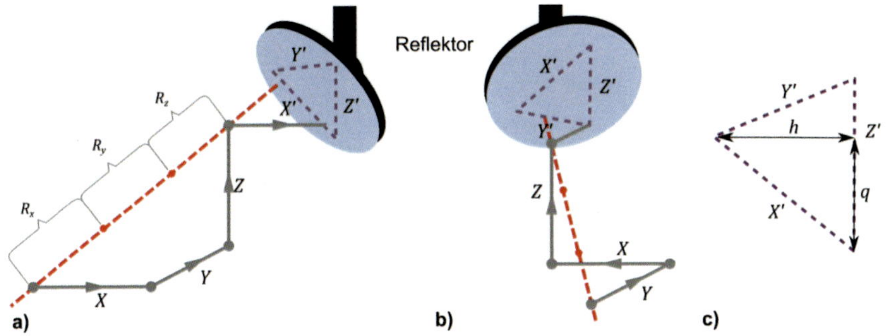

Abbildung 6-8 Skizze zur Bewegung des Reflektionspunktes auf dem Reflektor für die a) ppp-/nnp-Diagonale b) npp-/pnp-Diagonale c) Definition von h und q in schematischer Darstellung

Die Größen h und q sind die Beträge der Verschiebungen auf der x_{Sp}- und y_{Sp}-Achse durch eine Bewegung in der X-Achse. Die Messlängenabweichungen für X- und Y-Schritte lassen sich nachfolgenden Gleichungen berechnen und werden jeweils von der gemessenen Länge subtrahiert:

$$c_{X_{ppp}} = EB_{X_{ppp}} \cdot h - EA_{X_{ppp}} \cdot q \tag{85}$$

$$c_{Y_{ppp}} = -EA_{Y_{ppp}} \cdot Z'_{Spiegelebene} \tag{86}$$

$$c_{Y_{npp}} = EB_{Y_{npp}} \cdot h - EA_{Y_{npp}} \cdot (Z'_{Spiegelebene} - q) \tag{87}$$

$$c_{X_{npp}} = -EA_{X_{npp}} \cdot Z'_{Spiegelebene} \tag{88}$$

$$c_{Y_{pnp}} = EB_{Y_{pnp}} \cdot h - EA_{Y_{pnp}} \cdot (Z'_{Spiegelebene} - q) \tag{89}$$

$$c_{X_{pnp}} = -EA_{X_{pnp}} \cdot Z'_{Spiegelebene} \tag{90}$$

$$c_{X_{nnp}} = EB_{X_{nnp}} \cdot h - EA_{X_{nnp}} \cdot q \tag{91}$$

$$c_{Y_{nnp}} = -EA_{Y_{nnp}} \cdot Z'_{Spiegelebene} \tag{92}$$

6.1.2 Erfassung der Rechtwinkligkeitsabweichungen

Die Rechtwinligkeitsabweichungen können aus den Längeninformationen der Raumdiagonalen berechnet werden. Es werden überbestimmte Gleichungssysteme generiert, basierend auf der Annahme, dass die volumetrischen Abweichungen im Ursprung des Arbeitsraums (x_a, y_a, z_a) als null angenommen werden können (vgl. Abbildung 6-9). Die Aufstellung des Gleichungssystems ist abhängig von der Kinematik (siehe Anhang).

6.1.3 Erfassung der translatorischen Abweichungen

Die Berechnung der translatorischen Abweichungsanteile kann auf unterschiedliche Weisen erfolgen, abhängig davon, ob die betrachteten Größen relative oder absolute Werte sind. Bei relativen Werten werden die Achsschritte einzeln betrachtet und es entstehen vergleichsweise kurze teilweise unübersichtliche Gleichungssysteme, die eine Programmierung der Auswertung erschweren können. Es wird daher eine absolute Betrachtung der Messschritte verfolgt. Das entstehende Gleichungssystem ist umfangreich, folgt jedoch einem sehr stringenten Muster und ist in der Programmierung einfach umzusetzen.

Die allgemeine Position des TCP wird beschrieben durch:

$$\boldsymbol{P}(x,y,z) = \boldsymbol{F}(x,y,z) + \begin{pmatrix} x \\ y \\ z \end{pmatrix} \tag{93}$$

Dabei beschreibt $\boldsymbol{F}(x,y,z)$ die volumetrische Abweichung. Die Messlängen werden über den Messpunkt (M_e) und den zugehörigen Eckpunkt des Volumens definiert (Abbildung 6-9):

$$R_{ppp} = \boldsymbol{R}_{ppp} \cdot (\boldsymbol{P}(x_{Me}, y_{Me}, z_{Me}) - \boldsymbol{P}(x_a, y_a, z_a)) \tag{94}$$

$$R_{npp} = \boldsymbol{R}_{npp} \cdot (\boldsymbol{P}(x_{Me}, y_{Me}, z_{Me}) - \boldsymbol{P}(x_e, y_a, z_a)) \tag{95}$$

$$R_{pnp} = \boldsymbol{R}_{pnp} \cdot (\boldsymbol{P}(x_{Me}, y_{Me}, z_{Me}) - \boldsymbol{P}(x_a, y_e, z_a)) \tag{96}$$

$$R_{nnp} = \boldsymbol{R}_{nnp} \cdot (\boldsymbol{P}(x_{Me}, y_{Me}, z_{Me}) - \boldsymbol{P}(x_e, y_e, z_a)) \tag{97}$$

Entlang einer Diagonale ergeben sich $3N+1$ Messpunkte. Bei einer Messung mit $N=50$ Messschritten ergeben sich so beispielsweise 604 Gleichungen. Hinzu kommen 15 Gleichungen, die die Nullterme der translatorischen Abweichungen definieren. In der Form $\mathbf{A} \cdot \boldsymbol{x} = \boldsymbol{b}$ bildet das Gleichungssystem die Abweichungen an den Stützstellen im x-Vektor ab. Für $N = 50$ Stufen ergeben sich eine Systemmatrix $\mathbf{A}$ der Dimension 619×459 und ein Konstantenvektor $\boldsymbol{b}$ *der* Dimension 619×1. Da absolute Abweichungen betrachtet werden, entfällt eine Integration.

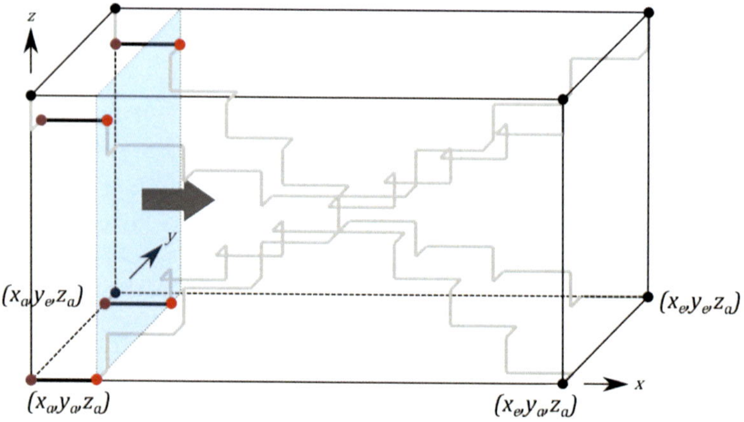

Abbildung 6-9 Punkte zur Berechnung der translatorischen Abweichungen (X-Achse)

Da die Ausrichtung der beiden Laserstrahlen in Diagonalen- Richtung (Alignment) manuell erfolgt, kann es zu einer Abweichung von den idealen Diagonalen kommen

(Abbildung 6-13). Die Messergebnisse werden in diesem Fall von einem linearen Trend überlagert. Eine Kompensation kann durch die direkte Messung der Positionierabweichungen der einzelnen Achsen an den Eckpunkten des Messbereichs erfolgen. Diese Informationen können zur Kompensation des „Alignment-Fehlers“ genutzt werden.

$$EXX_n = R_{x,n} - R_{x,a} - N \cdot X \tag{98}$$

$$EYY_n = R_{y,n} - R_{y,a} - N \cdot Y \tag{99}$$

$$EZZ_n = R_{z,n} - R_{z,a} - N \cdot Z \tag{100}$$

Der Trend in den Positionierabweichungsverläufen ergibt sich zu (EXX_e^* entspricht dem durch die manuelle Ausrichtung eingebrachte Abweichung oder “Alignment-Fehler“):

$$i \in \mathbb{N}[0, N] \tag{101}$$

$$EXX_i = EXX_i^* - \frac{i \cdot (EXX_N - EXX_N^*)}{N} \tag{102}$$

$$EYY_i = EYY_i^* - \frac{i \cdot (EYY_N - EYY_N^*)}{N} \tag{103}$$

$$EZZ_i = EZZ_i^* - \frac{i \cdot (EZZ_N - EZZ_N^*)}{N} \tag{104}$$

Die beschriebene Methode zur Kompensation ist nur durch eine weitere manuelle Messung möglich. Da die Entwicklung der Methodik vor dem Hintergrund einer weitestgehend automatisierten Kompensation entwickelt wird, ist dieser zusätzliche Messschritt zu vermeiden. Der Einsatz einer weiteren Kamera zur Detektion des Strahlversatzes bei der manuellen Einrichtung des Messaufbaus ist eine denkbare Lösung, wäre aber Inhalt einer Weiterentwicklung des Systemaufbaus und soll hier nicht weiter diskutiert werden.

Die beschriebenen Gleichungssysteme sind mit $n > m$ überbestimmt. (Freund und Hoppe 2007, S. 234).

$$\mathbf{A}\boldsymbol{x} = \mathbf{b}, \qquad \mathbf{A} \in \mathbb{R}^{n \times m}, \qquad \boldsymbol{x} \in \mathbb{R}^m, \qquad \boldsymbol{b} \in \mathbb{R}^n \tag{105}$$

Die Lösung ist eine Approximation beschrieben als Vektor, bei der die euklidische Norm der Fehler (Residuen) minimiert wird.

$$\|\mathbf{A}\boldsymbol{x}^* - \boldsymbol{b}\|_2 = \min_{\boldsymbol{x} \in \mathbb{R}^m} \|\mathbf{A}\boldsymbol{x} - \boldsymbol{b}\|_2 = \boldsymbol{r} \tag{106}$$

Für den vorliegenden Fall ist die Lösung nur dann eindeutig, wenn es keinerlei Abweichungen (Alignment-Fehler, Vibrationen, Rauschen etc.) vom Idealfall gibt. Das Gleichungssystem ist schon bei einer Messung basierend auf drei Diagonalen lösbar. Die vierte Diagonale liefert jedoch Informationen, die zu einer Reduktion der Residuen führen. Die zusätzlichen Informationen erlauben eine Aussage zu der Wiederholgenauigkeit der Maschine und der Güte der Messergebnisse.

6.2 Modellierung des Messsystems und Messunsicherheitsbetrachtung

Die Validierung des Konzeptes erfolgt in einem ersten Schritt durch die Implementierung eines virtuellen Messsystems. Dazu wird das Messsystem als mathematisches Modell implementiert. Ziel ist es den Einfluss der einzelnen Elemente auf das Messergebnis quantifizieren zu können. Auf dieser Basis kann auch eine Messunsicherheitsbetrachtung für das aufgebaute System erfolgen.

6.2.1 Virtuelles Messgerät und Simulation des Messprozesses

Das aufgebaute Sensorsystem wird mathematisch beschrieben, so dass virtuell Messungen durchgeführt werden können. Dazu wird der Strahlengang des Laserlichts nach den Methoden des Raytracing[11] simuliert. Die Erweiterung von einem Strahl auf mehrere Lichtstrahlen, welche verschiedene Pfade im virtuellen System zurücklegen und zum gleichen Endpunkt beitragen, stellt den Übergang von Raytracing zu Rendering dar (Kajiya).

Im vorliegenden Fall kann ein Raytracing-Ansatz gewählt werden, der nicht zum vollen Rendering ausgebaut wird, da lediglich die Phänomene der geradlinigen Lichtpropagation in homogenen Medien, sowie der Brechung und Reflexion an Oberflächen einbezogen werden. Die direkten Simulationsergebnisse beinhalten daher die Informationen, an welcher Stelle, mit welcher Intensität und nach welchem optischen Weg ein Lichtstrahl auf eine definierte Oberfläche im Raum trifft.

Mathematische Beschreibung der Szene und Grundalgorithmus

Die Szene besteht aus mehreren Bestandteilen, die in einem gemeinsamen Koordinatensystem des dreidimensionalen euklidischen Raums $\mathbb{R}^3$ beschrieben sind:

- Hintergrund H

  Für den Hintergrund wird ein homogener Raum mit Brechungsindex n angesetzt.

- Oberflächen O

  Oberflächen werden als Polygone mit N geordneten Eckpunkten $\boldsymbol{E}_i$ dargestellt. Durch einen geeigneten Normaleneinheitsvektor $\boldsymbol{u}$ werden Vorderseite (auf der Seite in Richtung des Normalenvektors, mit + indiziert) und Rückseite (mit - indiziert) definiert. Optional können konstante Reflexions- und Transmissionskoeffizienten $R\pm$ sowie $T\pm$ definiert werden, um Oberflächenvergütungen für beide Seiten einbeziehen zu können.

[11] „Das Raytracing Problem ist, bei einem gegebenen optischen System sowie bekannter Ausgangsposition und -richtung eines anfänglichen Lichtstrahles, zu entscheiden, ob dieser Strahl eine gegebene Endstelle erreicht. Über viele Jahre wurde Raytracing für das Design und die Analyse optischer Systeme verwendet. Raytracing wird nun extensiv in der Computergrafik zum Darstellen von Szenen mit komplexen, gewölbten Objekten unter globaler Beleuchtung verwendet." [Reif et al. 1994, S. 1, aus dem Englischen]

- Volumenkörper V

  Ein Volumenkörper wird geometrisch durch N Oberflächen O_i dargestellt, welche ihn begrenzen. Zusätzlich besitzt er im Inneren einen Brechungsindex n. Vorteilhaft für viele Rechnungen sind außerdem Radius r und Mittelpunkt $\boldsymbol{R}$ der minimalen Kugel, welche den Körper vollständig umschließt.

- Kameras C

  Eine Kamera besteht auf einer einzigen Oberfläche O, welche auf ihrer Vorderseite eintreffende Lichtstrahlen registrieren kann. Die Transmissions- und Reflexionskoeffizienten sind zu Null gesetzt.

- Lichtstrahlen S

  Einem Lichtstrahl werden mehrere Attribute zugeordnet, um verschiedene Eigenschaften auszuwerten. Die Richtungsbeschreibung erfolgt in Geradenform mit einem Anfangspunkt $\boldsymbol{P_S}$ und einer normierten Richtung $\boldsymbol{t}$. Zusätzlich sind Informationen zur Intensität I, der Wellenlänge Λ, der Anzahl N der durchquerten Oberflächen, sowie zum bereits akkumulierten optischen Weg L enthalten.

Zur Lösung des Problems, welchen Pfad ein gegebener Strahl verfolgt, existieren verschiedene Ansätze (Pantazopoulos und Tzafestas 2000). Basis ist jedoch immer die geometrische Betrachtung, ob ein Schnittpunkt zwischen einem Polygon und einer Geraden vorliegt (Reif et al. 1994).

Der Algorithmus verarbeitet alle propagierten Strahlen und die Folgestrahlen (Reflexion und Transmission) anhand einer Warteliste. Dabei endet die Propagation eines Strahls, wenn er auf eine Kamera oder keine Oberfläche trifft (Flussdiagramm Abbildung 6-10).

Dabei wird eine Szene betrachtet, die sich aus Volumenkörpern mit speziellen Oberflächen und aus Kameraflächen als Bildebenen aufbaut. Die Basiseinheit des Messsystems ist dabei ebenso wie der Ursprung der Maschinenachsen relativ zum globalen Ursprung definiert. Die Komponenten des Sensorkopfes sind über bekannte Abstände zum virtuellen TCP beschrieben. Die Bewegung des Sensors wird durch den Aufbau einer neuen Szene abgebildet. Der Algorithmus wird mit jeder Bewegung neu ausgeführt. Die Szene wird durch die Lage des TCP relativ zum Nullpunkt der virtuellen WZM vollständig definiert.

Die geometrischen Abweichungen der WZM gehen als Superposition von Soll und Abweichung beschrieben über das mathematische Modell der Maschine und die Verfahrwege der Maschinenachsen als Eingangsinformation in die Szene ein.

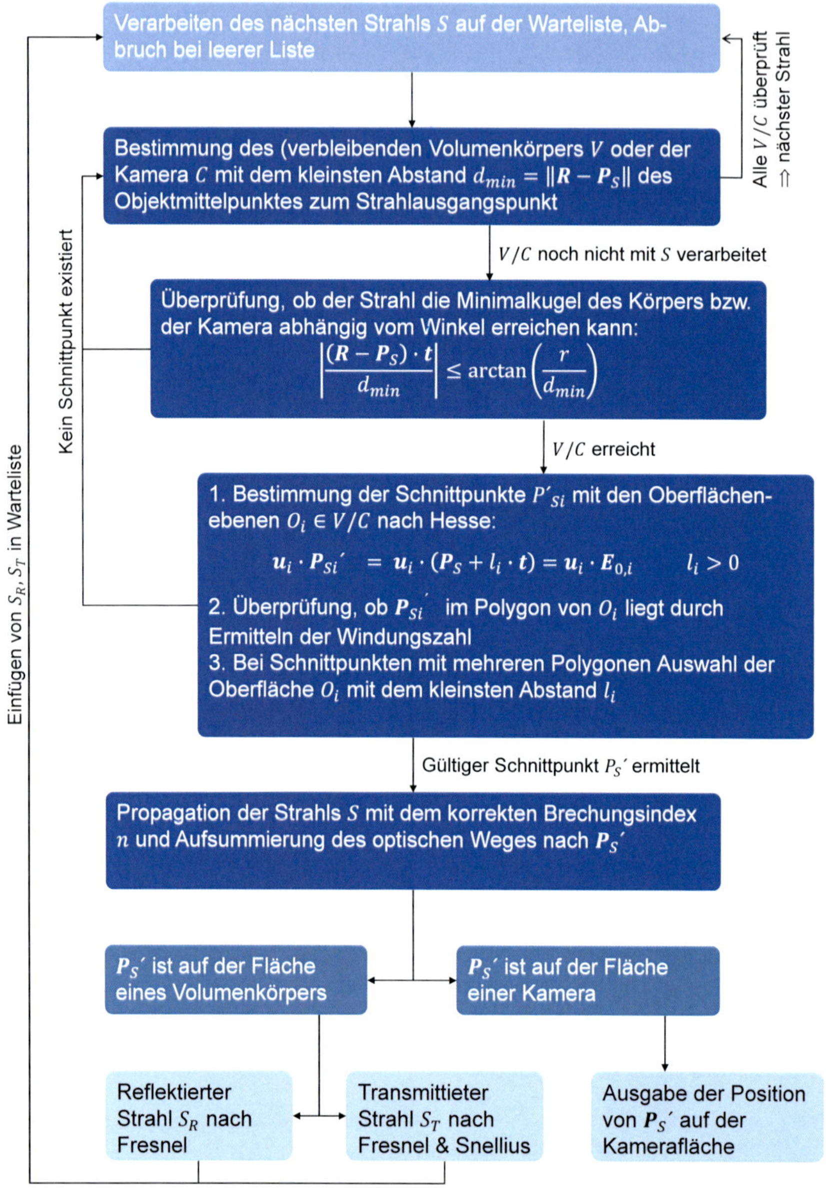

Abbildung 6-10 Flussdiagramm des zentralen Algorithmus zur Strahlverarbeitung für eine virtuelle Szene. Die Warteliste ist zu Beginn mit initialen Strahlen, welche einen oder mehrere Laser beziehungsweise Lichtquellen repräsentieren, gefüllt.

Physikalische Grundlagen und Konzepte zur Modellierung

Die Simulation basiert auf der Annahme einer geradlinig verlaufenden Ausbreitung des Strahls S zwischen dem Ausgangspunkt $\boldsymbol{P_S}$ und dem Schnittpunkt $\boldsymbol{P_S}'$ (Abstand l) mit einer Oberfläche in einem physikalisch homogenen Medium:

$$\boldsymbol{P_S}' = \boldsymbol{P_S} + l * \boldsymbol{t} \tag{107}$$

mit

$$\Delta L = n * l \tag{108}$$

Besondere Bedeutung kommt dem Brechungsindex n zu. Er ist dabei abhängig von der Wellenlänge des Lichts und den Umgebungsbedingungen. Im Medium Luft erfolgt die Bestimmung nach der Edlen-Gleichung und in Festkörpern nach der Sellmeier-Gleichung (Edlen; Sellmeier).

Durch detaillierte Korrekturen der Brechungsindizes ist es in der Simulation möglich die Auswirkungen von Umwelteinflüssen (Temperatur- und Druckänderungen) auf die Messergebnisse abzubilden. Inhomogenitäten innerhalb der Volumenkörper werden in der Betrachtung ausgeklammert, können jedoch durch die Aufteilung in Subkörper oder Hinzunahme von Volumenkörpern berücksichtigt werden.

In der geometrischen Beschreibung des Strahls als Vektor ist die Brechung und die Reflektion eines Strahls an einer Oberfläche der Schnittpunkt des Strahls mit dieser Oberfläche. Der Strahl wird an diesem Schnittpunkt als reflektierte S_R und transmittierte S_T Strahlen bestehend aus Richtung und Intensität fortgepflanzt. Das Brechungsgesetz nach Snellius für einen einfallenden Strahl kann wie folgt vektoriell formuliert werden (Schäfer 1997, S. 81):

$$\boldsymbol{t}_T = \frac{n_1}{n_2}\boldsymbol{t} - \left(\frac{n_1}{n_2}\boldsymbol{t} * \boldsymbol{u} - \sqrt{1 - \left(\frac{n_1}{n_2}\right)^2 (1 - (\boldsymbol{t} * \boldsymbol{u})^{\,2})}\right)\boldsymbol{u} \tag{109}$$

mit

n_1, n_2: *Brechungsindizes*

$\boldsymbol{u}$: *Normalenvektor der Brechungsebene in Richtung des Zielmediums*

Die Richtung des reflektierten Strahls wird geometrisch beschrieben (Schäfer 1997) S.82:

$$\boldsymbol{t}_R = \boldsymbol{t} - 2(\boldsymbol{t} * \boldsymbol{u})\boldsymbol{u} \tag{110}$$

Die Intensität ergibt sich nach den Fresnel'schen Formeln.

Formuliert als Skalarprodukt ergibt sich bei der Annahme unpolarisierten Lichts (Demtröder 2015, S. 233–236; Roser 2012, S. 30):

$$I_R = I * \frac{R_\perp + R_\parallel}{2} = \frac{I}{2}\left(\left(\frac{n_1|\boldsymbol{t}_R * \boldsymbol{u}| - n_2|\boldsymbol{t}_T * \boldsymbol{u}|}{n_1|\boldsymbol{t}_R * \boldsymbol{u}| + n_2|\boldsymbol{t}_T * \boldsymbol{u}|}\right)^2 + \left(\frac{n_2|\boldsymbol{t}_R * \boldsymbol{u}| - n_1|\boldsymbol{t}_T * \boldsymbol{u}|}{n_2|\boldsymbol{t}_R * \boldsymbol{u}| + n_1|\boldsymbol{t}_T * \boldsymbol{u}|}\right)^2\right) \quad (111)$$

Nach dem Satz der Energieerhaltung ergibt sich für die Intensität:

$$I_T = I - I_R \quad (112)$$

Sollten für die Oberfläche spezielle Transmissionsgrade $T_\pm$ und Reflexionsgrade $R_\pm$ bekannt sein, werden für die Seiten der Flächen folgende Formeln gültig ($\pm$ entsprechend des Winkels zum unveränderten Normalenvektor der Ebene):

$$I_R = I * R_\pm \quad (113)$$

$$I_T = I * T_\pm \quad (114)$$

Die Methodik simuliert ein optisches System, dass keinerlei statistischen „Schwankungen“ unterliegt. Die reale Situation wird dadurch nur unvollständig abgebildet. Mithilfe des Monte-Carlo-Prinzips werden die Simulationen mehrmals wiederholt und die Eingangsparameter zufällig und unabhängig einer stochastischen Verteilung folgend gewählt. Ist die Anzahl der Wiederholungen groß genug, wird die reale Distribution ausreichend durch die statistische Verteilung der Ergebnisgrößen repräsentiert. (Czichos et al. 2011, S. 1117–1121) Hinsichtlich der Betrachtung der Messunsicherheiten der einzelnen Komponenten bietet das Vorgehen Vorteile gegenüber der analytischen Rechnung entsprechend der Fehlerrechnung nach Gauß. Eine Assoziation der stochastischen Verteilungen der Eingangsparameter mit den Unsicherheiten der Komponenten beschreibt eine Fortpflanzung der Unsicherheiten. (Chew und Walczyk 2012)

Ergebnisse der Simulation und Validierung der mathematischen Modellierung

Die Simulation des Messgerätes liefert die Möglichkeit, virtuelle Messungen durchzuführen. Dabei können Parameter wie die Ausrichtung der Komponenten variiert oder bewusst konstant gehalten werden. Die Simulation kann auch zur Validierung des entwickelten Konzeptes zur Diagonalenschrittmessung herangezogen werden. Die Validierung ist gerechtfertigt, da in die Smulation keinerlei mathematische Auswertung in die Simulation eingeht, sondern lediglich eine geometrsiche Betrachtung zugrunde liegt.

Dabei kann auch der Vorteil gegenüber der herkömmlichen Diagonalenschrittmessung nach WANG dargstellt werden. (Wang 2000) Durch die rotatorischen Abweichungen und die resultierenden Hebelarme (Achslängen) wird der Reflektor in der Simulation translatorisch verschoben. Nach WANG werden keine rotatorischen Abweichungen berücksichtigt. Damit wird jede Verschiebung als translatorischer Abweichungen interpretiert und die Komponentenabweichungen werden „verzerrt“. In der Simulation wird die Auswirkung des Reflekrorstellfehlers quantifizierbar und kann in der Folge kompensiert werden. Dadurch ergibt sich bei der Betrachtung der reinen Abweichungen eine perfekte Übereinstimmung zwischen den virtuellen Abweichungen und den mit dem virtuellen Messgerät gemessenen Fehlern.

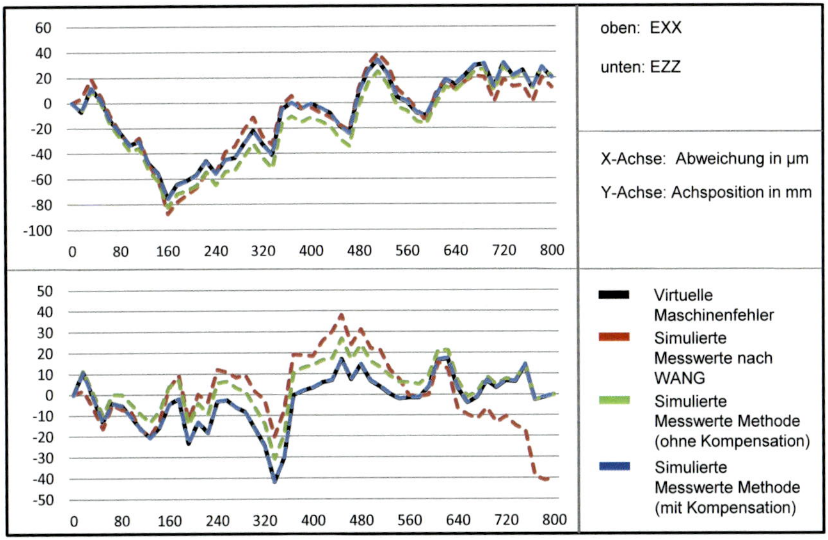

Abbildung 6-11 Simulierte Maschinenfehler nach Methoden WANG (Wang 2000) und entwickeltem Konzept mit Kompensation und ohne Kompensation

Noch deutlicher wird der Einfluss der beiden Parameter Reflektorstellfehler und Alignmentfehler mithilfe der Simulation abgebildet. Beide Parameter führen zu einem Verlauf der Abweichungen, der mit einem linearen Trend überlagert zu sein scheint (vgl. Abbildung 6-12)

Dabei werden für den Reflektorstellfehler folgende Eingangsparameter angenommen:

- 100 µrad um die Spiegel-y-Achse
- -300 µrad um die Spiegel-x-Achse

Für den Alignmentfehler sind aus den Erkenntnissen der Versuche Abweichungen von

- 700 µrad um die X-Achse des Spiegels
- -1000 µrad um die Y-Achse des Spiegels

ein realistisches Szenario.

Die angenommenen Winkeländerungen führen zu deutlichen Abweichungen der Messwerte von den wirklichen Abweichungen der Achsen. Mit Kenntnis dieses Einflusses lässt sich das Ergebnis durch Kompensation deutlich verbessern. Hier geht das beschriebende Verfahren deutlich über die bekannten Verfahren hinaus.

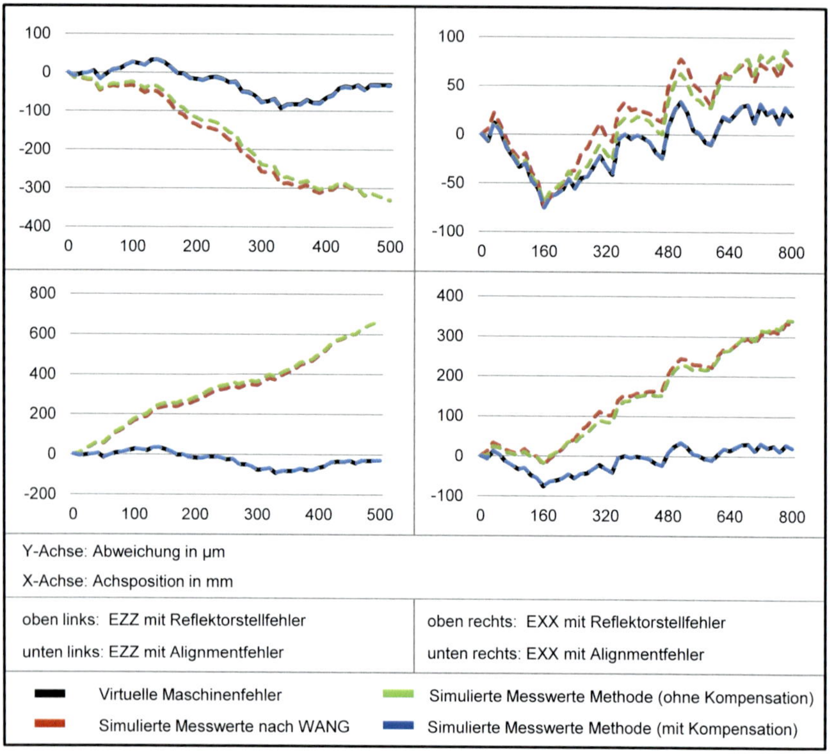

Abbildung 6-12 Einfluss Reflektorstellfehler und Alignmentfehler bei simulierten Komponentenabweichungen nach Methoden WANG (Wang 2000) und entwickeltem Konzept mit Kompensation und ohne Kompensation

Der Einfluss des Alignmentfehlers auf die Messergebnisse wird in der Literatur deutlich unterschätzt.

"When the laser beam direction and the diagonal direction are not exactly parallel, there is a cosine error. If we assume the angle between the laser beam direction and the diagonal direction is, the error is proportional to the square of and the distance traveled. For an alignment error of 1 mm over 1 m, the maximum error is less than 0.5 µm." (Wang 2000)

Diese Annahme kann zu falschen Ergebnissen in der Auswertung führen und wurde durch obenstehende Betrachtungen widerlegt.

Aus der Verschiebung von 1 mm und der Diagonallänge von 1 m ergibt sich ein Winkel $\delta = 10\ \mu\mathrm{rad}$. Dadurch entsteht in den projizierten Schrittlängen ein Fehler $f\boldsymbol{R}$ (bzw. $f\boldsymbol{R}_x, f\boldsymbol{R}_y, f\boldsymbol{R}_z$), der neben dem Winkel δ auch von dem Winkel φ und der jeweiligen Schrittlänge abhängt. Im Falle eines würfelförmigen Messvolumens kann der maximale kumulierte Fehler am Ende des Messbereiches mit folgender Rechnung abgeschätzt werden:

$$\boldsymbol{N} * X = \boldsymbol{N} * Y = \boldsymbol{N} * Z = \frac{1}{\sqrt{3}} \text{ m} \tag{115}$$

$$\rho_x = \rho_y = \rho_z = 0{,}95532 \text{ rad} \tag{116}$$

$$|f\boldsymbol{R}| \leq \left|\frac{1}{\sqrt{3}} \text{ m} * \left(cos(0{,}95532 \text{ rad} + 0{,}001 \text{ rad}) - (0{,}95532 \text{ rad})\right)\right| = 471{,}5 \text{ µm} \tag{117}$$

Diese Abweichung ist für eine Maschine der betrachteten Größe sehr groß und macht eine belastbare Messung der Komponentenabweichungen unmöglich.

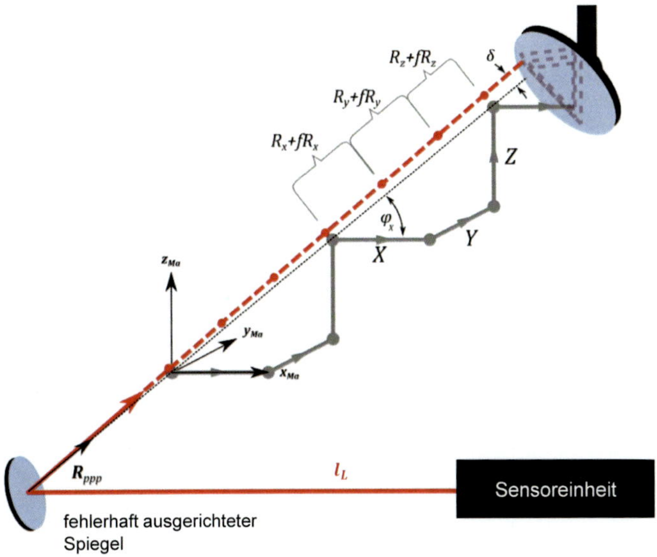

Abbildung 6-13 Skizze zum Einfluss des Alignmentfehlers bei der Diagonalenschrittmessung

6.2.2 Mathematische Betrachtung der Messunsicherheit des Verfahrens

Das Messverfahren ist wegen des stufenweisen Messprinzips und der mathematischen Modellierung hinsichtlich einer Gauß'sche Fehlerfortpflanzung zu untersuchen.

Das Ergebnis eines Gleichungssystems der Form:

$$\mathbf{A}\boldsymbol{x} = \boldsymbol{b}, \qquad \mathbf{A} \in \mathbb{R}^{n \times m}, \qquad \boldsymbol{x} \in \mathbb{R}^{m}, \qquad \boldsymbol{b} \in \mathbb{R}^{n}, \qquad n > m \tag{118}$$

kann bei Lösung mit Singulärwertzerlegung (Methode der kleinsten Quadrate) als Pseudoinverse von *A* oder *Moore-Penrose-Inverse* formuliert werden. (Penrose 1955)

$$\mathbf{A}^{\dagger} = (\mathbf{A}^{\mathrm{T}}\mathbf{A})^{-1}\mathbf{A}^{\mathrm{T}} \tag{119}$$

$$\boldsymbol{x} = \mathbf{A}^{\dagger} \cdot \boldsymbol{b} \tag{120}$$

Unter der Annahme, dass $\boldsymbol{b}$ und $\boldsymbol{x}$ Vektoren von Unbekannten sind, $\mathbf{A}$ jedoch konstant ist, können die Erwartungswerte wie folgt gebildet werden:

$$\boldsymbol{E}(\boldsymbol{x}) \approx \boldsymbol{E}(\mathbf{A}^{\dagger}\boldsymbol{b}) = \mathbf{A}^{\dagger}\boldsymbol{E}(\boldsymbol{b}) \tag{121}$$

Für die Kovarianzmatrix $\mathbf{C}$ gilt:

$$\mathbf{C}(\boldsymbol{x}) \approx \mathbf{C}(\mathbf{A}^{\dagger}\boldsymbol{b}) = \mathbf{A}^{\dagger}\mathbf{C}(\boldsymbol{b})(\mathbf{A}^{\dagger})^{T} \tag{122}$$

Werden für Kovarianzmatrix von $\boldsymbol{b}$ unkorrelierte Messunsicherheiten angenommen, so ist $\mathbf{C}(\boldsymbol{b})$ eine Diagonalmatrix mit den quadrierten Standardabweichungen (Krystek 2015),S.212:

$$\mathbf{C}_{\mathrm{i,j}}(\boldsymbol{b}) = \begin{cases} \left(\sigma(\boldsymbol{b}_i)\right)^2 & i = j \\ 0 & i \neq j \end{cases} \tag{123}$$

Analog entsprechen die Diagonaleinträge von $\mathbf{C}(\boldsymbol{x})$ den Quadraten der fortgepflanzten Unsicherheiten:

$$\sigma(x_i) = \sqrt{\mathbf{C}_{\mathrm{i,i}}(\boldsymbol{x})} \tag{124}$$

Die Zusammenführung der Gleichungen ergibt:

$$\sigma(x_i) = \sqrt{\sum_j \mathbf{A}^{\dagger}_{i,j}\left(\sigma(\boldsymbol{b}_j)\right)^2 (\mathbf{A}^{\dagger})^{T}_{j,i}} = \sqrt{\sum_j \mathbf{A}^{\dagger}_{i,j}\mathbf{A}^{\dagger}_{i,j}\left(\sigma(\boldsymbol{b}_j)\right)^2} \tag{125}$$

$$\boldsymbol{A}^{\dagger}_{i,j}\boldsymbol{A}^{\dagger}_{i,j} \coloneqq c_j^2 \tag{126}$$

Für die analytischen Berechnungsschritte in der Auswertung wird entsprechend vorgegangen. Die Sensitivitätskoeffizienten ergeben sich dabei direkt aus den Faktoren und eine Umrechnung mittels Pseudoinversen entfällt. Für korrelierte Messunsicherheiten gelten Gleichungen (122) und (124) gleichermaßen. Eine entsprechende Berechnung erfolgt nach GUM 5.2.. (International Organization for Standardization 2008)

6.3 Vergleichsmessungen an der Werkzeugmaschine

Der Messaufbau auf der WZM erfolgt analog zur Prinzipskizze (vgl. Abbildung 6-5 und Anhang Abbildung A 11). Die Sensoreinheit wird auf dem Rundtisch der WZM positioniert. Das vereinfacht die Einrichtung der Diagonalen, weil der Drehtisch zum Positionieren genutzt werden kann. Der Spiegel wird am TCP der WZM angebracht. Die Orientierung des Spiegels ist einstellbar. Es wurde eine Strategie mit $n = 50$ Schritten gewählt.

Es wurden Referenzmessungen zur Bestimmung der Komponentenabweichungen der WZM durchgeführt. Dabei wurde eine vollständige volumetrische Kalibrierung mit einem LaserTracer nach dem Prinzip der sequentiellen Multilateration durchgeführt. Die linearen Abweichungsanteile wurden darüber hinaus mit einem XD-Laser® der Firma Automated Precision Inc. (API) gemessen. Die rotatorischen Abweichungen wurden in der Folge noch mithilfe eines Laserinterferometers der Firma Renishaw direkt gemessen. Der betrachtete und gemessene Arbeitsraum der Maschine ist bei allen drei Verfahren ähnlich groß gewählt.

Bei den translatorischen Anteilen zeigt sich eine gute Übereinstimmung zwischen den Messungen mit dem entwickelten Diagonalschrittverfahren und den Referenzmessungen (Abbildung 6-14).

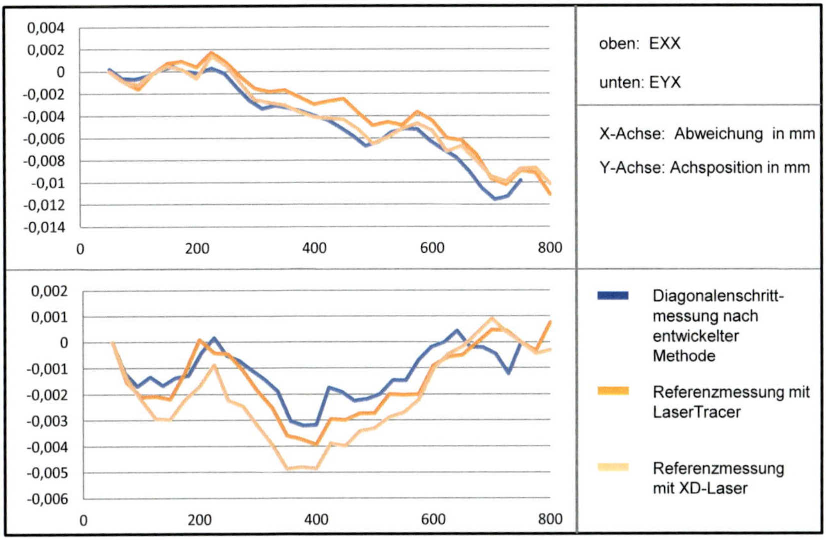

Abbildung 6-14 Vergleich der Messergebnisse des Diagonalenschrittverfahrens mit einem Referenzsystem exemplarisch für Positionierabweichung EXX und Geradheitsabweichung EYX

Exemplarisch sieht man für den Positionierabweichung und Geradheitsabweichung der X-Achse eine in Verlauf und absoluten Werten sehr gute Übereinstimmung. Das entwickelte Verfahren ist damit für die translatorischen Anteile validiert.

Die rotatorischen Abweichungen weisen teilweise in der näheren Betrachtung einen leicht abweichenden Verlauf von den durch die Referenzmessungen ermittelten Fehlerverläufen auf (Abbildung 6-15). Die Simulation konnte hier den deutlichen Einfluss der Kalibrierparameter auf das Messergebnis zeigen. Eine Verschiebung des Kameranullpunkts hat beispielsweise einen deutlichen Einfluss auf die Messung der rotatorischen Abweichungen. Die fehlerhafte Bestimmung oder eine Verschiebung des Kameranullpunktes während der Messung überlagern die Messung mit einem linearen Trend. Ein neuer Prototypen Aufbau sieht eine kompaktere Grundplatte und stabilere Aufnahmen für die Einzelkomponenten vor, um Drift zwischen den optischen Komponenten zu verhindern.

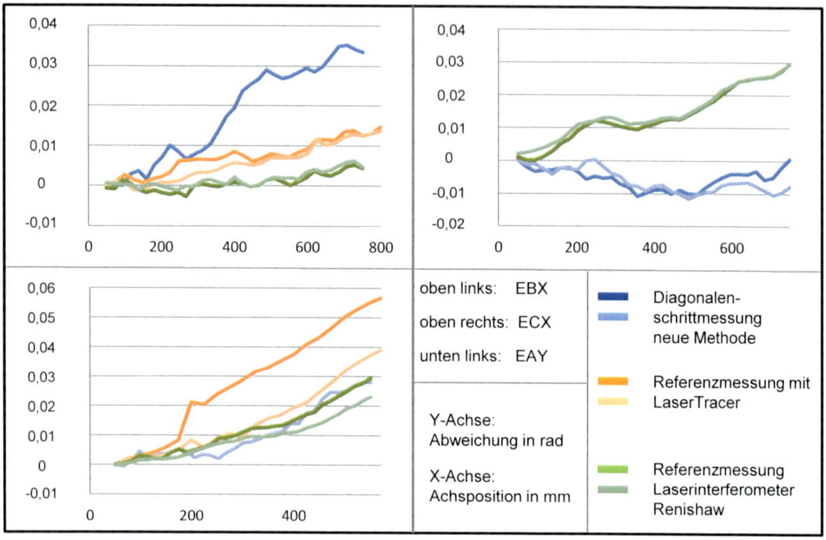

Abbildung 6-15 Vergleich der Messergebnisse des Diagonalenschrittverfahrens mit einem Referenzsystem exemplarisch für Abweichungen EBX, ECX und EAY

Die Demonstrator-Maschine ebenso wie der beschriebene Sensorkopf und das angeschlossene Interferometer wurden bei einem Brand in den Laborflächen des Werkzeugmaschinenlabors am 05.02.2016 vollständig zerstört. Dies betrifft ebenfalls sämtliche Forschungsinfrastruktur. Daher waren kompensierte Messungen nicht mehr möglich. Die Simulation hat jedoch den Einfluss und zur gleichen Zeit die Möglichkeiten einer Kompensation aufgezeigt. Es kann also davon ausgegangen werden, dass auch die rotatorischen Abweichungsanteile in einem mit den Referenzmessungen vergleichbaren Niveau gemessen werden können. Das direkte Messverfahren für die rotatorischen Anteile hat Vorteile gegenüber einem indirekten Verfahren wie der Multilateration. Versuche an einer Linearachse haben die Eignung des Verfahrens zur Bestimmung der rotatorischen Anteile im Vergleich zu kommerziellen und kalibrierten Systemen belegt.

6.4 Kritische Reflexion und Erkenntnisgewinn

Motivation für die Entwicklung des beschriebenen Verfahrens war die Notwendigkeit der schnellen messtechnischen Erfassung der geometrischen Abweichungen der WZM. Die Kenntnis dieser Parameter ist eine Eingangsgröße für die modellbasierte Messunsicherheitsbestimmung für Messprozesse auf der WZM (vgl. Kapitel 0 und Kapitel 5). Es wurde ein Messsystem entwickelt, das eine Erfassung der relevanten Abweichungen ermöglicht. Gleichzeitig ist es aufgrund einer sehr kompakten Bauform permanent in die Maschinenstruktur integrierbar (Abbildung 6-16).

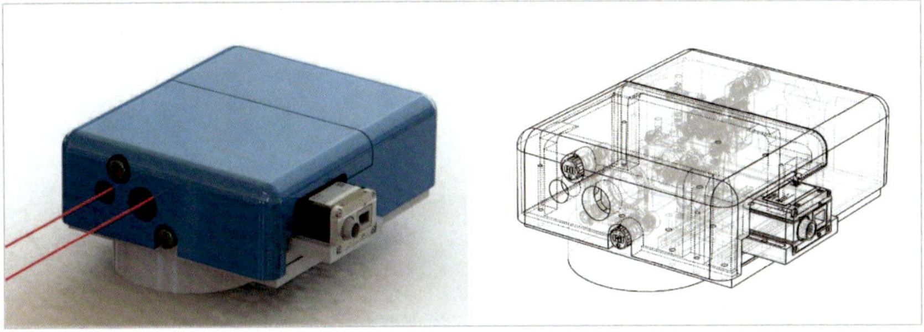

Abbildung 6-16 CAD-Modell des weiterentwickelten Prototypen in kompakter und gekapselter Bauform

Das entwickelte System schließt damit die Lücke einer schnellen und prozessnahen Maschinenkalibrierung. Es sei darauf verwiesen, dass auch eine reduzierte Erfassung der Maschinenparameter denkbar ist. Für diesen Fall würde lediglich die Eignung der WZM eine vorher ausführlich bestimmte Messunsicherheit zu erreichen überprüft. Das ist vor einzelnen Geometriemessungen mit der WZM denkbar.

Die Kommunikation zwischen Messsystem und Maschinensteuerung wurde weitestgehend automatisiert und verkürzt die Messzeiten. Eine weitere Reduktion der Messzeit ist durch den Einsatz mehrerer Messsystemeinheiten möglich. Ebenfalls ist eine automatische Positionierung einer einzelnen Einheit durch die Rotationsachse (Maschinentisch) denkbar. So entfallen auch manuelle Einrichteprozesse und damit verbundene Fehlerquellen.

Neben der Weiterentwicklung des Messsystemaufbaus wurde auch der Ansatz des Diagonalen-Schritt-Verfahrens ausführlich untersucht und mit dem Alignement-Fehler einen Einflussfaktor identifiziert, der in den bisherigen wissenschaftlichen Untersuchungen nicht betrachtet wurde. In den Messwerten ist die zu messende Abweichung mit dem Reflektorstellfehler überlagert. Erst durch die Simulation konnten die Fehler und die Auswirkungen getrennt aufgelöst werden. Durch die Aufnahme von sechs weiteren Messpunkten konnte die Messmethode so umgestaltet werden, dass eine Auflösung der Einzelabweichungen möglich ist. Auch hier ist die angesprochene Integration einer weiteren Kamera orthogonal zur Strahlrichtung für die Auflösung des Alignement-Fehlers hilfreich.

Der Einsatz einer weiteren Kamera orthogonal zur Laserausbreitungsrichtung kann für die Auflösung der Geradheitsabweichungen und damit zu einer simultanen Erfassung von 5 möglichen Freiheitsgraden genutzt werden. Dieser Aufbau wurde im Rahmen dieser Arbeit als Machbarkeitsstudie umgesetzt und bietet weitere Potentiale bei der Erfassung von geometrischen Abweichungen von WZM. Weitergehend ist ein solches Verfahren auch für die messtechnische Erfassung der geometrischen Abweichungen parallel zur Bearbeitung denkbar. Ein solcher „Closed-Loop"- Ansatz ist bei geeigneter Auslesegeschwindigkeit des Messsystems als Verbesserung oder Ersatz der materiellen Maßverkörperungen denkbar. Zu dieser Forschungsfrage wurde ein

Forschungsvorhaben auf Basis der Ergebnisse dieser Arbeit beantragt und entwickelt diesen Ansatz weiter.

Weiteres Entwicklungspotential kann durch den Einsatz leistungsfähigerer Komponenten gehoben werden. Es sind faserbasierte Interferometer mit geringerer Messunsicherheit erhältlich, die geeignet sind und die Unsicherheit der Längenmessung reduzieren können. Eine Kamera mit höherer Auflösung kann zudem die Unsicherheit der Winkelmessung reduzieren. In Abhängigkeit der Kosten-Nutzen-Aschätzung ist hier eine sinnvolle Auswahl zu treffen.

Der Einfluss der Kalibrierung des Systems vor dem Einsatz und die Dauer der Gültigkeit der Kalibrierung sind durch Langzeittest zu untersuchen. Hier ist insbesondere auch der Einfluss der Kalibrierparameter auf die Messung der geometrischen Abweichungen in kleinen und größeren Arbeitsbereichen interessant. Ein weiterer Untersuchungsaspekt ist thermische Stabilität des Messsystems und der einzelnen Komponenten.

Das Messsystem kann nur zur Erfassung der Abweichungen von WZM mit linearen Achsen angewandt werden. Für eine Übertragung auf 5-Achs-Kinematiken ist die Methode in der aktuellen Entwicklungsstufe nicht einsetzbar. Jedoch ist der erweiternde Einsatz bestehender Systeme denkbar, die für die Erfassung der Abweichungen von rotatorischen Achsen geeignet sind.

7 Zusammenfassung und Ausblick

Einleitend wurde die übergeordnete Forschungsfrage formuliert, ob durch die Kombination innovativer Verfahren zur Kalibrierung von WZM und Verfahren zur Rückführung von KMG eine modellbasierte Messunsicherheitsbestimmung für Geometriemessungen auf WZM gelingen kann.

Durch die Analyse des Standes der Technik ergeben sich Bausteine, die für eine Beantwortung der Forschungsfragen untersucht werden (Abbildung 6-1). Der Erkenntnisgewinn wurde jeweils am Ende der Ergebniskapitel diskutiert. Kumulativ ergibt sich die Beantwortung der Forschungsfragen.

7.1 Reflektion des Erkenntnisgewinns und der Forschungsmethodik

Die Untersuchungen im Rahmen dieser Arbeit haben gezeigt, dass eine dynamische und modellbasierte Messunsicherheitsbestimmung für Geometriemessungen mit WZM möglich ist. Grundlage für den entwickelten Ansatz ist die Verwandtschaft im kinematischen Aufbau zwischen WZM und KMG. Ausgehend von Verfahren zur Bestimmung der aufgabenspezifischen Messunsicherheit aus der Koordinatenmesstechnik, kann nach den Erkenntnissen dieser Arbeit auch die Messunsicherheit für Messprozesse mit WZM bestimmt werden. Dieser Zusammenhang wurde zu Beginn als forschungsleitende Frage formuliert und führte zu den beschriebenen Versuchsaufbauten. Dabei ist die experimentelle Ermittlung mit kalibrierten Bauteilen eine Variante, die Bauteile mit ähnlichen Merkmalen voraussetzt. Die in dieser Arbeit entwickelte modellbasierte und dynamische Messunsicherheitsbestimmung benötigt die Kenntnis der geometrischen Abweichungen der WZM für die simulative Bestimmung der Unsicherheit. Für ein vorgegebenes Zustandsfenster ist eine Bestimmung der aufgabenspezifischen Messunsicherheit dann auch in Abhängigkeit der Messstrategie möglich. Ein Zustandsfenster ist dabei primär durch die Temperatur und den mechanischen Zustand der WZM definiert. Die Hypothese, dass bei einer Messung auf einer WZM die geometrischen Abweichungen den größten Einfluss auf die Messunsicherheit haben, konnte ebenfalls belegt werden. Es wurden dazu Validierungsmessungen mit zwei WZM durchgeführt. Der erste Demonstrator stand in einer thermisch unkontrollierten Umgebung. Durch die Möglichkeit die WZM steuerungsseitig zu kompensieren konnte der vermutete Einfluss der geometrischen Abweichungen auf die Messunsicherheit belegt werden. Damit ist mit Kenntnis und Kompensation der geometrischen Abweichungen eine deutliche Reduktion der erreichbaren Unsicherheit möglich. Basierend auf diesen Erkenntnissen wurde einem explorativen Forschungsdesign folgend, der Einfluss einer wechselnden thermischen Last als relevant identifiziert. Durch einen zweiten Versuchsaufbau wird dieser Einfluss sichtbar. Ausführliche Untersuchungen in einer thermisch regelbaren Umgebung haben diesen Einfluss der Temperatur auf die geometrischen Abweichungen und damit wiederrum auf die Unsicherheit des Messprozesses quantifiziert. Damit konnte die Validität des entwickelten Modells auch für die Einflussgröße der Umgebungstemperatur auf den Messprozess gezeigt werden. Das entwickelte mathematische Modell der WZM und des Messprozesses konnte durch Referenzmessungen an beiden Demonstratoren validiert werden. Vergleichsmessungen an einem kalibrierten Bauteil konnten die Gültigkeit der entwickelten modellbasierten Messunsicherheitsbilanz belegen.

Die genaue Kenntnis der geometrischen Abweichungen der Maschine ist der dominante Eingangsparameter für das entwickelte Modell. Da die Abweichungen stark von der Temperatur der Maschine abhängen und eine WZM in einer Produktionsumgebung wechselnden thermischen Lasten ausgesetzt ist, ist eine fertigungsnahe messtechnische Erfassung dieser Abweichungen notwendig. In der Überwachung der WZM als Messsystem liegt eine zentrale Herausforderung im Vergleich zu einem KMG in einer klimatisierten und isolierten Umgebung. Die Untersuchungen im Rahmen dieser Arbeit, haben diese Notwendigkeit einer schnellen und prozessnahen Erfassung der Abweichung offenbart. Die Kalibrierung mit trackingfähigen Interferometern liefert für die Anwendung die geringste Messunsicherheit. Das Verfahren ist jedoch zeitaufwendig und insbesondere beim Einsatz von vier Interferometern sehr kostenintensiv. Eine industrielle Umsetzung des entwickelten Verfahrens setzt ein prozessintegriertes und schnelles Messverfahren für die Erfassung der dominanten Abweichungen der WZM voraus. Es wurde die Notwendigkeit eines solchen Messverfahrens abgeleitet und als forschungsleitende Frage formuliert. Auf Basis der Erkenntnisse aus der Validierungsphase der Modellbildung und begleitenden Forschungsaktivitäten konnte ein Messsystem kombiniert mit einem Messverfahren entwickelt werden, das zur Erfassung der für den Messprozess relevanten geometrischen Abweichungen einer WZM geeignet ist. Die mathematische Beschreibung, die Simulation und der Aufbau des Messsystems wurden ausführlich beschrieben. Eine Simulation basierend auf einem Ray-Tracing Ansatz und eine Validierung an einer der Demonstratormaschinen belegt die Eignung des Verfahrens. Das entwickelte Messsystem in Verbindung mit dem Messverfahren ermöglichen damit die notwenige Überwachung des Messsystems prozessnah, schneller und kostengünstiger als mit herkömmlichen Kalibrierverfahren. Damit kann ein Paradigmenwechsel vollzogen werden, der den Einsatz der WZM als Messsystem und die dynamische Bestimmung der Messunsicherheit für dieses System ermöglicht und sicherstellt.

Die analytische Beschreibung der physikalischen Wirkzusammenhänge erfolgt durch die Abbildung des Prozesses in einem Modell. Die Modellgüte ist dabei ein Maß wie gut der Zusammenhang zwischen Eingangs- und Ausgangsgrößen abgebildet werden kann. In der vorliegenden Arbeit wird die Modellbildung durch eine systematische Analyse der Eignung der einzelnen Ersatzmodelle zur Abbildung der zu untersuchenden Einflüsse begleitet.

Das vorgestellte modellbasierte Vorgehen zur Messunsicherheitsbestimmung wurde für kartesische Kinematiken mit drei Achsen validiert. Die ausgewählten Maschinen stehen dabei repräsentativ für eine Vielzahl verschiedener Maschinen. Der Ansatz ist durch die modular aufgebaute mathematische Modellierung auch auf Kinematiken mit mehr als 3-Achsen erweiterbar. Durch eine Rundachse kann die Messstrategie insbesondere für komplexe Geometrien (beispielsweise Kegelradverzahnung oder Turbinenschaufeln) effizienter gestaltet werden. Voraussetzung ist dann eine vollständige Kalibrierung aller für die Messung relevanten Achsen. Eine Validierung des Vorgehens für eine Erweiterung ist zu erbringen. Die Erfassung der Komponentenabweichungen von Rundachsen ist mit dem entwickelten Verfahren nicht möglich. Es gibt jedoch eine Vielzahl messtechnischer Ansätze zur Erfassung der Komponentenabweichungen von Rotationsachsen, die hinsichtlich einer Integration in das Konzept untersucht werden können. Dabei können die Abweichungen der Rotationsachsen getrennt von den Abweichungen der Linearachsen gemessen werden. Das entwickelte Messsystem kann hinsichtlich einer permanenten und kostengünstigen Integration in die Struktur der WZM weiterentwickelt werden. Eine Kapselung macht das System robust gegenüber externen Einflüssen. Durch getaktetes Auslesen ist der Betrieb mehrerer Sensoreinheiten mit einem Interferometer denkbar, wodurch das Gesamtsystem kostengünstiger wird.

Die gewählte Forschungsmethodik kann in der Reflektion als passend eingestuft werden. Der explorative Gedanke hat die Entwicklung eines anwendungsnahen und für den Einsatz in der Praxis geeigneten Konzepts mit den Bausteinen Modell, Software und Messsystems ermöglicht. Die Validierung erfolgt durch ein Experiment, das die Hypothese bestätigt oder widerlegt. Dabei ist die Definition der Randbedingungen eine wichtige Grundlage für die Auslegung des Experiments. Die Untersuchung des Temperatureinflusses auf die Messunsicherheit konzentriert sich in der vorliegenden Arbeit auf den Einfluss der Umgebungstemperatur. Eine Erweiterung der Betrachtung für interne Wärmelasten ist vor dem Hintergrund der praktischen Umsetzung des Konzepts eine resultierende weiterleitende Forschungsfrage.

7.2 Ausblick und zukünftige Forschungsfragen

Forschungsvorhaben dienen der Beantwortung von Forschungsfragen, sind aber gleichzeitig Auslöser für neue weitergehende Forschungsfragen. Die obige kritische Reflexion des Erkenntnisgewinns hat bereits Anknüpfungspunkte diskutiert. Im Folgenden sollen weitere Fragestellungen aufgezeigt werden, die sich aus den vorgestellten Untersuchungen ergeben haben.

Der Einfluss des Bauteils auf die Messunsicherheit ist insbesondere bei großen Bauteildimensionen von großer Bedeutung (vgl. Abschnitt 4.2.4). (Schmitt et al. 2016) Forschungsfragen ergeben sich insbesondere hinsichtlich der Erfassung und Kompensation dieser Einflüsse während des Messprozesses. Es sei darauf hingewiesen, dass Erkenntnisse zu diesen Fragestellungen auch im Bereich der klassischen Koordinatenmesstechnik und bei der Fertigung Verbesserungspotential darstellen. (Imkamp et al. 2016)

Die Programmierung der Messzyklen in Abhängigkeit der gewählten Strategie erfolgte bei den vorliegenden Arbeiten aufgabenspezifisch und manuell über die Eingabefenster an der Maschinensteuerung oder entsprechende Offline-Arbeitsplätze. Diese Umsetzung ist zeitintensiv und erfordert weitergehende messtechnische Kenntnisse. Eine softwareunterstützte und automatisierte Erstellung der Messzyklen ist aus der Programmierung von KMG bekannt. Durch die I++-Schnittstelle ist darüber hinaus möglich unabhängig von der gewählten Softwarelösung das Messprogramm auf KMG verschiedener Hersteller ausführen zu lassen. Eine solche Strategie wäre auch für Messprozesse auf WZM zielführend.

Ausgangspunkt für die Untersuchungen waren die Verfahren zur Messunsicherheitsbestimmung bei KMG. Die große Akzeptanz dieser diskutierten Ansätze ist vor allem in der Verankerung in der internationalen Normung begründet. Eine entsprechende Integration des vorgestellten Ansatzes in einer nationalen Richtlinie ist ein Ziel des Autors. Gemeinsam mit einem Arbeitskreis bestehend aus Experten aus der Industrie (Hersteller von WZM, Messtechnikhersteller, Anwender) sowie Hochschulinstituten soll dieses Vorhaben umgesetzt werden. Die Akzeptanz eines integrierten Messprozesses auf WZM kann nach Ansicht des Konsortiums so deutlich gestärkt werden. Dabei ist das methodische Vorgehen als ein Leitfaden zur Herstellung der Messbedingungen und der Bestimmung der Messunsicherheit denkbar (Abbildung A 12).

Die wirtschaftliche Bewertung einer prozessnahen Messung von Geometriemerkmalen auf der WZM ist aufgrund fehlender industrieller Anwendungsbeispiele bisher nur auf Basis von Erfahrungswerten möglich. Diskussionen mit den genannten Experten der produzierenden Unternehmen ergaben einen Mehrwert insbesondere bei Bauteilen mit großen Abmessungen oder komplexer Geometrie. Dies ist insbesondere durch den hohen Rüstaufwand sowohl für die Bearbeitung als auch für die Messung begründet. Hinzu kommen hohe Investitionskosten für KMG ausreichender Dimension und Genauigkeit. Eine Vorgehensweise zur wirtschaftlichen Bewertung wäre auf Basis bereits durchgeführter Untersuchungen zu entwickeln. (Weckenmann et al. 2010; Weckenmann und Walz 2007; Weckenmann et al. 2009; Schmitt und Damm 2008, 2012)

Kurzfassung

Eine moderne Produktion ist durch kleine Stückzahlen, hohe Flexibilität, große Variantenvielfalt, enge Toleranzen und große Wertschöpfungstiefe gekennzeichnet. Die Herstellung kleiner Losgrößen qualitativ hochwertiger Bauteile zu geringen Stückkosten ist damit eine zentrale Fragestellung produktionstechnischer Forschung. Eine flexible Fertigung und eine umfassende und fertigungsnahe Qualitätsprüfung sind notwendige Etappenziele.

Die Werkzeugmaschine bildet die Basis einer flexiblen Fertigung. Eine Geometrieprüfung der gefertigten Bauteile findet in der Regel auf Referenzmesssystemen wie Koordinatenmessgeräten in einem isolierten Messraum statt. Dies bedeutet eine hohe Investition in die Hardware, zusätzliche Transportwege und eine spezialisierte Ausbildung der Mitarbeiter. Je näher die Prüfung der Merkmalsausprägungen an den Fertigungsschritt heranrückt z.B. durch eine Geometrieprüfung direkt auf der Werkzeugmaschine, desto leichter fallen die Prozessanalyse und die -modellierung. Die fehlende Trennung zwischen Fertigungsmaschine und Messsystem verletzt jedoch einen Grundsatz für die Erfassung belastbarer Messwerte. Die fehlende Kenntnis der Einflussgrößen und die resultierenden Effekte auf eine solche Messung verhindert bisher die Angabe einer Messunsicherheit. Ohne Messunsicherheit ist das Messergebnis nicht bewertbar und ein späterer Prüfentscheid nicht abgesichert.

Der Autor entwickelt basierend auf der konstruktiven Ähnlichkeit von Werkzeugmaschine und Koordinatenmessgerät als serielle Kinematiken ein Verfahren, das eine softwaregestützte Bestimmung der Messunsicherheit für Messungen mit der Werkzeugmaschine ermöglicht. Dazu werden die Gemeinsamkeiten von Koordinatenmessungen auf Koordinatenmessgeräten und Werkzeugmaschinen diskutiert. Als zentraler Einflussfaktor wird der Einfluss der geometrischen Abweichungen der Werkzeugmaschinen auf die Messunsicherheit identifiziert. Der Zusammenhang zwischen der Messunsicherheit und den geometrischen Abweichungen der Maschine wird über ein entwickeltes mathematisches Modell der WZM-Kinematik und des Messprozesses beschrieben. An zwei Demonstrator-Maschinen wird das Modell validiert. Der Erkenntnisgewinn der Forschungsarbeiten motiviert die Entwicklung eines neuartigen Messverfahrens, das prozessnah und schnell die notwendigen geometrischen Abweichungen der WZM erfasst. Die Komponentenabweichungen werden mit einer in dieser Arbeit weiterentwickelten Methode aus interferometrisch gemessenen Längen und Winkeln berechnet.

Abstract

Flexible manufacturing processes for high quality products at low costs are one of the main research objectives in the field of production technology. The quality inspection of large or complex workpieces manufactured on machine tools often takes place beside the production line. To assure the traceability of the quality inspection the features are measured on a CMM. The manufacturing process is interrupted and transportation, handling and the loss of the original manufacturing setup influence the workpiece quality. The high invest and the mentioned aspects show the need for an machine integrated traceable measuring process.

Integrated touch probes can be found in many new machine tools and shall provide the possibility of testing product characteristics right after the manufacturing process in the original setup on the machine tool. Due to disturbances like machine defects or temperature fluctuations of the surrounding, the measurement process is not traceable and the data cannot be used for a process improvement or process control.

The developed approach assures the traceability of the inspection processes on machine tools. The fusion of appropriate methods for the traceability of CMM's and innovative calibration methods for machine tools allow the determination of a measurement uncertainty for the measurement system “touch probe and machine tool”.

Different methods known from CMMs have been examined and validated for machine tools. The machine tool kinematic is mathematically modelled and the model is able to describe the influences of the geometric errors on the part quality. As one of the main influence for deviations of the workpiece quality seems to be the temperature, the impacts of the surrounding temperature on the machine tool structure and the achievable measurement uncertainty was examined in a temperature controlled surrounding. The thermal effects on the tool structure shown by repetitive calibrations can now be directly linked to the measurement uncertainty.

In addition a new and innovative measurement system for machine tool calibration is developed. This system can be integrated into the machine tool structure. The geometric errors of the machine tool kinematic are measured in short time and can be used in the developed model to determine the measurement uncertainty for a measurement process on a machine tool.

IV. Anhang

Anhang zu Kapitel 2:

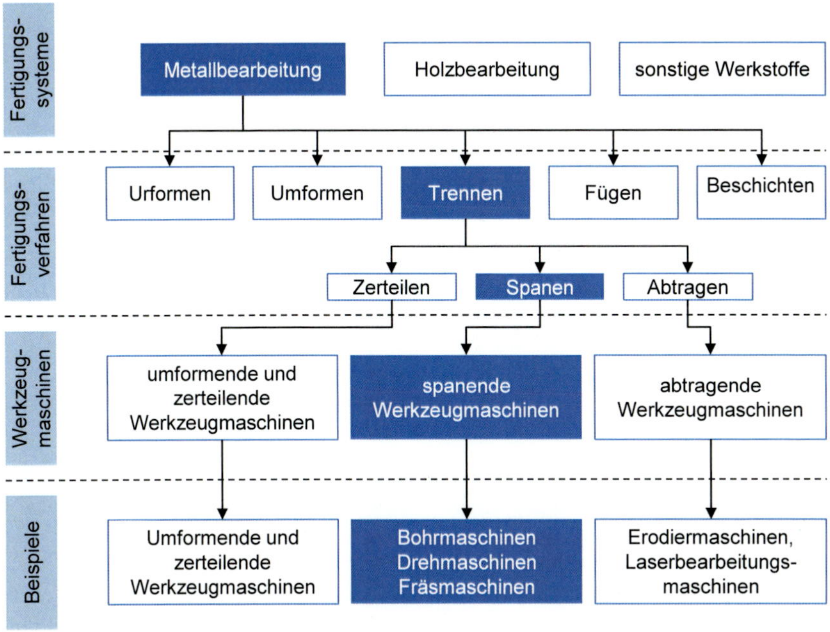

Abbildung A 1 Klassifizierung von Werkzeugmaschinen nach ehemals DIN 69651 (Neugebauer 2012; Weck 2006)

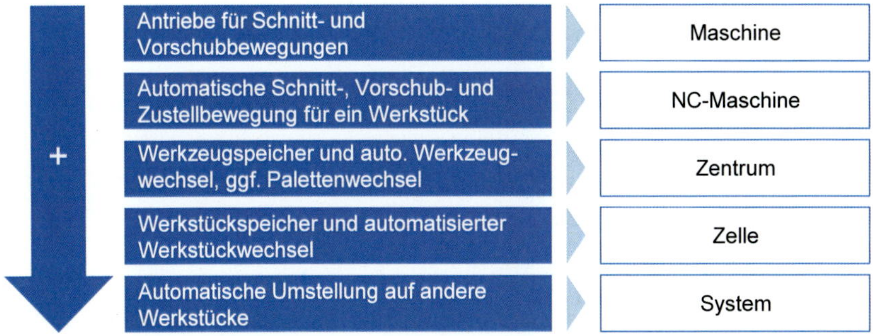

Abbildung A 2 Automatisierungsgrad von Werkzeugmaschinen (Hirsch 2012)

Anhang zu Kapitel 0:

Tabelle A 1 Faktoren für Formelementparameter bei einer Messpunktanzahl n (VDI/VDE 2011)

b_i	**Formelementeparameter**
$\sqrt{\frac{1}{n}}$	• Punktkoordinate (Mittelwert) • Koordinate im Schwerpunkt von Gerade/Ebene • Radius von Kreis /Kugel /Zylinder
$\sqrt{\frac{2}{n}}$	• Mittelpunktkoordinate von Kreis /Kugel • Schwerpunktkoordinate von Zylinder (senkrecht zur Achse)
$\sqrt{\frac{4}{n}}$	• Durchmesser von Kreis / Kugel / Zylinder • Winkel von Gerade und Ebene (Messpunkte an den Enden)
$\sqrt{\frac{8}{n}}$	• Winkel einer Ebene (kreisförmige Anordnung der Messpunkte) • Winkel der Zylinderachse (zwei Radialschnitte mit je n/2 Punkten)

Anhang zu Kapitel 0

Tastsystemeinfluss:

Die Ermittlung der Antastabweichung kann nach den betrachteten Freiheitsgeraden unterschieden werden. Auch der eingesetzte Kalibrierkörper ist davon abhängig. Im Folgenden ist das Vorgehen detailliert beschrieben.

2D-Antastabweichung, $P_{FTU,2D}$:

Der geeignete Kalibrierkörper ist ein Ring. Der Ring wird so ausgerichtet, dass die Achse des Rings parallel zur Z-Achse steht. Der Mittelpunkt des Rings wird über vier Punkte bestimmt und wieder als Datum definiert. Danach werden mindestens 39 Punkte mit gleichem Abstand über den Kreisumfang angetastet. Aus aufgenommen Messpunkten wird über einen least-square best-fit der Mittelpunkt des gemessenen Kreises berechnet. Die Mittelpunktkoordinaten des Rings werden von den X- und Y-Koordinaten der gemessenen Punkte subtrahiert. Für jeden Punkt wird der Abstand zum Mittelpunkt berechnet und der Abstand zwischen dem größten und dem kleinsten Radius $(r_{max} - r_{min})$ dieser konzentrischen Kreise bestimmen die 2D-Antastabweichung $P_{FTU,2D}$.

3D-Antastabweichung, $P_{FTU,3D}$:

Das Zentrum einer Referenzkugel mit einem Durchmesser von etwa 25 mm über fünf angetastete Punkte bestimmt und als Datum definiert. Danach wird die Kugel in radialer Richtung angetastet. 25 gleichabständige Punkte um die Kugel herum werden empfohlen, wobei sich ein Punkt auf dem Pol, vier Punkte 22,5° unterhalb des Pols, acht Punkte 45° unterhalb des Pols und um 22,5° verdreht zur vorherigen Punktgruppe, vier Punkte 67,5° unterhalb des Pols und wiederum um 22,5° verdreht zur vorherigen Punktgruppe und acht Punkte 90° unterhalb des Pols (Äquator), ebenfalls um 22,5° verdreht zur vorherigen Punktgruppe befinden sollen. Mithilfe eines least-square best-fit wird aus den Punkten der Mittelpunkt der gemessenen Kugel berechnet. Die Mittelpunktkoordinaten werden dann wie bereits beschrieben von den X- und Y-Koordinaten von jedem gemessenen Punkt subtrahiert und für jeden Punkt wird der Abstand zum Mittelpunkt berechnet. Der Abstand zwischen dem größten und dem kleinsten Radius $(r_{max} - r_{min})$ dieser konzentrischen Kreise bestimmen die 3D-Antastabweichung $P_{FTU,3D}$. des Tastsystems.

Anhang zu Kapitel 5

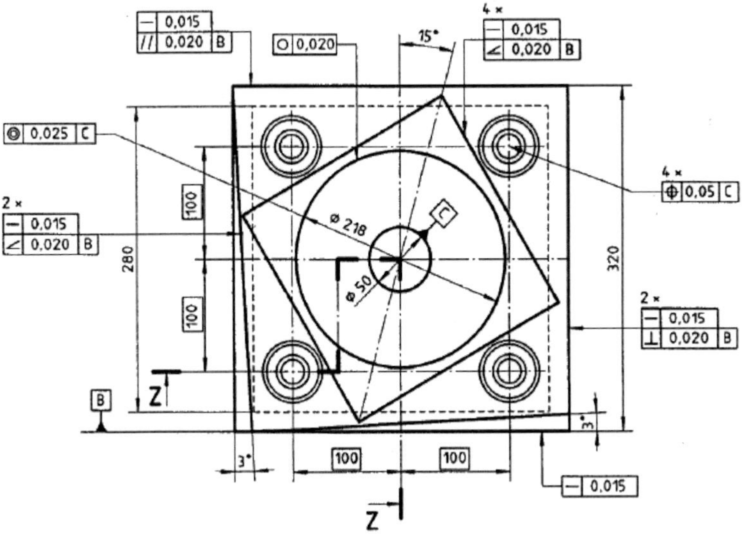

Abbildung A 3 Testwerkstück zur Überprüfung der Werkzeugmaschinengeometrie nach DIN ISO 10791 Blatt 7

DEUTSCHER KALIBRIERDIENST **DKD**

Kalibrierlaboratorium / *Calibration laboratory*

Akkreditiert durch die / *accredited by the*

Akkreditierungsstelle des Deutschen Kalibrierdienstes

FEIN MESS

Deutscher Akkreditierungs Rat

DAR

DKD-K-25901

Kalibrierschein
Calibration certificate

Kalibrierzeichen
Calibration mark

71090
DKD-K-25901
2010-11

Gegenstand *Object*	**Referenzwerkstück**
Hersteller *Manufacturer*	**WZL der RWTH Aachen**
Typ *Type*	
Fabrikat/Serien-Nr. *Serial number*	**01**
Auftraggeber *Customer*	**WZL der RWTH Aachen Steinbachstarße 19 D-52074 Aachen**
Auftragsnummer *Order No.*	**710 0701 cs02**
Anzahl der Seiten des Kalibrierscheines *Number of pages of the certificate*	**13**
Datum der Kalibrierung *Date of calibration*	**17.11.2010**

Dieser Kalibrierschein dokumentiert die Rückführung auf nationale Normale zur Darstellung der Einheiten in Übereinstimmung mit dem Internationalen Einheitensystem (SI).
Der DKD ist Unterzeichner der multilateralen Übereinkommen der European co-operation for Accreditation (EA) und der International Laboratory Accreditation Cooperation (ILAC) zur gegenseitigen Anerkennung der Kalibrierscheine.
Für die Einhaltung einer angemessenen Frist zur Wiederholung der Kalibrierung ist der Benutzer verantwortlich.
This calibration certificate documents the traceability to national standards, which realize the units of measurement according to the International System of Units (SI).
The DKD is signatory to the multilateral agreements of the European co-operation for Accreditation (EA) and of the International Laboratory Accreditation Cooperation (ILAC) for the mutual recognition of calibration certificates.
The user is obliged to have the object recalibrated at appropriate intervals.

Dieser Kalibrierschein darf nur vollständig und unverändert weiterverbreitet werden. Auszüge oder Änderungen bedürfen der Genehmigung sowohl der Akkreditierungsstelle des DKD als auch des ausstellenden Kalibrierlaboratoriums. Kalibrierscheine ohne Unterschrift und Stempel haben keine Gültigkeit.
This calibration certificate may not be reproduced other than in full except with the permission of both the Accreditation Body of the DKD and the issuing laboratory. Calibration certificates without signature and seal are not valid.

Stempel *Seal*	Datum *Date*	Leiter des Kalibrierlaboratoriums *Head of the calibration laboratory*	Bearbeiter *Person in charge*
Deutscher Kalibrierdienst DKD-K-25901	17.11.2010	(Dipl. Ing. Carsten Schwehn)	(Dipl. Ing. Carsten Schwehn)

FEINMESS GmbH&Co.KG
Gesellschaft für Qualitätssicherung und Messtechnik
Bergstraße 3
35080 Bad Endbach

Telefon 06464-6357
Telefax 06464-6356
email feinmess@feinmess.com

Abbildung A 4 DAkkS-Kalibrierprotokoll für das Referenzwerkstück (Seite 1/3)

71090
DKD-K-25901
2010-11

Seite 2 zum Kalibrierschein vom 17.11.2010
Page *of calibration certificate dated*

Kalibriergegenstand

Kalibriergegenstand ist ein Referenzwerkstück aus einer Al- Legierung mit der Seriennummer 01.

Kalibrierverfahren

Die Messungen wurden auf dem kalibrierten und regelmäßig überwachten Koordinatenmessgerät (KMG) vom Typ *Leitz PMM 12106* mit der Serien-Nr. 649 ausgeführt.
Die letzte Kalibrierung erfolgte am 27.12.2008 (Kalibrierzeichen 40424-2008-12) mit einer Zerodurlochplatte mit der Id-Nr. PTB 5.32-2005/1 (Kalibrierzeichen 5123 PTB 07 vom 26.02.2007).
Überwachungsmessungen im 6-wöchigen Abstand werden mittels Kugelbuchsenplatte mit der Serien-Nr. 199701002 (Kalibrierzeichen 7692/DKD-K-25901/2009-12 vom 29.12.2009) sowie einer Tasteroffsetbestimmung mit dem
Kugelnormal CAL-DK30-1 (Kalibrierzeichen 123/D-K-15007-01-00/2010-09 vom 13.09.2010).

Die Antastung der zu messenden Formelemente erfolgte mechanisch.

Die Messunsicherheitsbestimmung erfolgte durch Simulation mit der ‚PTB-Methode' Virtuelles Koordinatenmessgerät (VCMM) mit der Softwareversion 4.4.4. Das Verfahren basiert auf der VDI/VDE- Richtlinie 2617, Blatt 7.

Messbedingungen

<u>Aufspannung</u>:

Das Referenzwerkstück wurde an den vorgegebenen Stellen auf geschliffenen Ringen gespannt.

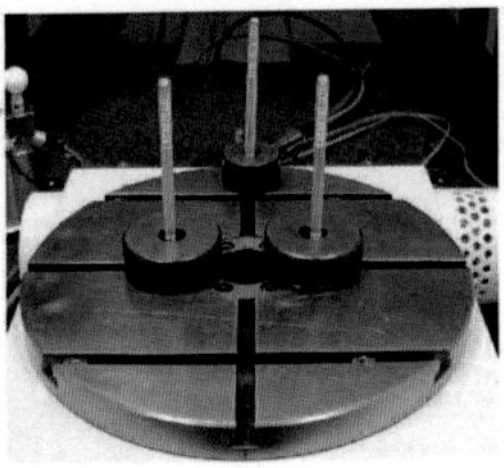

Abb. 1: Aufspannung

Abbildung A 5 DAkkS-Kalibrierprotokoll für das Referenzwerkstück (Seite 2/3)

71090
DKD-K-25901
2010-11

Seite 3 zum Kalibrierschein vom
Page *of calibration certificate dated* 17.11.2010

Tasterkonfiguration

Verlängerung: 60 mm
Taster 1-5: Ø 5,0 mm, 50 mm Länge, +X,+Y,-X,-Y,-Z
Antastkraft: Die Messwertübernahme erfolgt bei einer Antastkraft von 0,5 N.

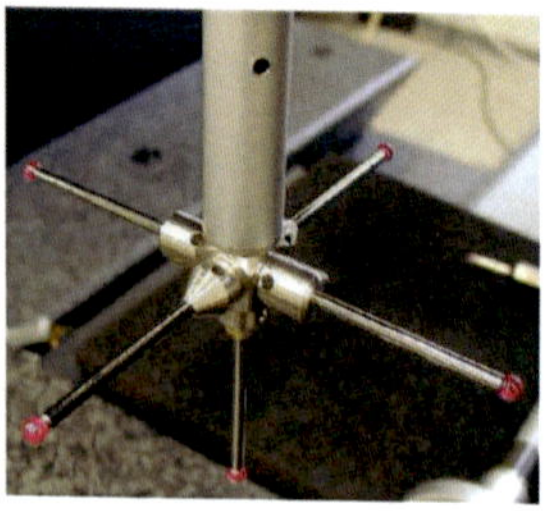

Abb. 2: Tasterkonfiguration

Bestimmung des Werkstückkoordinatensystems

- Raumausrichtung über die Bezugsebene C, +Z
- Ebenenausrichtung über die Bezugsachse A, +X
- Nullpunkt in X und Y über den Schnittpunkt der Bezugsachsen A und B
- Nullpunkt in Z über die Bezugsebene C

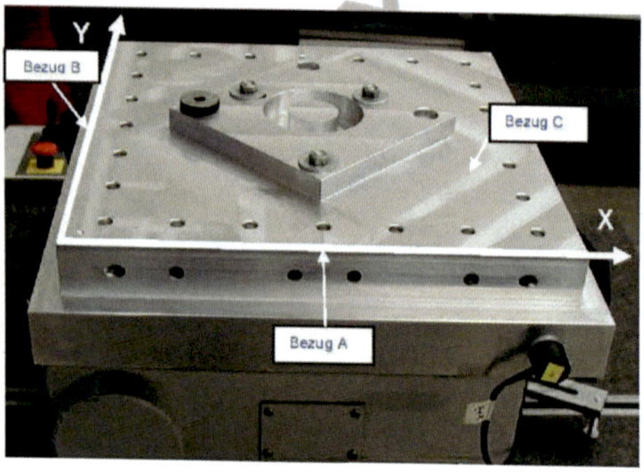

Abb. 3: Koordinatensystem

Abbildung A 6 DAkkS-Kalibrierprotokoll für das Referenzwerkstück (Seite 3/3)

Mahr

Kalibrierschein Nr.: FMR 980515

Calibration certificate / Certificat de Contrôle

Gegenstand *Object / Objet*	Einstellring
Hersteller *Manufacturer / Manufacture*	Mahr GmbH, Göttingen
Typ *Type / Type*	6107
Serien-Nr. *Serial No. / N° de série*	WZL Nr.1111
Ident-Nr. *Ident No. / N° Identité*	9999630
Auftraggeber *Customer / Commandeur*	Fa. RWTH
Auftrags-Nr. *Work order No. / N° de commande*	63394344
Anzahl der Seiten des Kalibrierscheines *Number of pages of the certificate / Nombre de page de certificat de contrôle*	3
Datum der Kalibrierung *Date of calibration / Date de calibration*	05.05.98

Die Kalibrierung erfolgt durch Vergleich mit Normalen bzw. Normalmeßeinrichtungen oder auf Grundlage dokumentierter Kalibrierverfahren. Die Normale oder Normalmeßeinrichtungen sind rückführbar auf nationale Normale der Physikalisch-Technischen-Bundesanstalt (PTB) oder auf andere nationale Normale.
Dieser Kalibrierschein darf nur vollständig und unverändert weiterverbreitet werden. Auszüge und Änderungen bedürfen unserer Genehmigung. Kalibrierscheine ohne Unterschrift und Stempel haben keine Gültigkeit.

*The calibration is performed by comparison with reference standards, with standard measuring equipment or on the basis of documented calibration procedures. The reference standards and standard measuring equipment are traceable to the measurement standards maintained by the Physikalisch-Technische Bundesanstalt (PTB) or to other national standards.
This calibration certificate may not be reproduced other than in full, except with our permission. Calibration certificates without signature and stamp are not valid.*

*Le contrôle se produit par comparaison avec des équipements de mesure standards ou sur la base d'un processus de contrôle documenté. Les équipements de mesure standards se rapportent au Physikalisch-Technische-Bundesanstalt (PTB) ou à d'autres normes nationales.
Ce certificat de contrôle ne peut être divulgué que complet et sans changement de texte. Toute reproduction ou tout changement sont seulement possible avec notre approbation. Les certificats de contrôle sans signature et sans cachet ne sont pas valides.*

5. Mai 1998	Mahr GmbH	
Datum *Date / Date*	Stempel *Stamp / Cachet*	Prüfbeauftragter *Inspector / Contrôleur*

Mahr GmbH, Postfach 1853, 37008 Göttingen, Telefon (0551) 7073-0, Telefax (0551) 71021

Abbildung A 7 DAkkS-Kalibrierprotokoll für den Kalibrierkörper „Einstellring“ (Seite 1/3)

Mahr

Seite 2 von 3 des Kalibrierscheins Nr.: FMR 980515 vom 05.05.98
page 2 of 3 / page 2/3

1. Meßaufgabe
measurement task / donnée de mesure

Bestimmung des Durchmessers und der Rundheit des Einstellrings in drei Meßebenen. Zusätzlich Messung der Rauheit und Auswertung der Zylindrizität.

Determination of the diameter and roundness of the setting ring in three measuring planes. In addition, measurement of roughness and evaluation of cylindricity.

Détermination du diamètre et de la circularité de la bague étalon en 3 plans de mesure. En outre, mesure de la rugosité et évaluation de la cylindricité.

2. Meßverfahren
method of measurement / methode de mesure

Die Bestimmung der Durchmesser erfolgte auf einer Längenmeßmaschine 828 CIM-500, Serien-Nr.: 1100. Die Maschine wird in regelmäßigen Abständen mit DKD- kalibrierten Endmaßen überprüft. Die Einstellung vor der Messung erfolgte mit dem von einem DKD-Laboratorium geprüften Einstellring 091 DKD-K-05401 93-06.
Die Formabweichungen wurden auf einem Formtester MFU7, Serien-Nr.: 487341 ermittelt. Die Messungen wurden mit einem Taster T6W (Tastkugeldurchmesser 3 mm) bei einer Drehzahl von 5 U/min und einem Filter F2 = 50 W/U durchgeführt. Der Formtester wird in regelmäßigen Abständen mit den PTB-kalibrierten Normalen 2520 PTB 93 (Rundheitsnormal) und 2521 PTB 93 (Kontrollsäule) überprüft.
Die Bestimmung der Rauheit wurde mit einem Oberflächenmeßgerät S6P, Serien-Nr.: 20988, und einem Taster RHT 6-50 durchgeführt. Der Oberflächenmeßplatz wird in regelmäßigen Abständen mit dem von einem DKD-Laboratorium kalibrierten Einstellnormal PEN-10-1 / 0348 DKD-K-06401 94-05 überprüft.

The diameters were determined on a length measuring machine 828 CIM-500, serial No.: 1100. The machine is checked in regular intervals by means of DKD-calibrated gauge blocks. Adjustment before measurement was carried out with setting ring No. 091 DKD-K-05401 93-06 calibrated by a DKD laboratory.
The form deviations were determined on a Formtester MFU 7, serial NO.: 487341. Measurements were effected by means of a T6W probe (probe ball dia. 3 mm) at a speed of 5 rpm and with filter F2 = 50 upr. The Formtester is checked in reguler intervals by means of the PTB-calibrated masters No. 2520 PTB 93 (roundness masters) and No. 2521 PTB 93 (cylinder square).
Roughness was determined on a surface measuring instrument S6P, serial No.: 20968, and tracer RHT 6-50. The surface measuring station is checked in regular intervals by means of setting gauge PEN-10-1 / 0348 DKD-K-06401 94-05 calibrated by a DKD laboratory.

La détermination du diamètre a été effectuée sur une machine pour mesure de longueur 828 CIM-500, N° de Série: 1100. La machine est vérifiée à des intervalles réguliers avec des cales étalons calibrés par la DKD. Avant le calibrage, cette machine a été ajustée avec la bague étalon 091 DKD-K- 0540193-06.
Les écarts de forme ont été déterminés par un Formtester MFU 7, N° de Série: 487341. Les mesures ont été réalisées avec un palpeur T6W (diamètre de la bille du palpeur 3 mm) ayant une vitesse de rotation de 5 tours/min et un filtre F2 = 50 ondes par circonférence. Le Formtester est vérifié à des intervalles réguliers avec les étalons N° 2520 PTB 93 (étalon de circularité) et N° 2521 PTB 93 (cylindre de contrôle) calibrés par PTB.
La détermination de la rugosité a été effectuée avec un appareil de mesure d'état de surface S6P N° de Série: 20968, et un palpeur RHT 6-50. Le poste de mesure d'état de surface est vérifié à des intervallos réguliers par un étalon PEN-10-1 / 0348 DKD-K-06401 94-05 calibré par le DKD.

Mahr GmbH, Postfach 1853, 37008 Göttingen, Telefon (0551) 7073-0, Telefax (0551) 71021

Abbildung A 8 DAkkS-Kalibrierprotokoll für den Kalibrierkörper „Einstellring" (Seite 2/3)

Seite 3 von 3 des Kalibrierscheins Nr.: FMR 980515 vom 05.05.98

page 3 of 3 / page 3/3

3. Meßergebnisse

measuring results / résultats de mesure

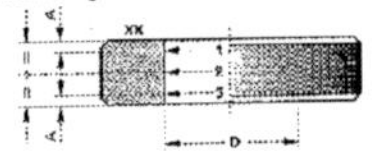

Beschriftung *Inscription* *Inscription*	XX	**50,0005**

Rauheit *Roughness* R_Z *Rugosité*	0,19µm	Zylindrizität *Cylindricity* *Cylindricité*	0,52µm

Abstand *Distance* *Distance*	A [mm]	2,00

	ISTMASS D [mm] *ACTUAL VALUE D* *VALEUR REELLE D*	RUNDHEIT P_t [µm] *ROUNDNESS PT* *CIRCULARITE PT*
Meßstelle 1 *Measuring point 1* *Point de mesure 1*	50,0005	0,36
Meßstelle 2 *Measuring point 2* *Point de mesure 2*	50,0008	0,31
Meßstelle 3 *Measuring point 3* *Point de mesure 3*	50,0008	0,21

4. Meßunsicherheit

uncertainty of measurement / Incertitude de mesure

Die Meßunsicherheit beträgt für die Formmessung u = 0,1 µm und für die Durchmessermessung u = 1,0 µm bei einem Vertrauensniveau von $(1 - \alpha) = 95$ %.

The measuring uncertainty for form measurement amounts to u = 0,1 µm and for diameter measurement to u = 1.0 µm with a confidence level of $(1 - \alpha) = 95$ %

L'incertitude de mesure de forme se monte à u = 0,1 µm et pour la mesure du diamètre à u = 1,0 µm avec un niveau de confiance de $(1 - \alpha) = 95$ %

Mahr GmbH, Postfach 1853, 37008 Göttingen, Telefon (0551) 7073-0, Telefax (0551) 71021

Abbildung A 9 DAkkS-Kalibrierprotokoll für den Kalibrierkörper „Einstellring“ (Seite 3/3)

Anhang zu Abschnitt 5.2.2

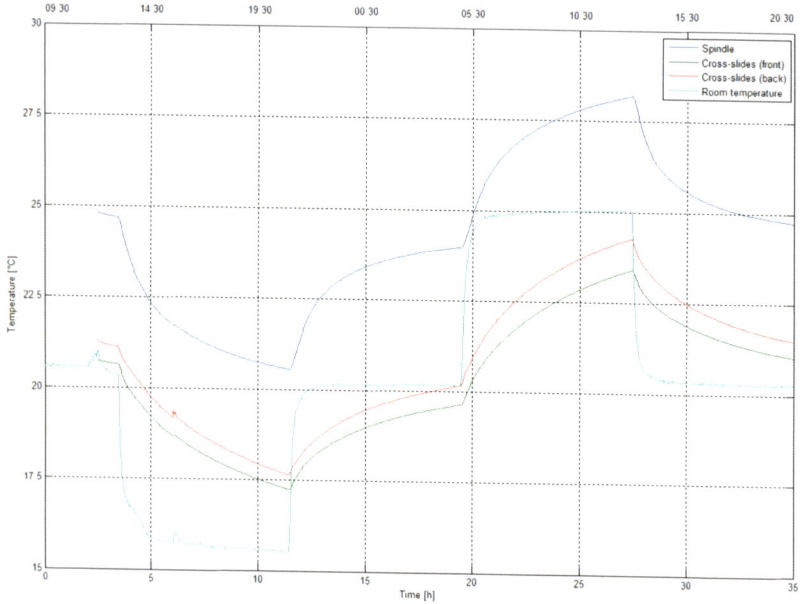

Abbildung A 10 Temperaturdaten der Werkzeugmaschine Hermle B300U bei Änderungen der Umgebungstemperatur, Anmerkung: Für die Übersichtlichkeit wurden die Temperatursensoren innerhalb der Struktur wurden gruppiert und die Messwerte je Gruppe gemittelt.

Anhang zu Kapitel 6

Tabelle A 2 Vergleich zwischen kommerziell verfügbaren Systemen zur messtechnischen Erfassung der Komponentenabweichungen einer WZM und dem entwickelten Prototypen

Messsystem	XL-80	SP 2000 DS	SP 15000 C3	µLine 20
Art	Interferometer	2 Strahlinterferometer	3 Strahlinterferometer	Multisensor-Interferometer
Hersteller	Renishaw	Sios	Sios	Status Pro (Lasertex)
messbare Freiheitsgrade pro Aufbau	1	2	3	3
insg. messbare Freiheitgrade	18	18	18	18
insg. notwendige Aufbauten (Laserquelle/Optiken)	3 / 18	3 / 15	3 / 12	3 / 12
direkt/indirekt	direkt	direkt	direkt	direkt
Bemerkungen	keine Rollabweichung	keine Rollabweichung	keine Rollabweichung	keine Rollabweichung

Messsystem	SP 15000 C5	XD-Laser	LaserTracer	Prototyp
Art	4 Strahlinterferometer	Multisensor-Interferometer	Tracking-Interferometer	Multisensor-Interferometer (Diagonalenschritt-messung)
Hersteller	Sios	API	Etalon	WZL
messbare Freiheitsgrade pro Aufbau	4	bis 6	---	---
insg. messbare Freiheitgrade	18	20	21	21
insg. notwendige Aufbauten (Laserquelle/Optiken)	3 / 9	3 / 6	>2 (typ. 5-6) / 1	4 / 4
direkt/indirekt	direkt	direkt	indirekt	indirekt
Bemerkungen	keine Rollabweichung	keine Rollabweichung um vertikale Achsen		Noch in der Erforschungsphase

Anhang zu Abschnitt 6.1.2 Rechtwinkligkeitsabweichungen:

Eine FXYZ-Kinematik lässt sich nachfolgendem Schema beschreiben:

$$\begin{pmatrix} EX_{aaa} \\ EY_{aaa} \\ EZ_{aaa} \end{pmatrix} = \begin{pmatrix} EXX_a + EXY_a + EXZ_a + EBX_a \cdot z_a + EBY_a \cdot z_a - ECX_a \cdot y_a - XWZ \cdot z_a - XWY \cdot y_a \\ EYX_a + EYY_a + EYZ_a - EAX_a \cdot z_a - EAY_a \cdot z_a - YWZ \cdot z_a \\ EZX_a + EZY_a + EZZ_a + EAX_a \cdot y_a \end{pmatrix}$$

$$\begin{pmatrix} EX_{eaa} \\ EY_{eaa} \\ EZ_{eaa} \end{pmatrix} = \begin{pmatrix} EXX_e + EXY_a + EXZ_a + EBX_e \cdot z_a + EBY_a \cdot z_a - ECX_e \cdot y_a - XWZ \cdot z_a - XWY \cdot y_a \\ EYX_e + EYY_a + EYZ_a - EAX_e \cdot z_a - EAY_a \cdot z_a - YWZ \cdot z_a \\ EZX_e + EZY_a + EZZ_a + EAX_e \cdot y_a \end{pmatrix}$$

...

Die Längenabweichungen der Diagonalen lassen sich mithilfe der Parameter der Messstrategie (Strategieparameter) N und D_{XYZ} beschreiben.

$$dR_{e_{ppp}} = R_{e_{ppp}} - R_{a_{ppp}} - N \cdot D_{XYZ} : \textit{Längenabweichung zur Ideallänge}$$

Im nächsten Schritt werden die gleichen Längenabweichungen über die Projektionslängen der Differenzen der volumetrischen Abweichungen auf die Diagonalenrichtung dargestellt.

$$dR_{e_{ppp}} = R_{ppp} \cdot \left(\begin{pmatrix} EX_{eee} \\ EY_{eee} \\ EZ_{eee} \end{pmatrix} - \begin{pmatrix} EX_{aaa} \\ EY_{aaa} \\ EZ_{aaa} \end{pmatrix} \right)$$

$$dR_{e_{npp}} = R_{ppp} \cdot \left(\begin{pmatrix} EX_{aee} \\ EY_{aee} \\ EZ_{aee} \end{pmatrix} - \begin{pmatrix} EX_{eaa} \\ EY_{eaa} \\ EZ_{eaa} \end{pmatrix} \right)$$

$$dR_{e_{pnp}} = R_{ppp} \cdot \left(\begin{pmatrix} EX_{eae} \\ EY_{eae} \\ EZ_{eae} \end{pmatrix} - \begin{pmatrix} EX_{eae} \\ EY_{eae} \\ EZ_{eae} \end{pmatrix} \right)$$

$$dR_{e_{nnp}} = R_{ppp} \cdot \left(\begin{pmatrix} EX_{aae} \\ EY_{aae} \\ EZ_{aae} \end{pmatrix} - \begin{pmatrix} EX_{eea} \\ EY_{eea} \\ EZ_{eea} \end{pmatrix} \right)$$

$$EXX_a, EYX_a, EZX_a, EXY_a, EYY_a, EZY_a, EXZ_a, EYZ_a, EZZ_a, EYX_e, EZX_e, EXY_e, EZY_e, EXZ_e, EYZ_e, X_a, Y_a, Z_a = 0$$

Nach Annahme sind alle linearen Anteile zu Beginn der Bewegung gleich null. Ebenfalls sind die Anteile der Geradheitsabweichungen der Achsen im Endpunkt der Bewegung zu null zu setzen. $EYZ_e, X_a, Y_a, Z_a = 0$

Vereinfacht und in der Notation $\boldsymbol{A} \cdot \boldsymbol{x} = \boldsymbol{b}$ ergeben sich für die Rechtwinkligkeiten für eine Maschine mit der kinematischen Kette FXYZ:

$$A_{FXYZ} = \begin{pmatrix} X_R \cdot y_e & X_R \cdot z_e & Y_R \cdot z_e \\ -X_R \cdot y_e & -X_R \cdot z_e & Y_R \cdot z_e \\ -X_R \cdot y_e & X_R \cdot z_e & -Y_R \cdot z_e \\ X_R \cdot y_e & -X_R \cdot z_e & -Y_R \cdot z_e \end{pmatrix}$$

$$b_{FXYZ} = \begin{pmatrix} X_R \cdot (EBX_e \cdot z_e - ECX_e \cdot y_e + EBY_e \cdot z_e) - Y_R \cdot (EAX_e \cdot z_e + EAY_e \cdot z_e) + Z_R \cdot EAX_e \cdot y_e - dR_{e_{ppp}} \\ -X_R \cdot EBY_e \cdot z_e - Y_R \cdot EAY_e \cdot z_e - dR_{e_{npp}} \\ X_R \cdot EBX_e \cdot z_e + Y_R \cdot EAX_e \cdot z_e - dR_{e_{pnp}} \\ -X_R \cdot ECX_e \cdot y_e - Z_R \cdot EAX_e \cdot y_e - dR_{e_{nnp}} \end{pmatrix}$$

für eine FYXZ-Kinematik ergibt sich analog:

$$A_{FYXZ} = \begin{pmatrix} Y_R \cdot x_e & X_R \cdot z_e & Y_R \cdot z_e \\ -Y_R \cdot x_e & -X_R \cdot z_e & Y_R \cdot z_e \\ -Y_R \cdot x_e & X_R \cdot z_e & -Y_R \cdot z_e \\ Y_R \cdot x_e & -X_R \cdot z_e & -Y_R \cdot z_e \end{pmatrix}$$

$$b_{FYXZ} = \begin{pmatrix} X_R \cdot (EBX_e \cdot z_e + EBY_e \cdot z_e) - Y_R \cdot (EAX_e \cdot z_e + EAY_e \cdot z_e + ECY_e \cdot x_e) - Z_R \cdot EBY_e \cdot x_e - dR_{e_{ppp}} \\ -X_R \cdot EBY_e \cdot z_e - Y_R \cdot EAY_e \cdot z_e - dR_{e_{npp}} \\ X_R \cdot EBX_e \cdot z_e + Y_R \cdot EAX_e \cdot z_e - dR_{e_{pnp}} \\ Y_R \cdot ECY_e \cdot x_e + Z_R \cdot EBY_e \cdot x_e - dR_{e_{nnp}} \end{pmatrix}$$

Anhang zu Abschnitt 6.3

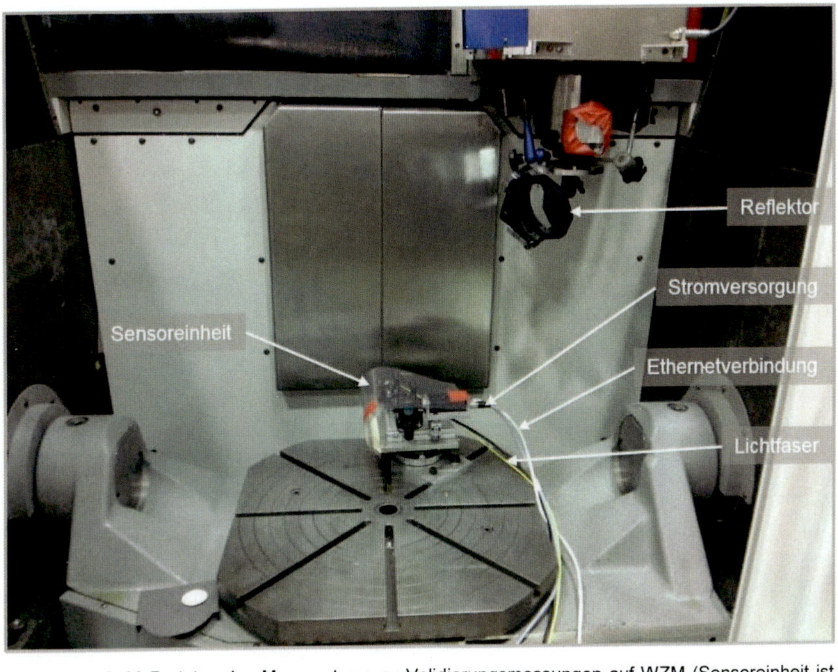

Abbildung A 11 Prototyp des Messsystems zu Validierungsmessungen auf WZM (Sensoreinheit ist gegen Ölnebel und andere Medien abgeschirmt)

Anhang zu Kapitel 7:

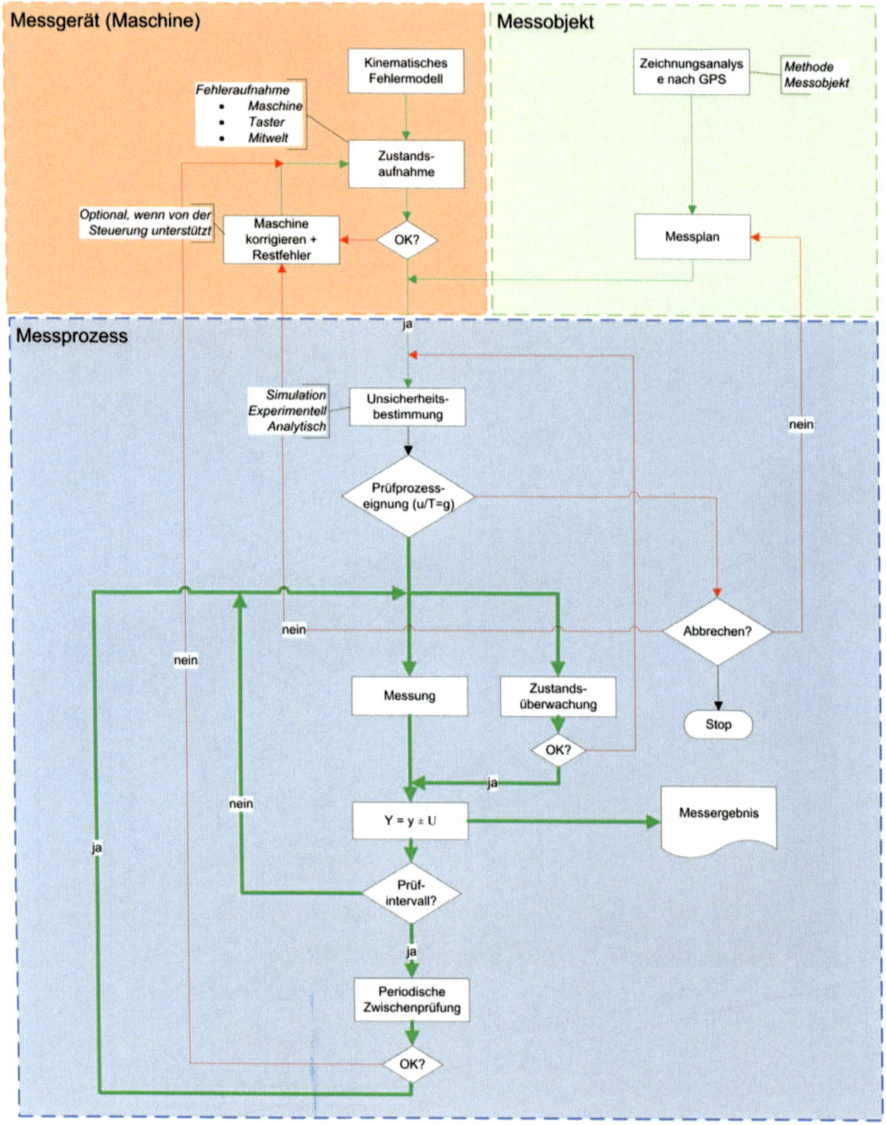

Abbildung A 12 Ablaufdiagramm zur Messung auf WZM mit Messunsicherheitsbestimmung

V. Literaturverzeichnis

Acko, B.; Klobucar, R. (2015): Traceability of In-process Measurement of Workpiece Geometry. In: *Procedia Engineering* 100 (2), S. 376–383.

American Society of Mechanical Engineers (1993): Methods for performance evaluation of computer numerically controlled machining centers. New York, N.Y., Englewood, CO: Global Engineering Documents.

Bamberg, G.; Coenenberg, A. G.; Krapp, M. (2008): Betriebswirtschaftliche Entscheidungslehre. 14., überarb. Aufl. München: Vahlen (Vahlens Kurzlehrbücher).

BIPM Joint Committee for Guides in Metrology (2008): Evaluation of measurement data. Guide to the expression of uncertainty in measurement. JCGM 100:2008 (GUM 1995 with minor corrections). Paris.

Blunt, L. (Hg.) (2013): Laser metrology and machine performance X. 10th International Conference Lamdamap 2013. European Society for Precision Engineering and Nanotechnology; International Conference Lamdamap. Cranfield: Euspen.

BmBF (Hg.) (2015): Industrie 4.0. Innovationen für die Produktion von morgen. *Die neue Hightech Strategie Innovationen für Deutschland* 2015. Karlsruhe: Bundesministerium für Bildung und Forschung.

Bohez, E. (2002): Five-axis milling machine tool kinematic chain design and analysis. In: *International Journal of Machine Tools and Manufacture* 42 (4), S. 505–520.

Brecher, C. (2008): Wettbewerbsfaktor Produktionstechnik. Aachener Perspektiven. Aachen: Apprimus-Verl.

Brecher, C. (2012): Integrative production technology for high-wage countries. Berlin, New York: Springer.

Brecher, C.; Klocke, F.; Schmitt, R.; Schuh, G. (Hg.) (2014): Integrative Produktion. Industrie 4.0 - Aachener Perspektiven ; AWK, Aachener Werkzeugmaschinen-Kolloquium 2014. Aachen: Shaker.

Bringmann, B.; Küng, A.; Knapp, W. (2005): A Measuring Artefact for true 3D Machine Testing and Calibration. In: *CIRP Annals - Manufacturing Technology* 54 (1), S. 471–474.

Bryan, J.: International status of thermal error research. In: Clearinghouse for Federal and Scientific, 1967.

Bryan, J. (1990): International Status of Thermal Error Research (1990). In: *CIRP Annals - Manufacturing Technology* 39 (2), S. 645–656.

Bryan, J. B. (1982): A simple method for testing measuring machines and machine tools Part 1: Principles and applications. In: *Precision Engineering* 4 (2), S. 61–69.

Cauchick-Miguel, P.; Kinga, T.; Davis, J. (1996): CMM verification. A survey. In: *Measurement* 17 (1), S. 1–16.

Chapman, M. A. (2003): Limitations of laser diagonal measurements. In: *Precision Engineering* 27 (4), S. 401–406.

Chen, G.; Liang, Y.; Sun, Y.; Chen, W.; Wang, B. (2013): Volumetric error modeling and sensitivity analysis for designing a five-axis ultra-precision machine tool. In: *Int J Adv Manuf Technol* 68 (9-12), S. 2525–2534.

Cheung, C.; Ren, M.; Kong, L.; Whitehouse, D. (2014): Modelling and analysis of uncertainty in the form characterization of ultra-precision freeform surfaces on coordinate measuring machines. In: *CIRP Annals - Manufacturing Technology* 63 (1), S. 481–484.

Chew, G.; Walczyk, T. (2012): A Monte Carlo approach for estimating measurement uncertainty using standard spreadsheet software. In: *Anal Bioanal Chem* 402 (7), S. 2463–2469.

Cui, C.; Fu, S.; Huang, F. (2009): Research on the uncertainties from different form error evaluation methods by CMM sampling. In: *Int J Adv Manuf Technol* 43 (1-2), S. 136–145.

Czichos, H.; Saito, T.; Smith, L. R. (2011): Springer handbook of metrology and testing. 2nd ed. Heidelberg, New York: Springer-Verlag Berlin Heidelberg.

DAkks Deutsche Akkreditierungsstelle (2015): Regel zur Akkreditierung von Prüflaboratorien nach DIN EN ISO/IEC 17025:2005 für den Bereich „Koordinatenmesstechnik". 71 SD 5 0041, Revision: 1.2, 17. Juni 2015.

Demtröder, W. (2015): Experimentalphysik 1. Berlin, Heidelberg: Springer Berlin Heidelberg.

Deutsches Institut für Normung: Prüfung von Werkstücken und Meßgeräten durch Messungen. Geometrical product specification (GPS) = Specification geometrique des porduits (GPS). Berlin: Beuth (Deutsche Normen, 14253).

Deutsches Institut für Normung (1975): Koordinatenachsen und Bewegungsrichtungen für numerisch gesteuerte Arbeitsmaschinen. Berlin: Beuth.

Deutsches Institut für Normung (1995): Grundlagen der Meßtechnik. DIN 1319 = Fundamentals of metrology. Berlin: Beuth (Deutsche Norm).

Deutsches Institut für Normung (1998): Annahmeprüfung und Bestätigungsprüfung für Koordinatenmeßgeräte (KMG). (ISO 10360-1). Berlin: Beuth (... -1).

Deutsches Institut für Normung (1999): 230: Werkzeugmaschinen- Prüfregeln für Werkzeugmaschinen Teil 1: Geometrische Genauigkeit von Maschinen, die ohne Last oder unter Schlichtbedingungen arbeiten: Beuth.

Deutsches Institut für Normung (2002): Allgemeine Begriffe und Grundkonzepte. (ISO/DIS 5459-1:2002). Entwurf November 2002. Berlin: Beuth (Geometrische

Produktspezifikation (GPS), Geometrische Tolerierung; Bezüge und Bezugssysteme Normenausschuss).

Deutsches Institut für Normung (Hg.) (2009): Qualitätsmanagement und Statistik. Begriffe, Normen. Deutsches Institut für Normung. 5. Aufl., Stand der abgedr. Normen: Oktober 2009. Berlin: Beuth (DIN-Taschenbuch, 223).

Deutsches Institut für Normung (2010): KMG angewendet für Längenmessungen. (ISO 10360-2:2009). Berlin: Beuth (... -2, Geometrische Produktspezifikation / Deutsches Institut für Normung, Normenausschuß Technische Grundlagen - Geometrische Produktspezifikation und -prüfung ; 2).

Deutsches Institut für Normung (2011): ISO/TS 15530-3. Geometrical Product Specifications (GPS) - Coordinate measuring machines (CMM): Technique for determining the uncertainty of measurement. Part 3: Use of calibrated workpieces or measurement standards (ISO 15530-3:2011). 1st ed. Genève: ISO.

Deutsches Institut für Normung (2012): Accuracy of a finished test piece. Précision d'une pièce d'essai usiné. DIN ISO 10791-7. 1st ed. Genève, Switzerland: ISO (Test conditions for machining centres, pt. 4).

Deutsches Institut für Normung (2013): ISO/TS 15530-4. Geometrical Product Specifications (GPS) - Coordinate measuring machines (CMM): Technique for determining the uncertainty of measurement. 1st ed. Genève: ISO.

Deutsches Institut für Normung (2015): Qualitätsmanagementsysteme. Grundlagen und Begriffe (ISO 9000:2015) ; deutsche und englische Fassung EN ISO 9000:2015 ;. November 2015. Berlin: Beuth (DIN EN ISO 9000).

Digitale Fabrik - Grundlagen (2008). Februar 2008, Ausg. dt./engl. Berlin: Beuth (VDI-Richtlinien, 4499,1).

DKD; PTB (1992): Ziele, rechtliche Grundlagen, Akkreditierungsverfahren und -kriterien, Organisationsstruktur und Publikationen des Deutschen Kalibrierdienstes (DKD). Unter Mitarbeit von Deutscher Kalibrierdient und Physikalisch-Technische Bundesanstalt: PTB.

Donmez, M. A.; Blomquist, D. S.; Hocken, R. J.; Liu, C. R.; Barash, M. M. (1986): A general methodology for machine tool accuracy enhancement by error compensation. In: *Precision Engineering* 8 (4), S. 187–196.

Donmez, M. A.; Hahn, M. H.; Soons, J. A. (2007): A Novel Cooling System to Reduce Thermally-Induced Errors of Machine Tools. In: *CIRP Annals - Manufacturing Technology* 56 (1), S. 521–524.

Du, Z.; Zhang, S.; Hong, M. (2010): Development of a multi-step measuring method for motion accuracy of NC machine tools based on cross grid encoder. In: *International Journal of Machine Tools and Manufacture* 50 (3), S. 270–280.

Edlen, B.: The refractive index of air. 1967. In: Metrologica, Bd. 2, S. 71–80.

Emec, S.; Krüger, J.; Seliger, G. (2016): Online Fault-monitoring in Machine Tools Based on Energy Consumption Analysis and Non-invasive Data Acquisition for Improved Resource-efficiency. In: *Procedia CIRP* 40, S. 236–243.

Estler, W. T.; Edmundson, K. L.; Peggs, G. N.; Parker, D. H. (2002): Large-Scale Metrology – An Update. In: *CIRP Annals - Manufacturing Technology* 51 (2), S. 587–609.

Franke, P.; Schrödel, R.: Interferometrische Kalibrierung von Parallelendmaßen. In: PTB Mitteilungen 2010, 120. Jahrgang, Heft 1, S. 16–23.

Frascati manual. Proposed standard practice for surveys on research and experimental development (2002). Paris: Organisation for Economic Co-operation and Development (The measurement of scientific and technological activities).

Freund, R. W.; Hoppe, R. H. W. (2007): Stoer/Bulirsch: Numerische Mathematik 1. Zehnte, neu bearbeitete Auflage. Berlin, Heidelberg: Springer (Springer-Lehrbuch).

Fürst, A. (1988): Prozessintermittierende Werkstückmessung auf numerisch gesteuerten Bohr- und Fräsmaschinen. Aachen.

Gao, W.; Kimura, A. (2007): A Three-axis Displacement Sensor with Nanometric Resolution. In: *CIRP Annals - Manufacturing Technology* 56 (1), S. 529–532.

Gardner Business Media (Hg.) (2016): 2016 World Machine Tool Survey 2016 (51). Cincinnati: Gardner Business Media.

Gebhardt, M.; Knapp, W.; Wegener, K. (2013): 5-Axis Test-Piece - Influence of Machining Position. Zürich: Eidgenössische Technische Hochschule Zürich.

Geometrische Produktspezifikation. Geometrische Tolerierung - Tolerierung von Form, Richtung, Ort und Lauf (ISO 1101:2004); Deutsche Fassung EN ISO 1101:2005, Berichtigung zu DIN EN ISO 1101:2008-08 = Geometrical product specifications (GPS) (2011). Berlin: Beuth (Deutsche Norm, 1101,1).

Grote, K.-H.; Feldhusen, J.; Dubbel, H. (2014): Dubbel. Taschenbuch für den Maschinenbau. 24., aktualisierte und erweiterte. Auflage. Berlin: Springer.

Günther, A.; Balzer, F.; Lindner, I.; Stöbener, D.; Westerkamp, J. (2014): Einsatz von Koordinatenmessgeräten an Großverzahnungen. 9. VDI Fachtagung Koordinatenmesstechnik. Nichtred. Ms.-Dr. Düsseldorf: VDI-Verl. (VDI-Berichte, 2243).

Hernla, M. (2014): Messunsicherheit bei Koordinatenmessungen. Abschätzung der aufgabenspezifischen Messunsicherheit mit Hilfe von Berechnungstabellen. 2. Aufl. Renningen: Expert-verl. (Fachbuch / Haus der Technik, 78).

Hernla, M. (2015): Illusion und Wirklichkeit. Geometrische Produktspezifikationen und -prüfung in der Praxis. In: *Qualität und Zuverlässigkeit* QZ 05/2015 (60), S. 108–112.

Hirsch, A. (2012): Werkzeugmaschinen. Grundlagen, Auslegung, Ausführungsbeispiele. 2., aktualisierte und erw. Aufl. Wiesbaden: Springer Vieweg.

Hocken, R.; Simpson, J.; Borchardt, B.; Lazar, J.; Reeve, C. (1977): Three dimensional metrology. In: *CIRP Annals - Manufacturing Technology* 1977 (Vol. 26), S. 403–408.

Hocken, R. J.; Pereira, P. H. (2012): Coordinate measuring machines and systems. 2nd ed. Boca Raton, Fla.: CRC Press (Manufacturing engineering and materials processing, 76).

Hughes, E. B.; Wilson, A.; Peggs, G. N. (2000): Design of a High-Accuracy CMM Based on Multi-Lateration Techniques. In: *CIRP Annals - Manufacturing Technology* 49 (1), S. 391–394.

Ibaraki, S.; Hata, T. (2010): A new formulation of laser step diagonal measurement—Three-dimensional case. In: *Precision Engineering* 34 (3), S. 516–525.

Ibaraki, S.; Knapp, W. (2013): Indirect Measurement of Volumetric Accuracy for Three-Axis and Five-Axis Machine Tools. A Review. Kyoto: Department of Micro Engineering, Kyoto University; Institute of Machine Tools and Manufacturing (IWF), ETH Zurich.

Ibaraki, S.; Sawada, M.; Matsubara, A.; Matsushita, T. (2010): Machining tests to identify kinematic errors on five-axis machine tools. In: *Precision Engineering* 34 (3), S. 387–398.

Ibaraki, S.; Takeuchi, K.; Yano, T.; Takatsuji, T.; Osawa, S.; Sato, O. (2012): Estimation of three-dimensional volumetric errors of numerically controlled machine tools by a tracking interferometer. In: *Journal of Mechanics Engineering and Automation* 1 (4), S. 313–319.

Imkamp, D.; Berthold, J.; Heizmann, M.; Kniel, K.; Manske, E.; Peterek, M. et al. (2016): Challenges and trends in manufacturing measurement technology – the "Industrie 4.0" concept. In: *J. Sens. Sens. Syst.* 5 (2), S. 325–335.

International Organization for Standardization (2005): Circular tests for numerically controlled machine tools. Essais de circularité des machines-outils a commande numérique. 2nd ed. Genève, Switzerland: ISO (Test code for machine tools, pt. 4).

International Organization for Standardization (2008): Guide to the expression of uncertainty measurement (GUM: 1995). Guide pour l'expression de l'incertitude de mesure (GUM: 1995). 1. ed. Geneva: International Organisation of Standardization (ISO-IEC guide, 98-3).

Internationale Organisation für Normung (2011): Test code for machine tools. Geometric accuracy of machines operating under no-load or quasi-static conditions. Geneva (International standard ISO, 230-2).

Internationale Organisation für Normung (2016): Test code for machine tools. Determination of the measuring performance of probing systems of numerically controlled machine tools. 2. ed., 2016. Geneva (International standard ISO, 230-10).

Jähne, B. (2012): Digitale Bildverarbeitung und Bildgewinnung. Und Bildgewinnung. 7., neu bearb. Aufl. Berlin u.a.: Springer Vieweg.

Jakstas, A.; Kausinis, S.; Barauskas, R.; Kasparaitis, A.; Barakauskas, A. (2014): Thermal error analysis in precision length measurements. In: *Measurement* 51, S. 133–146.

Janeczko, J.; Griffin, B.; Wang, C. (2000): Laser vector measurement technique for the determination and compensation of volumetric position errors. Part II: Experimental verification. In: *Rev. Sci. Instrum.* 71 (10), S. 3938.

Jatzkowski, P. (2011): Ressourceneffiziente Kalibrierung von 5-Achs-Werkzeugmaschinen mit Tracking-Interferometern. 1. Aufl. Aachen: Apprimus-Verl (Edition Wissenschaft - Apprimus, Bd. 2011,2).

Kagermann, H.; Wahlster, W.; Helbig, J. (Hg.) (2013): Securing the Future of German Manufacturing Industry: Recommendations for Implementing the Strategic Initiative INDUSTRIE 4.0, Final Report of the Industrie 4.0 Working Group. Berlin: Forschungsunion im Stifterverband für die Deutsche Wirtschaft e.V.

Kajiya, J. T.: The rendering equation. In: David C. Evans und Russell J. Athay (Hg.): the 13th annual conference. Not Known, S. 143–150.

Keferstein, C. P.; Marxer, M. (2015): Fertigungsmesstechnik. Praxisorientierte Grundlagen, moderne Messverfahren. 8., vollst. überarb. und erw. Aufl. Wiesbaden: Springer Vieweg (Lehrbuch).

Knapp, W.; Weikert, S. (1999): Testing the Contouring Performance in 6 Degrees of Freedom. In: *CIRP Annals - Manufacturing Technology* 48 (1), S. 433–436.

Kniel, K. (2007): Ein Beitrag zur Entwicklung eines laserinterferometrischen Trackingsystems für die Genauigkeitssteigerung in der Koordinatenmesstechnik. Physikalisch-Technische Bundesanstalt, Bremerhaven, Ilmenau.

Kohler, P. (1985): Automatisiertes Messen mit NC-Werkzeugmaschinen. Berlin, Heidelberg, New York, Tokyo: Springer (ISW, 54).

Koren, Y.; Heisel, U.; Jovane, F.; Moriwaki, T.: Reconfigurable Manufacturing Systems. In: CIRP Annals Vol. 2, 48/2, S. 527–547.

Krella, C.; Brecher, C. (2016): Wissensintegrative lernfähige Systeme- ein neuartiger Ansatz zur Zustandsüberwachung von Werkzeugmaschinen. In: J. Krüger, E. Uhlmann, A. Verl, P. Klemm und C. Brecher (Hg.): Industrie 4.0 - Vision der Steuerungstechnik / im MES-Umfeld, Bd. 694. Düsseldorf: VDI-Verlag (Fortschritt Bericht VD : Reihe 2, Fertigungstechnik), S. 1–15. Online verfügbar unter https://publications.rwth-aachen.de/record/670852.

Kruth, J.-P.; Vanherck, P.; Van den Bergh, C. (2001): Compensation of Static and Transient Thermal Errors on CMMs. In: *CIRP Annals - Manufacturing Technology* 50 (1), S. 377–380.

Kruth, J.-P.; Zhou, L.; Van den Bergh, C.; Vanherck, P. (2003): A Method for Squareness Error Verification on a Coordinate Measuring Machine. In: *The International Journal of Advanced Manufacturing Technology* 21 (10), S. 874–878.

Krystek, M. (2009): Ausgleichskreise in der Ebene (Least-square Circles in the Plane). Oldenbourg Wissenschaftsverlag GmbH, zuletzt aktualisiert am 25.09.2009, zuletzt geprüft am 20.06.2013.

Krystek, M. (2015): Berechnung der Messunsicherheit. Grundlagen und Anleitung für die praktische Anwendung. 2., erw. Aufl. Berlin: Beuth (Praxis Messwesen).

Kunzmann, H.; Trapet, E.; Wäldele, F. (1990): A Uniform Concept for Calibration, Acceptance Test, and Periodic Inspection of Coordinate Measuring Machines Using Reference Objects. In: *CIRP Annals - Manufacturing Technology* 39 (1), S. 561–564.

Lau, K.; Hocken, R. J.; Haight, W. C. (1986): Automatic laser tracking interferometer system for robot metrology. In: *Precision Engineering* 8 (1), S. 3–8.

Liebrich, T. K. W. (2010): Calibration of a 3D-ball plate Elektronische Daten: ZürichEidgenössische Technische Hochschule Zürich, Institut für Werkzeugmaschinen und Fertigung/Inspire.

Lin, Y.; Shen, Y. (2003): Modelling of Five-Axis Machine Tool Metrology Models Using the Matrix Summation Approach. In: *Int J Adv Manuf Technol* 21 (4), S. 243–248.

Lin, Y.; Shen, Y.-L.: Generic Kinematic Error Modeling for Machine Tool Metrology 7, S. 305–320.

López de Lacalle, L. N.; Lamikiz, A. (2009): Machine Tools for High Performance Machining. London: Springer London.

Lotze, W. (1979): Der Ausgleichskreis und seine Unsicherheit. Unter Mitarbeit von W. Krauß. Dresden.

TR 16907 Deutsches Institut für Normung, 2015: Machine tools -Numerical compensation of geometric errors.

Mahdavi, N.; Holzapfel, W. (2009): High Precision Calibration of Modern Machine Tools by Inertial Measurement Hochpräzise Bahnkalibrierungen bei Werkzeugmaschinen durch Beschleunigungsmessungen. In: *tm - Technisches Messen* 76 (7-8), S. 360–368.

Mao, X.; Li, B.; Shi, H.; Liu, H.; Li, X.; Li, P. (2007): Error measurement and assemble error correction of a 3D-step-gauge. In: *Front. Mech. Eng. China* 2 (4), S. 388–393.

Mayr, J.; Jedrzejewski, J.; Uhlmann, E.; Alkan Donmez, M.; Knapp, W.; Härtig, F. et al. (2012): Thermal issues in machine tools. In: *CIRP Annals - Manufacturing Technology* 61 (2), S. 771–791.

McClure, E. (1965): Thermal effects in dimensional metrology. Unter Mitarbeit von J. Bryan, W. Brewer, Pearson und J. Livermore.

Milberg, J. (1992): Werkzeugmaschinen -- Grundlagen. Zerspantechnik, Dynamik, Baugruppen und Steuerungen. Berlin, Heidelberg: Springer Berlin Heidelberg (Springer-Lehrbuch).

Möller, W. (2016): CNC: Pfründe verteidigen und um Marktanteile ringen. Bewegungsführung und Benutzerfreundlichkeit stehen im Fokus. In: *Industrie Anzeiger* 2016, 2016. Online verfügbar unter http://www.industrieanzeiger.de/home/-/article/12503/28833123/Pfründe-verteidigen-und-um-Marktanteile-ringen/, zuletzt geprüft am 27.05.206.

Monostori, L. (2014): Cyber-physical Production Systems: Roots, Expectations and R&D Challenges. In: *Procedia CIRP* 17, S. 9–13.

Monostori, L.; Kádár, B.; Bauernhansl, T.; Kondoh, S.; Kumara, S.; Reinhart, G. et al. (2016): Cyber-physical systems in manufacturing. In: *CIRP Annals - Manufacturing Technology* 65 (2), S. 621–641.

Moriwaki, T. (2008): Multi-functional machine tool. In: *CIRP Annals - Manufacturing Technology* 57 (2), S. 736–749.

Morris, T. J.: A new slant on diagonal laser testing. In: Laser metrology and machine performance V, S. 29–40.

Nakamoto, K.; Shirase, K.; Wakamatsu, H.; Tsumaya, A.; Arai, E. (2004): Development of an innovative autonomous machine tool for dynamic product planning. In: *Sci. Technol. Adv. Mater.* 5 (1-2), S. 283–291.

Neugebauer, R. (2012): Werkzeugmaschinen. Aufbau, Funktion und Anwendung von spanenden und abtragenden Werkzeugmaschinen. Berlin, Heidelberg: Springer Vieweg (SpringerLink : Bücher).

Neugebauer, R.; Denkena, B.; Wegener, K. (2007): Mechatronic Systems for Machine Tools. In: *CIRP Annals - Manufacturing Technology* 56 (2), S. 657–686.

Nijs, J. de; Lammers, M.; Schellekens, P.; van der Wolf, A. (1988): Modelling of a Coordinate Measuring Machine for Analysis of Its Dynamic Behaviour. In: *CIRP Annals - Manufacturing Technology* 37 (1), S. 507–510.

NIST (1994): Uncertainties in dimensional measurements made at nonstandard temperatures: National Institute of Standards and Technology Research.

Pantazopoulos, J. S.; Tzafestas, S. G. (2000): An Efficient Algorithm for Ray Tracing. In: *Journal of Intelligent and Robotic Systems* 28 (1/2), S. 171–180.

Peggs, G. N. (2001): Laser metrology and machine performance V. Southampton, Boston: WIT Press.

Penrose, R. (1955): A generalized inverse for matrices. Proceedings of the Cambridge Philosophical Society, Cambridge.

Pfeifer, T.; Schmitt, R. (2010): Fertigungsmesstechnik. 3. Aufl. München: Oldenbourg.

Pfeifer, T.; Schmitt, R. (Hg.) (2014): Masing Handbuch Qualitätsmanagement. 6., überarb. Auflage. München: Hanser.

Puttock, M. J. (1978): Large-Scale Metrology. In: *Ann. CIRP* 27/1, S. 351–356.

Rehsteiner, F.; Neugebauer, R.; Spiewak, S.; Wieland, F. (1999): Putting Parallel Kinematics Machines (PKM) to Productive Work. In: *CIRP Annals - Manufacturing Technology* 48 (1), S. 345–350.

Reif, J. H.; Tygar, J. D.; Yoshida, A. (1994): Computability and complexity of ray tracing. In: *Discrete Comput Geom* 11 (3), S. 265–288.

Renishaw: Touch-trigger probing technology. Rugged and flexible solutions for discrete point measurement on CMMs. H-1000-8006-01-B. Hg. v. Renishaw. Online verfügbar unter http://resources.renishaw.com/en/details/Presentation%3a%20Touch-trigger%20probing%20technology(70270), zuletzt geprüft am 15.06.2016.

Roser, M. (2012): Modellbasierte und positionsgenaue Erkennung von Regentropfen in Bildfolgen zur Verbesserung von videobasierten Fahrerassistenzfunktionen. Karlsruhe: KIT Scientific Publishing (Schriftenreihe / Institut für Mess- und Regelungstechnik, Karlsruher Institut für Technologie, 021).

Ross-Pinnock, D.; Maropoulos, P. G. (2014): Identification of Key Temperature Measurement Technologies for the Enhancement of Product and Equipment Integrity in the Light Controlled Factory. In: *Procedia CIRP* 25, S. 114–121.

Ruggaber, B.; Schmidt, F.; Töpfer, H.; Bobey, K.: Ortsaufgelöste Bestimmung von colorimetrischen Größen mit einer Hyperspektralkamera. Techn. Univ., Diss.--Ilmenau, 2014.

Sartori, S.; Zhang, G. X. (1995): Geometric Error Measurement and Compensation of Machines. In: *CIRP Annals - Manufacturing Technology* 44 (2), S. 599–609.

Sawyer, D.; Parry, B.; Phillips, S.; Blackburn, C.; Muralikrishnan, B. (2012): A Model for Geometry-Dependent Errors in Length Artifacts. In: *J. Res. Natl. Inst. Stand. Technol.* 117, S. 216.

Schäfer, E. (1997): Technische Optik. Mathematische und physikalische Grundlagen ; mit 4 Tabellen. Braunschweig, Wiesbaden: Vieweg (Studium Technik).

Scharschmidt, K.-H. (2011): Modellbasiertes Verfahren zur Kompensation thermoelastischer Verlagerungen von Werkzeugmaschinen. Univ, Garbsen, Hannover.

Schellekens, P. (1993): Development of methods for the numerical error correction of machine tools. Luxembourg: Commission of the European Communities (EUR, 15377 EN).

Schellekens, P.; Rosielle, N.; Vermeulen, H.; Vermeulen, M.; Wetzels, S.; Pril, W. (1998): Design for Precision. Current Status and Trends. In: *CIRP Annals - Manufacturing Technology* 47 (2), S. 557–586.

Schmitt, R.; Böttcher, C.; Hüttemann, G.; Janßen, M.; Kartarius, B.; Lewerenz, T. et al. (2014a): Precision manufacturing and assembly of large components. In: Christian Brecher, Fritz Klocke, Robert Schmitt und Günther Schuh (Hg.): Integrative Produktion. Industrie 4.0 - Aachener Perspektiven ; AWK, Aachener Werkzeugmaschinen-Kolloquium 2014. Aachen: Shaker, S. 403–425.

Schmitt, R.; Damm, B. (2008): Prüfen und Messen im Takt. Wie Sie mit Inline-Messtechnik Ihre Wertschöpfung maximieren. In: *Qualität und Zuverlässigkeit* 53 (9), S. 57–59, zuletzt geprüft am 10.02.2016.

Schmitt, R.; Damm, B. (2012): Maschinenintegrierte Messtechnik. In: Albert Weckenmann (Hg.): Koordinatenmesstechnik. Flexible Strategien für funktions- und fertigungsgerechtes Prüfen. 2., vollst. überarb. Aufl. München: Hanser, S. 244–252.

Schmitt, R.; Monostori, L.; Glöckner, H.; Viharos, Z. J. (2012): Design and assessment of quality control loops for stable business processes. In: *CIRP Annals - Manufacturing Technology* 61 (1), S. 439–444.

Schmitt, R.; Peterek, M. (2015): Traceable Measurements on Machine Tools - Thermal Influences on Machine Tool Structure and Measurement Uncertainty. In: *Procedia CIRP* 33, S. 576–580.

Schmitt, R.; Peterek, M.; Wendt, K.; Franke, M. (2014b): Die Werkzeugmaschine als Koordinatenmessgerät? Rückgeführte Messprozesse auf Werkzeugmaschinen; Nichtred. Ms.-Dr. Düsseldorf: VDI-Verl. (VDI-Berichte, 2243). Online verfügbar unter http://publications.rwth-aachen.de/record/460282.

Schmitt, R.; Pfeifer, T.; @Schmitt-Pfeifer (2015): Qualitätsmanagement. Strategien - Methoden - Techniken. 5., überarb. Aufl. München, Wien: Hanser.

Schmitt, R. H.; Peterek, M.; Morse, E.; Knapp, W.; Galetto, M.; Härtig, F. et al. (2016): Advances in Large-Scale Metrology – Review and future trends. In: *CIRP Annals - Manufacturing Technology* 65 (2), S. 643–665.

Schwenke, H.; Franke, M.; Hannaford, J.; Kunzmann, H. (2005): Error mapping of CMMs and machine tools by a single tracking interferometer. In: *CIRP Annals - Manufacturing Technology* 54 (1), S. 475–478.

Schwenke, H.; Franke, M.; Schneider, C.-T:, Hannaford, J. (2004): Calibration of CMMs and Machine Tools by Parametric Multilateration. In: *8th International Symposium on Measurement and Quality Control in Production* Symposium Erlangen, 12. bis 15. Oktober 2004.

Schwenke, H.; Knapp, W.; Haitjema, H.; Weckenmann, A.; Schmitt, R.; Delbressine, F. (2008): Geometric error measurement and compensation of machines—An update. In: *CIRP Annals - Manufacturing Technology* 57 (2), S. 660–675.

Schwenke, H.; Schmitt, R.; Jatzkowski, P.; Warmann, C. (2009): On-the-fly calibration of linear and rotary axes of machine tools and CMMs using a tracking interferometer. In: *CIRP Annals - Manufacturing Technology* 58 (1), S. 477–480.

Schwenke, H., Franke, M. (2007): PTB-Mitteilungen_2007_Heft_4. Themenschwerpunkt: Koordinatenmesstechnik 2007 (117), zuletzt geprüft am 30.04.2014.

Sellmeier, W.: Zur Erklärung der abnormen Farbenfolge im Spectrum einiger Substanzen. In: Annalen der Physik und Chemie, Bd. 219, S. 272–282.

Shapiro, S. S.; Wilk, M. B. (1965): An Analysis of Variance Test for Normality (Complete Samples). In: *Biometrika* 52 (3/4), S. 591.

Siebenaler, S. P.; Melkote, S. N. (2006): Prediction of workpiece deformation in a fixture system using the finite element method. In: *International Journal of Machine Tools and Manufacture* 46 (1), S. 51–58.

Smith, G. T. (2016): Machine tool metrology. An industrial handbook. Switzerland: Springer.

Son, S.; Kim, T.; Sarma, S. E.; Slocum, A. (2009): A hybrid 5-axis CNC milling machine. In: *Precision Engineering* 33 (4), S. 430–446.

Soons, J. A.; Soons, H. (1993): Accuracy analysis of multi-axis machines. Techn. Univ., Diss.--Eindhoven, 1993.

Soons, J. A.; Theuws, F. C.; Schellekens, P. H. (1992): Modeling the errors of multi-axis machines. A general methodology. In: *Precision Engineering* 14 (1), S. 5–19.

Spaan, H. (1995): Software error compensation of machine tools: Technische Universiteit Eindhoven.

Teimel, A. (1992): Technology and applications of grating interferometers in high-precision measurement. In: *Precision Engineering* 14 (3), S. 147–154.

DIN ISO 230-10, 2016: Test code for machine tools - Part 10: Determination of the measuring performance of probing systems of numerically controlled machine tools.

Tlusty, J.; Ziegert, J.; Ridgeway, S. (1999): Fundamental Comparison of the Use of Serial and Parallel Kinematics for Machines Tools. In: *CIRP Annals - Manufacturing Technology* 48 (1), S. 351–356.

Tönissen, S. (2014): Economic Efficiency of Manufacturing Technology Integration. 1. Aufl. s.l.: Apprimus Wissenschaftsverlag. Online verfügbar unter http://gbv.eblib.com/patron/FullRecord.aspx?p=1875951.

Tönshoff, H. K. (2008): Werkzeugmaschinen. Grundlagen. Berlin, Heidelberg, New York, Barcelona, Budapest, Hong Kong, London, Mailand, Paris, Tokyo: Springer (Springer-Lehrbuch).

Töpfer, A. (2012): Erfolgreich Forschen. Ein Leitfaden für Bachelor-, Master-Studierende und Doktoranden. 3., überarb. und erw. Aufl. Berlin [u.a.]: Springer Gabler (Springer-Lehrbuch).

Trapet, E. (1999): Traceability of coordinate measurements according to the method of the virtual measuring machine. Part 2 of the final report project MAT1-CT94-0076. Bremerhaven: Wirtschaftsverl. NW Verl. für neue Wissenschaft (PTB-Bericht F, 35).

Trapet, E.; Aguilar Martín, J.-J.; Yagüe, J.-A.; Spaan, H.; Zelený, V. (2006): Self-centering probes with parallel kinematics to verify machine-tools. In: *Precision Engineering* 30 (2), S. 165–179.

Trapet, E.; Wäldele, F. (1991): A reference object based method to determine the parametric error components of coordinate measuring machines and machine tools. In: *Measurement* 9 (1), S. 17–22.

Ulrich, H. (2001): Die Betriebswirtschaftslehre als anwendungsorientierte Sozialwissenschaft. In: Hans Ulrich (Hg.): Gesammelte Schriften, Bd. 5. Bern: P. Haupt, S. 17–29.

Umetsu, K.; Furutnani, R.; Osawa, S.; Takatsuji, T.; Kurosawa, T. (2005): Geometric calibration of a coordinate measuring machine using a laser tracking system. In: *Meas. Sci. Technol.* 16 (12), S. 2466–2472.

NAS 979:1969, 1969: Uniform cutting test NAS series, metal cutting equipment specifications.

Uriarte, L.; Zatarain, M.; Axinte, D.; Yagüe-Fabra, J.; Ihlenfeldt, S.; Eguia, J.; Olarra, A. (2013): Machine tools for large parts. In: *CIRP Annals - Manufacturing Technology* 62 (2), S. 731–750.

VDI/VDE (2011): VDI-Richtlinie 2617: Genauigkeit von Koordinatenmessgeräten,. Kenngrößen und deren Prüfung 2011, zuletzt geprüft am 30.04.2014.

Verein Deutscher Werkzeugmaschinenfabriken e.V. (Hg.) (2015): Entwicklung der deutschen Werkzeugmaschinenindustrie 2010-2015 2015. Frankfurt am Main: Verein Deutscher Werkzeugmaschinenfabriken e.V. (VDW).

Verma, M. R.; Chatzivagiannis, E.; Jones, D.; Maropoulos, P. G. (2014): Comparison of the Measurement Performance of High Precision Multi-axis Metal Cutting Machine Tools. In: *Procedia CIRP* 25, S. 138–145.

Vrba, I.; Palencar, R.; Hadzistevic, M.; Strbac, B.; Spasic-Jokic, V.; Hodolic, J. (2015): Different Approaches in Uncertainty Evaluation for Measurement of Complex Surfaces Using Coordinate Measuring Machine. In: *Measurement Science Review* 15 (3).

Wang, C. (2000): Laser vector measurement technique for the determination and compensation of volumetric positioning errors. Part I: Basic theory. In: *Rev. Sci. Instrum.* 71 (10), S. 3933.

Weber, M. (2000): Wissenschaft und Praxis. Plädoyer für eine organisationstheoretische Betrachtung. Herrsching: Kirsch (Münchener Schriften zur angewandten Führungslehre, 98).

Weck, M. (2006): Werkzeugmaschinen, Fertigungssysteme. 7. Aufl. Düsseldorf: VDI-Verl. (Studium und Praxis).

Weck, M.; Brecher, C. (2005): Werkzeugmaschinen, Fertigungssysteme. 6., neu bearb. Aufl. Berlin, Heidelberg, New York: Springer (VDI[-Buch]).

Weck, M.; Brecher, C. (2006): Werkzeugmaschinen 5. Messtechnische Untersuchung und Beurteilung, dynamische Stabilität. 7., neu bearbeitete Aufl. Berlin, Heidelberg: Springer-Verlag Berlin Heidelberg (VDI-Buch).

Weck, M.; McKeown, P.; Bonse, R.; Herbst, U. (1995): Reduction and Compensation of Thermal Errors in Machine Tools. In: *CIRP Annals - Manufacturing Technology* 44 (2), S. 589–598.

Weck, M.; Staimer, D. (2002): Parallel Kinematic Machine Tools – Current State and Future Potentials. In: *CIRP Annals - Manufacturing Technology* 51 (2), S. 671–683.

Weckenmann, A. (Hg.) (2012): Koordinatenmesstechnik. Flexible Strategien für funktions- und fertigungsgerechtes Prüfen. 2., vollst. überarb. Aufl. München: Hanser.

Weckenmann, A.; Dietlmaier, A.; Schwenke, H. (2010): Investitionen in die Messtechnik wirtschaftlich begründen - billig oder wirtschaftlich? In: F. Wäldele (Hg.): Technologien für eine wirtschaftliche Produktion. Koordinatenmesstechnik 2010. 8. VDI-Fachtagung Koordinatenmesstechnik 2010. Fachtagung Koordinatenmesstechnik; VDI/VDE-Gesellschaft Mess- und Automatisierungstechnik; VDI-Fachtagung Koordinatenmesstechnik. 1. Aufl. Düsseldorf: VDI-Verl., S. 113–120.

Weckenmann, A.; Knauer, M.; Kunzmann, H. (1998): The Influence of Measurement Strategy on the Uncertainty of CMM-Measurements. In: *CIRP Annals - Manufacturing Technology* 47 (1), S. 451–454.

Weckenmann, A.; Walz, M. (2007): Wirtschaftlichkeit der Fertigungsmesstechnik. Rentabilität von Messungen nachweisen. In: *Management und Qualität* 37 (5), S. 11–13, zuletzt geprüft am 10.02.2016.

Weckenmann, A.; Westkämper, E.; Dietlmaier, A.; Haag, H. (2009): Kosten-Nutzen-Analyse bei Messergebnissen. Wert der Messung. In: *Qualität und Zuverlässigkeit* 54 (1), S. 54–55.

Weekers, W. G.; Schellekens, P. (1997): Compensation for dynamic errors of coordinate measuring machines. In: *Measurement* 20 (3), S. 197–209.

Weule, H., Plutowsky, A.; Höller, F.; Spieweck, M. & Werner, J.: Three Degree-of-Freedom Measurement System for Machine Tools. In: Production Engineering, Vol. 8, S. 95–98.

Wiendahl, H.-P.; ElMaraghy, H. A.; Nyhuis, P.; Zäh, M. F.; Wiendahl, H.-H.; Duffie, N.; Brieke, M. (2007): Changeable Manufacturing - Classification, Design and Operation. In: *CIRP Annals - Manufacturing Technology* 56 (2), S. 783–809.

Wiendahl, H.-P.; Harms, T.; Fiebig, C. (2003): Virtual factory design--a new tool for a co-operative planning approach. In: *International Journal of Computer Integrated Manufacturing* 16 (7-8), S. 535–540.

Wunderlich, W.; Pilkey, W. D. (2003): Mechanics of structures. Variational and computational methods. 2nd ed. Boca Raton, FL: CRC Press.

Yano, T.; Takatsuji, T.; Osawa, S.; Suzuki, T.; Motomura, Y.; Itabe, T. (2006): Development of a Small Two Axis Spherical Motor Type Laser Tracker with Submicron Measurement Accuracy. In: *IEEJ Trans. SM* 126 (4), S. 144–149.

Zhang, G.; Veale, R.; Charlton, T.; Borchardt, B.; Hocken, R. (1985): Error Compensation of Coordinate Measuring Machines. In: *CIRP Annals - Manufacturing Technology* 34 (1), S. 445–448.

Zhang, G. X.; Zang, Y. F. (1991): A Method for Machine Geometry Calibration Using 1-D Ball Array. In: *CIRP Annals - Manufacturing Technology* 40 (1), S. 519–522.

Zurmühl, R. (1984): Praktische Mathematik für Ingenieure und Physiker. Reprint d. 5., neubearb. Aufl. 1965. Berlin, Heidelberg, New York, Tokyo: Springer.

VI. Eigene Veröffentlichungen

Schmitt, R. H.; Peterek, M.; Morse, E.; Knapp, W.; Galetto, M.; Härtig, F. et al. (2016): Advances in Large-Scale Metrology – Review and future trends. In: CIRP Annals - Manufacturing Technology 65 (2), S. 643–665. DOI: 10.1016/j.cirp.2016.05.002.

Imkamp, D.; Berthold, J.; Heizmann, M.; Kniel, K.; Manske, E.; Peterek, M. et al. (2016): Challenges and trends in manufacturing measurement technology - the "Industrie 4.0" concept. In J. Sens. Sens. Syst. 5 (2), pp. 325–335. DOI: 10.5194/jsss-5-325-2016.

Imkamp, D.; Berthold, J.; Heizmann, M.; Kniel, K.; Peterek, M.; Schmitt, R. et al. (2016): Herausforderungen und Trends in der Fertigungsmesstechnik – Industrie 4.0. In tm - Technisches Messen 83 (7-8). DOI: 10.1515/teme-2015-0081.

Ferreita, T., Gorlach, I., Peterek, M., Schmitt, R.: Implementation of a Multilateration Strategy for CNC Machine Calibration. In : International Conference on Competitive Manufacturing COMA '16 : 27 January-29 January 2016, Stellenbosch, South Africa : proceedings, pp. 261–267.

Schmitt, R.; Peterek, M. (2015): Traceable Measurements on Machine Tools - Thermal Influences on Machine Tool Structure and Measurement Uncertainty. In: Procedia CIRP 33, S. 576–580. DOI: 10.1016/j.procir.2015.06.087.

Schmitt, R., Peterek, M.: Absolute Interferometry for a flexible and very precise in-process Surveillance of Robot Poses. In: Proceedings of the 14th International Conference of the European Society for Precision Engineering nanometrology, June 2014 Dubrovnik Croatia, Hrsg.: Leach, R., Euspen Cranfield 2015, ISBN 978-0-9566790-3-1, S. 84-90

Schmitt, R.; Peterek, M.; Wendt, K.; Franke, M. (2014b): Die Werkzeugmaschine als Koordinatenmessgerät? Rückgeführte Messprozesse auf Werkzeugmaschinen; VDI-Verl. (VDI-Berichte, 2243).

Schmitt, R.; Böttcher, C.; Hüttemann, G.; Janßen, M.; Kartarius, B.; Lewerenz, T. et al. (2014): Precision manufacturing and assembly of large components. In: Christian Brecher, Fritz Klocke, Robert Schmitt und Günther Schuh (Hg.): Integrative Produktion. Industrie 4.0 - Aachener Perspektiven; [AWK, Aachener Werkzeugmaschinen-Kolloquium 2014, 22. bis 23. Mai; Tagungsband]. Aachen: Shaker, S. 403–425.

Schmitt, R.; Peterek, M. (2014): Guidelines for traceable measurements on machine tools. In International Measurement Confederation (IMEKO) (Ed.): Proceedings of 11th IMEKO TC-14 International Symposium on Measurement and Quality Control (ISMQC 2013). IMEKO TC-14 International Symposium on Measurement and Quality Control. Krakau, Polen, 11.-13. September 2013. International Measurement Confederation (IMEKO). 1. Aufl. Red Hook, NY: Curran, pp. 165–168.

Schmitt, R.; Peterek, M.; Quinders, S. (2014): Concept of a Virtual Metrology Frame Based on Absolute Interferometry for Multi Robotic Assembly. In Svetan Ratchev (Ed.): Precision assembly technologies and systems. 7th IFIP WG 5.5 International Precision Assembly Seminar, IPAS 2014, Chamonix, France, February 16-18, 2014. Revised Selected Papers. 1. Aufl. Heidelberg: Springer (IFIP advances in information and communication technology, 435), pp. 79–86.

Schmitt, R.; Jatzkowski, P.; Peterek, M. (2013): Traceable measurements using machine tools. In Liam Blunt (Ed.): Laser metrology and machine performance X. 10th International Conference and Exhibition on Laser Metrology, Machine Tool, CMM & Robotic Performance, Lamdamap 2013, [20 - 21 March 2013, Chicheley Hall, Newton Pagnell, Bucks, Buckinghamshire, UK]. Cranfield: Euspen, pp. 133–143.

In der Reihe **Ergebnisse aus der Produktionstechnik** zuletzt erschienen:

Hensgen, Lars:
Auswirkung der Drahtfunkenerosion auf die mechanischen Eigenschaften von Festkörpergelenken
ISBN: 978-3-86359-544-9
Erscheinungsdatum: 04.10.2017

Danner, Florian Gerhard:
Befähigung zur effizienzsteigernden Produktion von Fahrzeugen mit konventionellen und elektrifizierten Antriebssystemen durch innovative Prüf- und Inbetriebnahmeverfahren
ISBN: 978-3-86359-535-7
Erscheinungsdatum: 20.09.2017

Zheng, Hanqing:
Maschinenintegrierte optische Oberflächenprüfung von gehonten Zylinderlaufbahnen unter Kühlschmierstoff
ISBN: 978-3-86359-540-1
Erscheinungsdatum: 20.09.2017

Greshake, Thilo:
Methodik zur lebenszyklusweiten, umweltgerechten Produkt- und Produktionsoptimierung
ISBN: 978-3-86359-546-3
Erscheinungsdatum: 20.09.2017

Zeis, Markus:
Verformung dünnwandiger Graphitelektroden mit hohen Aspektverhältnissen beim funkenerosiven Senken
ISBN: 978-3-86359-536-4
Erscheinungsdatum: 24.08.2017

Breunig, Stefan:
Produktarchitekturgestaltung mechatronischer Baukastensysteme
ISBN: 978-3-86359-532-6
Erscheinungsdatum: 11.08.2017

Wiederhold, Michael:
Clustering of Similar Features for the Application of Statistical Process Control in Small Batch and Job Production
ISBN: 978-3-86359-530-2
Erscheinungsdatum: 04.08.2017

Brummer, Christoph:
Laserunterstütztes Projizierstreckdrücken von Inconel 718
ISBN: 978-3-86359-528-9
Erscheinungsdatum: 25.07.2017

Brockmann, Birk:
Methode zur Auslegung von Hilfsmassendämpfern bei fremd- und selbsterregten Schwingungen in der spanenden Bearbeitung
ISBN: 978-3-86359-519-7
Erscheinungsdatum: 21.07.2017

Krunke, Moritz:
Reifegradmanagement in der Fabrikplanung
ISBN: 978-3-86359-526-5
Erscheinungsdatum: 10.07.2017

Edition Wissenschaft
Apprimus

Daniels, Matthias:
Substrukturkopplung zur effizienten Schwingungsanalyse von Werkzeugmaschinen
ISBN: 978-3-86359-523-4
Erscheinungsdatum: 04.07.2017

Falk, Björn Richard:
Integration auf Sinneswahrnehmungen beruhender Kundenforderungen in das Quality Function Deployment
ISBN: 978-3-86359-518-0
Erscheinungsdatum: 21.06.2017

Gsell, Stephan Cornelius:
Antriebsbasierte Schwingungsdämpfung für Werkzeugmaschinen und Fahrzeugantriebe
ISBN: 978-3-86359-522-7
Erscheinungsdatum: 13.06.2017

Stauder, Jens:
Anlauforientierte Gestaltung von Fertigungssystemen
ISBN: 978-3-86359-520-3
Erscheinungsdatum: 13.06.2017

Mallmann, Guilherme Francisco:
Optical Measurement System for the Machine Integrated Monitoring and Automation of Laser Micro Machining Processes
ISBN: 978-3-86359-503-6
Erscheinungsdatum: 15.05.2017

Hausberg, Carlo Benedikt:
Bestimmung der strukturbedingten Leistungsgrenzen der Produktionssteuerung
ISBN: 978-3-86359-510-4
Erscheinungsdatum: 15.05.2017

Neumann, Annika Vera:
Objektivierung der haptischen Oberflächenwahrnehmung des Deskriptors Rauheit
ISBN: 978-3-86359-504-3
Erscheinungsdatum: 05.05.2017

Weber, Gerd-Thomas:
Auswahl und Auslegung von Fräsprozessen für Großverzahnungen
ISBN: 978-3-86359-509-8
Erscheinungsdatum: 21.04.2017

Liu, Yuan:
Mesh-based CAM Solution for Laser Manufacturing and Repair Processes
ISBN: 978-3-86359-507-4
Erscheinungsdatum: 11.04.2017

Günther, Sebastian:
Verbesserung der energiebezogenen Leistung der Produktionsprozesse keramischer Baumaterialien durch Benchmarking
ISBN: 978-3-86359-506-7
Erscheinungsdatum: 17.03.2017

Buchkremer, Stefan:
Irreversible Thermodynamics of Nano-Structural Surface Modifications in Metal Cutting
ISBN: 978-3-86359-508-1
Erscheinungsdatum: 17.03.2017

Bäumers, Yvonne:
Wirtschaftlicher Detaillierungsgrad der Montageablaufplanung
ISBN: 978-3-86359-495-4
Erscheinungsdatum: 02.03.2017

Edition Wissenschaft
Apprimus

Kolibri 360 GmbH
Ferdinand-Jühlke-Straße 7
99095 Erfurt, Deutschland
produktsicherheit@kolibri360.de